全国高职高专规划教材

环境工程制图

（第二版）

主　编　马　英

副主编　王存海　叶安英

主　审　谷群广

中国环境出版集团·北京

图书在版编目（CIP）数据

环境工程制图 / 马英主编. —2 版. —北京：中国环境出版集团，2014.8（2022.8 重印）
全国高职高专规划教材
ISBN 978-7-5111-2051-9

Ⅰ. ①环… Ⅱ. ①马… Ⅲ. ①环境工程－工程制图－高等职业教育－教材 Ⅳ. ①X5

中国版本图书馆 CIP 数据核字（2014）第 176510 号

出 版 人	武德凯
责任编辑	黄晓燕　李兰兰
责任校对	尹　芳
封面设计	宋　瑞

出版发行　中国环境出版集团
　　　　　（100062　北京市东城区广渠门内大街 16 号）
　　　　　网　　　址：http://www.cesp.com.cn
　　　　　电子邮箱：bjgl@cesp.com.cn
　　　　　联系电话：010-67112765（编辑管理部）
　　　　　　　　　　010-67112735（环评与监察图书出版中心）
　　　　　发行热线：010-67125803，010-67113405（传真）
印　　刷　北京市联华印刷厂
经　　销　各地新华书店
版　　次　2007 年 6 月第 1 版　2014 年 8 月第 2 版
印　　次　2022 年 8 月第 5 次印刷
开　　本　787×960　1/16
印　　张　13.5
字　　数　310 千字
定　　价　33.00 元

中国环境出版集团郑重承诺：
中国环境出版集团合作的印刷单位、材料单位均具有中国环境标志产品认证。

前言

《环境工程制图》是根据教育部环境工程专业的培养目标、教学计划和基本教学要求，结合多年的教学经验编写而成。本教材的编写指导思想是：体现高职高专教育的特点，以培养技术应用型人才为目标，适当降低理论要求，加强绘制和识读工程图样的基本能力的训练，通过本课程的学习使学生达到中等绘图和读图能力。本教材适用于 60～80 学时的课程教学。

本教材具有以下特点：

1．体现少而精的原则，精简画法几何的内容，以"必须"、"够用"为度，以学生建立起基本的空间概念为标准。

2．根据环境工程专业的培养目标，增加了房屋建筑图、管道工程图两章内容，考虑到环保工程设备中管道件、钣金件比较多，因此，增加了展开图和金属焊接图等内容。

3．根据环境工程专业各种构筑物和设备的结构特点，本教材增加了专业工程图实例一章。图例选用本专业常见的、典型的零部件图及构筑物工艺图。为学生绘制和阅读专业图样及学习后继专业课程打下基础。

4．语言精练，通俗易懂，深入浅出，全书贯穿"以例学理"的编写思想，体现了理论联系实际，培养学生识图能力为主的教学思想。

5．注重解决实际问题能力的培养，教材与习题紧密结合。

6．本教材不包含计算机绘图内容，考虑到计算机绘图软件版本更新较快，学校在教学中应使用较新版本的计算机绘图软件，所以在本教材中不包含计算机绘图内容。

7．本教材采用最新的国家标准。

8．书中所有的插图全部采用计算机绘图和润饰，以提高插图的准确性和清晰度，从而提高教材的质量。

本教材由马英担任主编，王存海、叶安英担任副主编，张朝阳、岳朝松、丁可轩、高运芳担任参编。由谷群广教授主审。

限于编者水平和时间仓促，书中难免存在不足和错误，恳请读者批评指正。

编　者
2006 年 11 月

目录

第一章 制图的基本知识

● **知识目标**

本章要求熟悉并遵守《技术制图》中有关图纸幅面、格式、比例、字体、图线及尺寸标注等的规定。掌握几何作图的方法。在绘制平面图形过程中，能正确地进行线段分析。掌握正确的绘图步骤，绘制出的图样布局合理、线型匀称、字体工整、图面整洁，各项内容基本符合国家标准的要求，基本掌握手工绘图技术，理解尺寸标注的重要性和合理性。

第一节 制图的基本规定

工程图样是工业生产中的重要技术文件。为了便于生产和技术交流，绘图和读图应该有共同的准则。也就是说，图样的画法、尺寸的标注、代号的使用等，应该有统一的规定。为此，由国家质量技术监督局颁布了国家标准《技术制图》，对工程图样作了统一的技术规定，要求工程技术人员都必须掌握并遵守。所以，必须树立严格的标准化观念，在绘图时认真执行国家标准。

我国的国家标准（简称"国标"）代号为"GB"，"G"、"B"分别是"国标"两个字的汉语拼音的第一个字母。"GB"是国家强制性标准；"GB/T"是国家推荐标准（"T"表示是推荐标准）。例如，"GB/T 14689—1993"是 1993 年颁布的标准序号为 14689 的国家推荐标准。

本节摘录国家标准《技术制图》中的部分内容，作为制图基本规定予以介绍，其余的内容将在以后的有关章节中分别叙述。

一、图纸幅面及格式（GB/T 14689—1993）

（一）图纸幅面

绘制图样时，应采用表 1-1 规定的基本幅面尺寸。在基本幅面中，A0 图纸长边与短边之比为 $\sqrt{2}:1$，其面积是 $1\ m^2$。A1 图纸的面积是 A0 的一半，其余各种幅面都是后一幅面的面积为前一幅面的一半。

表 1-1　基本幅面尺寸

幅面代号		A0	A1	A2	A3	A4
尺寸 $B×L$		841×1 189	594×841	420×594	297×420	210×297
边框	a	25				
	c	10			5	
	e	20			10	

（二）图框格式

无论图样是否装订，均应在图幅内画出图框，图框线用粗实线绘制。需要装订的图样，其图框格式一般采用 A4 幅面竖装或 A3 幅面横装。装订边 a 预留 25 mm 宽，图框距离图纸边界的尺寸 c 要依据图幅大小而定，格式如图 1-1 所示。不需装订的图样则不留装订边，其边界尺寸 e 及图框格式如图 1-2 所示。

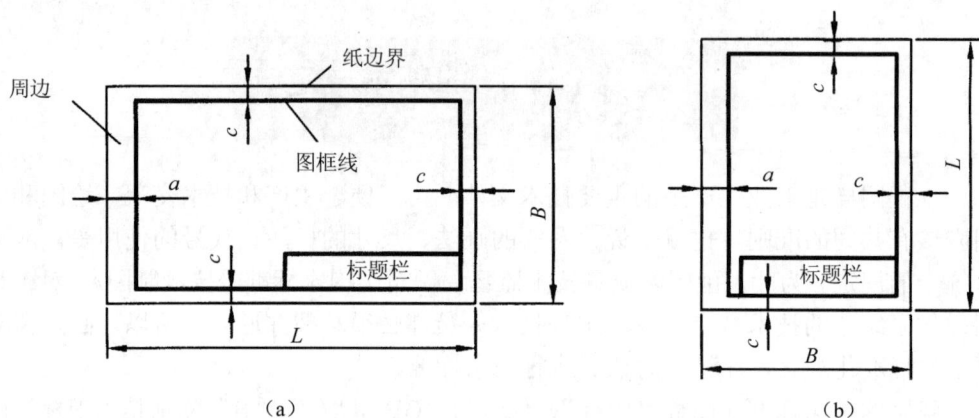

图 1-1　留装订边的图框格式

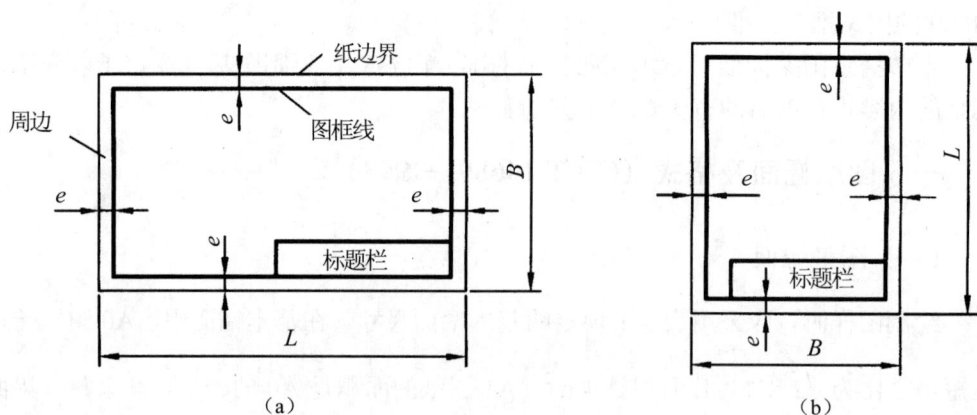

图 1-2　不留装订边的图框格式

（三）标题栏

每张图样都必须有标题栏。标题栏的位置一般位于图框右下角。标题栏的格式和尺寸按 GB/T 10609.1—1989 的规定，标题栏的外框是粗实线，其右边和底边与图框线重合，其余用细实线绘制。为了方便在学习本课程时作图，可采用图 1-3 所示的简化标题栏。

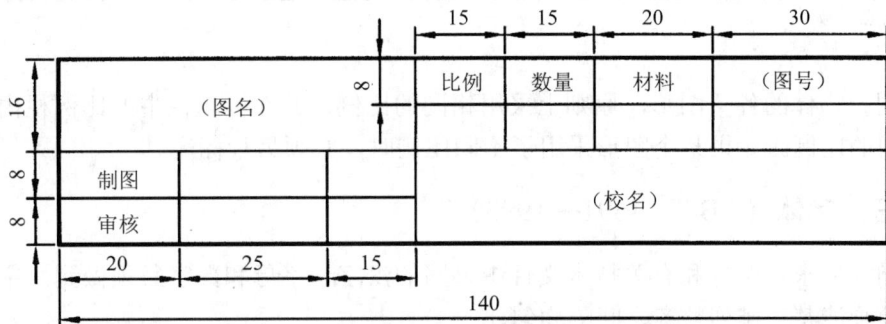

图 1-3　简化标题栏

二、比例（GB/T 14690—1993）

图中图形与其实物相应要素的线性尺寸之比称为比例。绘制图样时，应采用 GB/T 规定的比例。表 1-2、表 1-3 是 GB/T 规定比例值。应优先采用表 1-2 中比例值，必要时，也可以采用表 1-3 中的比例值。

绘制图样时，应尽量按物体的实际大小画出（即采用 1:1 的比例），以便直接从图样上看出物体的真实大小。对于大而简单的物体，可采用缩小比例，而对于小而复杂的物体，宜采用放大的比例。

无论采用何种比例画图，标注尺寸时都必须按照物体原有的尺寸大小标注（即尺寸数字是物体的实际尺寸）。

表 1-2　图样比例（优先系列）

种　类	比　例		
原值比例	1:1		
放大比例	$5:1$ $5 \times 10^n:1$	$2:1$ $2 \times 10^n:1$	$1 \times 10^n:1$
缩小比例	$1:2$ $1:2 \times 10^n$	$1:5$ $1:5 \times 10^n$	$1:10$ $1:1 \times 10^n$

注：n 为正整数

表 1-3　图样比例（允许系列）

种　类	比　例				
放大比例	$4:1$ $4\times10^{n}:1$	$2.5:1$ $2.5\times10^{n}:1$			
缩小比例	$1:1.5$ $1:1.5\times10^{n}$	$1:2.5$ $1:2.5\times10^{n}$	$1:3$ $1:3\times10^{n}$	$1:4$ $1:4\times10^{n}$	$1:6$ $1:6\times10^{n}$

注：n 为正整数

同一物体的各个图形，原则上采用相同的比例，并在标题栏中的比例栏内注明所采用的比例。如果某个图形采用了不同比例时，必须另行标注。

三、字体（GB/T 14691—1993）

国标要求，图样和有关技术文件中书写的汉字、字母和数字必须做到：字体端正、笔画清楚、排列整齐、间隔均匀。

图样中书写的字体应采用 GB/T 规定号数。字体的号数即字体高度（用 h 表示），有 1.8 mm，2.5 mm，3.5 mm，5 mm，7 mm，10 mm，14 mm，20 mm。若书写更大的字，字体高度按 $\sqrt{2}$ 的比率递增。

（一）汉字

汉字要写成长仿宋体，并采用国家正式公布的简化字，汉字高度不小于 3.5 mm，字宽一般为 $h/\sqrt{2}$。长仿宋体的书写要领：横平竖直、起落有锋、结构匀称、写满方格。长仿宋体如下所示：

10 号字

横平竖直起落有锋结构匀称写满方格

7 号字

书写汉字字体工整笔画清楚间隔均匀排列整齐

5 号字

机械制图国家标准认真执行耐心细致技术要求尺寸公差配合性质

（二）字母和数字

字母和数字分 A 型与 B 型。A 型字体的笔画宽度 d 为字高 h 的 1/14，B 型字体的笔画宽度 d 为字高 h 的 1/10。同一图样只允许采用一种字体。

字母和数字可写成斜体或直体。斜体字字头向右倾斜，与水平线成 75°角。如下所示：

大写斜体

ABCDEFGHIJKLMN
OPQRSTUVWXYZ

小写斜体

abcdefghijklmn opqrstuvwxyz

斜体　　　　　　　　　　　　　　直体

1234567890　　　　1234567890

四、图线（GB/T 17450—1998 和 GB/T 4457.4—2002）

工程图样是用不同型式的图线画成的，为了统一、便于看图和绘图，绘制图样时应采用 GB/T 标准中规定的图线。

（一）图线线型及应用

国家标准 GB/T 17450—1998《技术制图　图线》规定了绘制各种技术图样的基本线型。在实际应用时，各专业（如机械、电气、土木工程等）要根据该标准制定相应的图线标准。GB/T 4457.4—2002《机械制图　图样画法　图线》中规定的 9 种图线（表 1-4）符合 GB/T 17450—1998 的规定，是机械制图使用的图线标准。各种图线的名称、型式、图线宽度及其应用见表 1-4。建筑图样、管道工程图等的图线要求参考本书相应章节。

表 1-4　机械制图使用的图线

代码 No.	线　型	一　般　应　用
01.1	细实线	过渡线；尺寸线；尺寸界线；指引线和基准线；剖面线；重合断面的轮廓线；短中心线；螺纹的牙底线；尺寸线的起止线；表示平面的对角线；零件形成前的弯折线；范围线及分界线；重复要素表示线，例如，齿轮的齿根线；锥形结构的基面位置线；叠片结构位置线，例如，变压器叠钢片；辅助线；不连续的同一表面的连线；成规律分布的相同要素的连线；投影线；网格线
	波浪线	断裂处的边界线；视图和剖视图的分界线
	双折线	断裂处的边界线；视图和剖视图的分界线

代码 No.	线 型	一 般 应 用
01.2	粗实线	可见棱边线；可见轮廓线；相贯线；螺纹的牙顶线；螺纹长度终止线；齿顶圆（线）；表格图、流程图中的主要表示线；系统结构线（金属结构工程）；模样分型线；剖切符号用线
02.1	细虚线 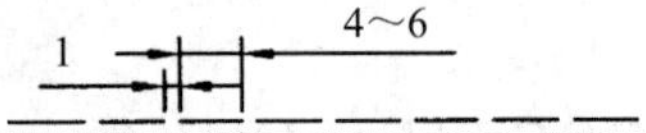 1 4～6	不可见棱边线；不可见轮廓线
02.2	粗虚线	允许表面处理的表示线
04.1	细点画线 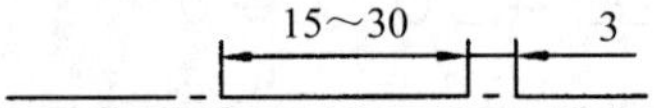 15～30 3	轴线；对称中心线；分度圆（线）；孔系分布的中心线；剖切线
04.2	粗点画线	限定范围表示线
05.1	细双点画线 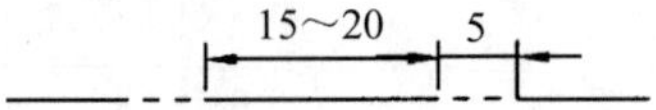 15～20 5	相邻辅助零件的轮廓线；可动零件的极限位置的轮廓线；重心线；成形前轮廓线；剖切面前的结构轮廓线；轨迹线；毛坯图中制成品的轮廓线；特定区域线；延伸公差带表示线；工艺用结构的轮廓线；中断线

（二）图线的尺寸

图线的宽度 d 应根据图幅的大小、物体的复杂程度等在下列数字系列中选择。该数字系列的公比为 $1：\sqrt{2}$：

0.13 mm、0.18 mm、0.25 mm、0.35 mm、0.5 mm、0.7 mm、1 mm、1.4 mm、2 mm。

机械图常用的粗线宽度 d 为 0.5～2 mm。细线的宽度约为 $d/2$。

（三）图线画法注意事项

（1）同一图样中同类图线的宽度应基本一致。虚线、点画线及双点画线的线段长度和间隔应各自大致相等。

（2）两条平行线（包括剖面线）之间的距离应不小于粗实线的两倍宽度，其最小距离不得小于 0.7 mm。

（3）绘制圆的对称中心线时，圆心应为线的交点。如图 1-4（b）所示是错误的。

（4）点画线和双点画线的首末两端应是线而不是点。点画线应超出图形的轮廓线 3～5 mm。如图 1-4（b）所示是错误的。

（5）在较小的图形上绘制点画线或双点画线有困难时，可用细实线代替。

（6）当虚线与虚线相交，或虚线与其他形式图线相交时，应是线相交；如图 1-4（c）是正确的，而图 1-4（d）是错误的。

（7）当虚线是粗实线的延长线时，连接处应留出空隙；如图 1-4（e）是正确的，而图 1-4（f）是错误的。

（8）计算机绘图时，圆心处的中心线可用圆心符号代替。

（9）各种图线的优先次序：可见轮廓线—不可见轮廓线—尺寸线—各种用途的细实线—轴线、对称线等。

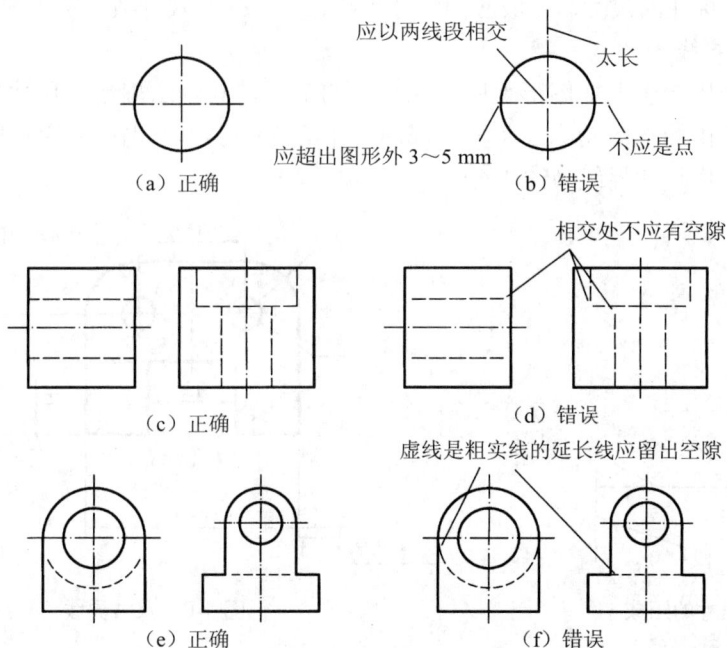

图 1-4　图线画法注意事项

五、尺寸注法（GB/T 4458.4—2003 和 GB/T 16675.2—1996）

图样中的尺寸是必不可少的，这是由于尺寸能够准确反映物体的大小及物体上各部分结构的相对位置。在图样上标注尺寸时，必须严格遵守制图标准中有关尺寸注法的规定。

（一）基本规则

（1）物体的真实大小应以图样上所注的尺寸数值为依据，与图形的大小及绘图的准确程度无关。

（2）图样中（包括技术要求和其他说明）的尺寸，以毫米（mm）为单位时，不需标注计量单位的代号或名称，如采用其他单位，则必须注明相应的计量单位的代号或名称。

（3）图样中所标注的尺寸，为该图样所示物体的最后完工尺寸，否则应另加说明。

（4）物体的每一尺寸一般只标注一次，并应标在反映该结构最清晰的图形上。

（二）尺寸的组成

在图样上标注的尺寸，一般应由尺寸界线、尺寸线和尺寸数字所组成（图1-5）。

1．尺寸界线

尺寸界线用于表明在图形上所标注尺寸的范围，其画法规定：尺寸界线用细实线绘制，并应由图形的轮廓线、轴线或对称中心线处引出；也可利用轮廓线、轴线或对称中心线作尺寸界线（图1-6）。

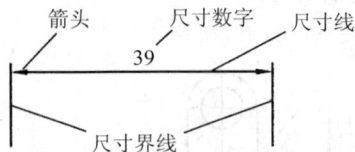

图1-5　尺寸的组成

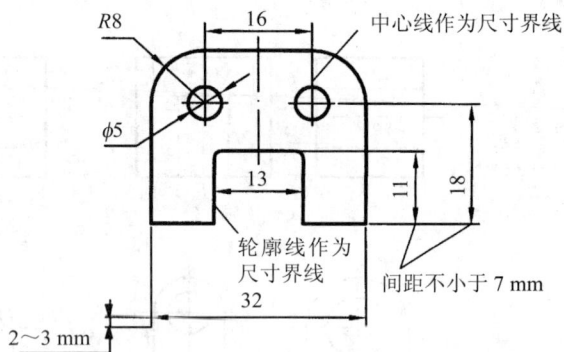

图1-6　尺寸界线

2．尺寸线

尺寸线用于表明所注尺寸的度量方向，尺寸线不能用其他形式的图线代替，一般也不能与其他图线重合或画在其延长线上。尺寸线用细实线绘制，其终端有下列两种形式。

（1）箭头

箭头的形式如图1-7所示。箭头尖端应画到与尺寸界线接触，不得超过或留有空隙。在同一张图样中，箭头的大小应一致。箭头的形式适用于各种类型的图样。

（2）斜线

斜线用细实线绘制，其方向和画法如图1-8所示。尺寸线的终端采用斜线形式时，尺寸线与尺寸界线必须垂直。

当采用箭头时，在位置不够的情况下，允许用圆点或斜线代替箭头（图1-9）。

同一张图样中只能采用一种尺寸线的终端形式。

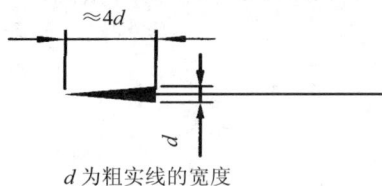

$\approx 4d$

d

d 为粗实线的宽度

图 1-7　箭头的形式

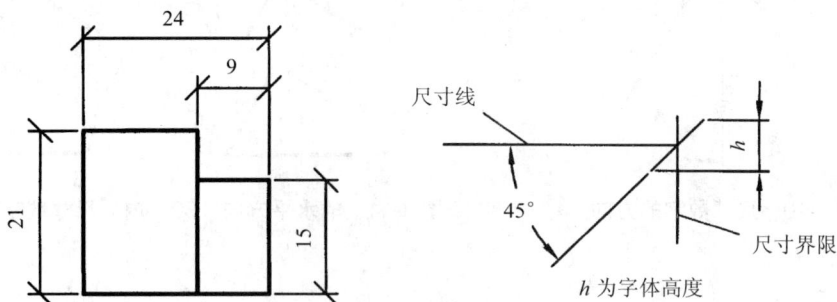

尺寸线

h

45°

尺寸界限

h 为字体高度

24

9

21

15

图 1-8　尺寸线的斜线终端

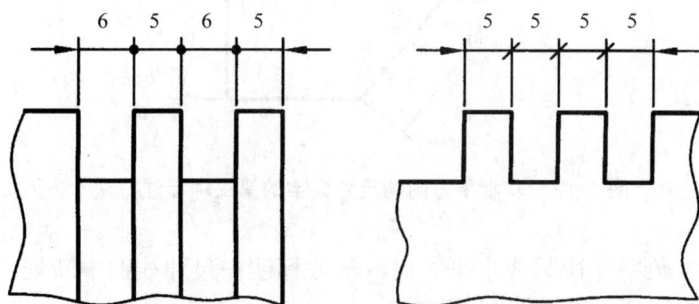

6　5　6　5

5　5　5　5

图 1-9　用圆点或斜线代替箭头

3. 尺寸数字

尺寸数字用于表明物体实际尺寸的大小，与图形的大小无关。尺寸数字采用阿拉伯数字。尺寸数字的位置和方向规定：线性尺寸数字方向的第一种注写方法，水平尺寸数字字头向上，垂直尺寸数字字头向左，倾斜尺寸数字的字头要保持字头向上的趋势。并尽可能避免在图 1-10 所示的 30°范围内标注尺寸。当无法避免时，可引出标注（图1-11）；第二种标注方法，对于非水平方向的尺寸，其数字也允许标注在尺寸线的中断处（图1-12），但在同一张图样中应尽可能采用一种方法。

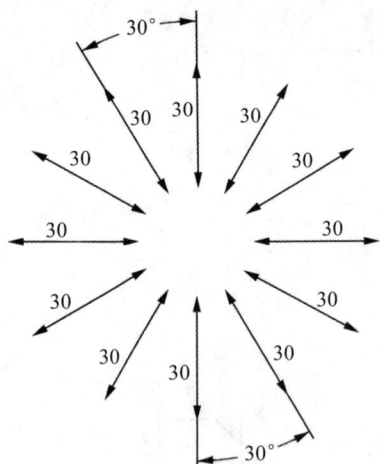

图 1-10　尺寸数字的方向　　　　图 1-11　非水平方向（30°内）尺寸数字的标注

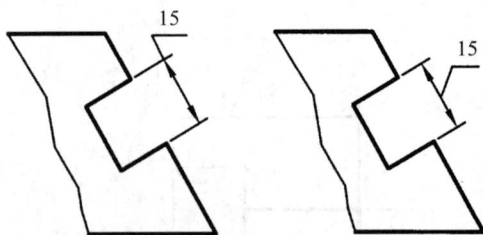

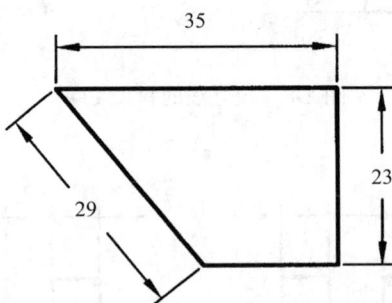

图 1-12　非水平方向的尺寸数字的第二种标注方法

角度的尺寸数字一律写成水平方向，一般标注在尺寸线的中断处，必要时也可以用指引线引出标注（图1-13）。

尺寸数字不可被任何图线通过，否则必须将该图线断开。

（三）线性尺寸标注

标注线性尺寸时，尺寸线必须与所注的线段平行。串列尺寸箭头对齐；并列尺寸，小尺寸在内，大尺寸在外，尺寸线间隔不小于 7 mm，且间隔基本保持一致（图1-13）。

（a）正确　　　　（b）错误　　　　（c）正确　　　　（d）错误

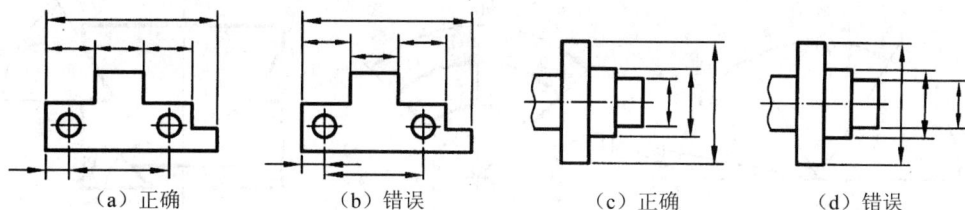

图 1-13　线性尺寸标注

（四）直径和半径尺寸的标注

圆的直径和圆弧半径的尺寸线终端应画成箭头，尺寸线通过圆心或箭头指向圆心（图 1-14）。圆或大于半圆的弧一般注直径，直径尺寸在尺寸数字前加ϕ。小于或等于半圆的弧一般注半径，半径尺寸在尺寸数字前加 R。圆弧的半径过大或在图纸范围内无法标出其圆心位置时，可采用折线形式标注，如图 1-14（a）的 R46。

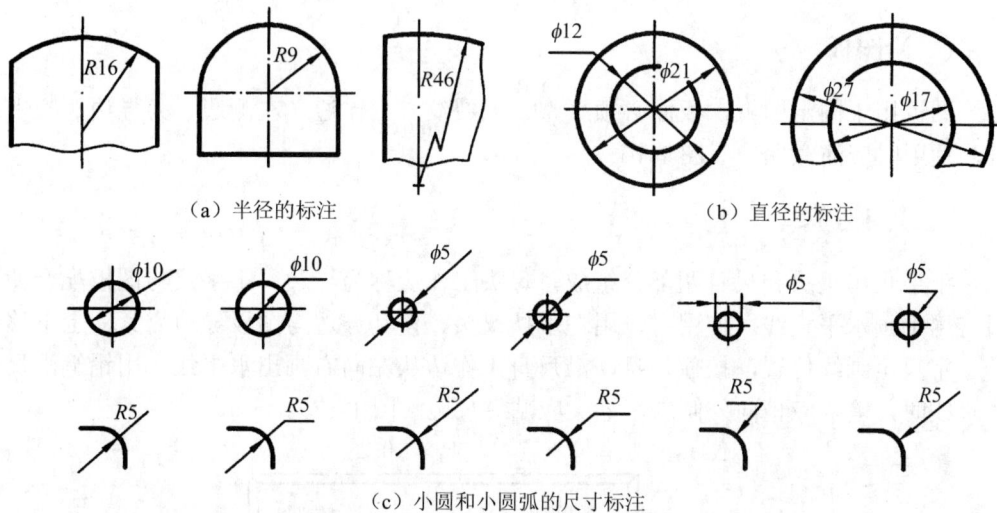

（a）半径的标注　　　　　　　　　　　　　　（b）直径的标注

（c）小圆和小圆弧的尺寸标注

图 1-14　直径和半径尺寸的标注

（五）角度标注

标注角度时，尺寸界线径向引出，尺寸线应画成圆弧，其圆心是该角的顶点（图 1-15）。

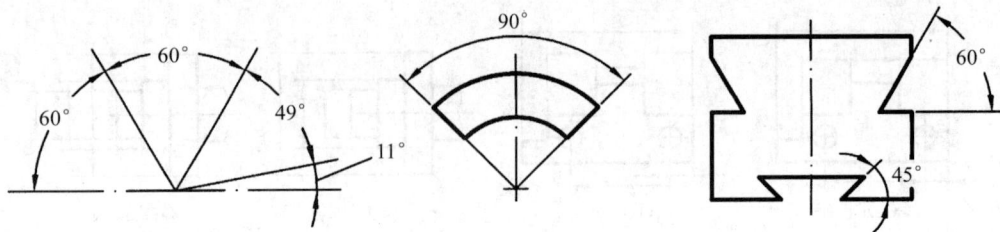

图 1-15　角度标注

第二节　绘图工具及其应用

要提高绘图的准确性和效率，必须正确使用各种绘图工具和仪器。下面介绍手工绘图时常用绘图工具及其用法。

一、绘图工具

（一）图板

图板用于固定图纸，板面必须平整、无裂纹，工作边（左侧边）为导边，应平直，使用时应注意保护（图 1-16）。

（二）丁字尺

丁字尺由尺头和尺身两部分组成，尺头工作边称为导边。丁字尺与图板配合使用，用于画水平直线。使用时，用左手扶尺头，使其导边与图板导边靠紧，上下移动丁字尺至画线位置，按住尺身，沿尺身工作边从左向右画出水平线。用铅笔沿尺边画线时，笔杆应稍向外倾斜，笔尖应贴靠尺边（图 1-17）。

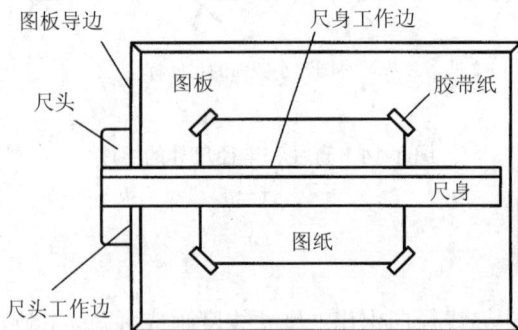

图 1-16　图板和丁字尺

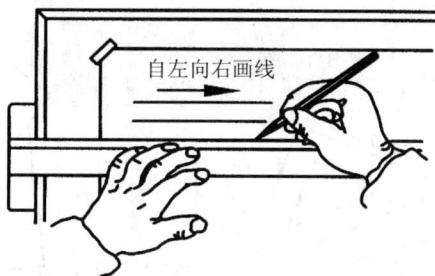

图 1-17　用丁字尺画水平线

（三）三角板

一副三角板是由一块 45°等腰直角三角形和一块 30°、60°的直角三角形组成。利用三角板的直角边与丁字尺配合，可画出水平线的垂直线（图 1-18）。三角板与丁字尺配合还可以画出与水平线成 15°整倍数的角度或倾斜线（图 1-19）。此外，利用一副三角板还可以画出任意已知直线的平行线或垂直线（图 1-20）。

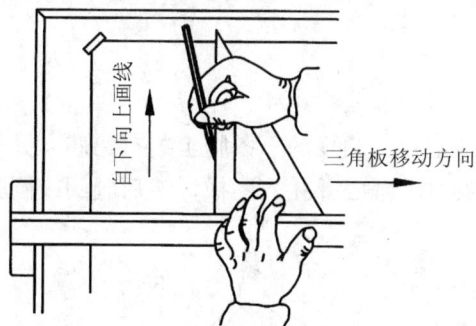

图 1-18　用丁字尺、三角板画垂直线

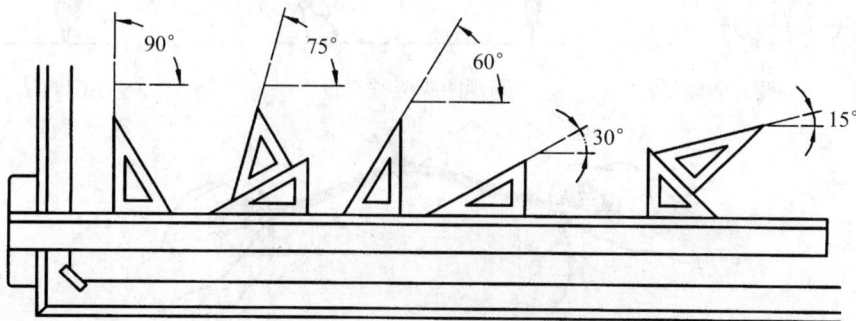

图 1-19　画与水平线成 15°整倍数角度的线段

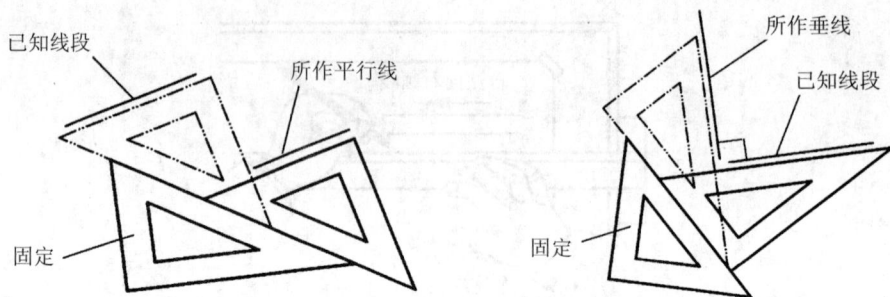

已知线段　所作平行线　　　　　　　　　所作垂线

已知线段

固定　　　　　　　　　　　固定

图 1-20　画任意已知直线的平行线或垂直线

二、绘图仪器

（一）分规

分规是用来量取线段、等分线段和截取尺寸的工具。常用的有大分规和弹簧分规两种，分规两腿均装有钢针。为了度量尺寸准确，分规的两针尖应磨得尖锐，并调整对齐。

（二）圆规

圆规主要用于画圆或圆弧。圆规的一条腿上装有铅芯，另一条腿上装有钢针，画图时，应将带台阶的针尖对准圆心并扎入图板，然后画圆或圆弧（图 1-21）。

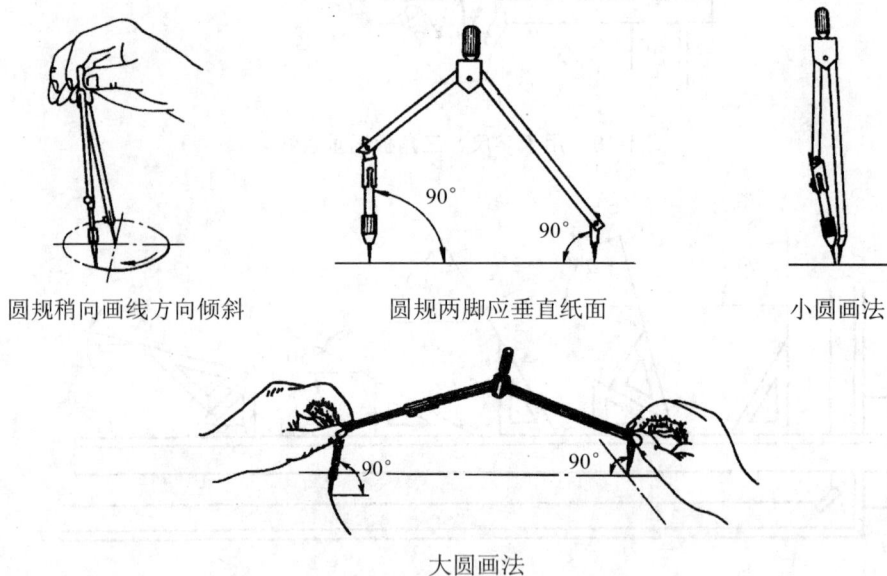

圆规稍向画线方向倾斜　　　　圆规两脚应垂直纸面　　　　小圆画法

大圆画法

图 1-21　圆规

画圆时，应根据圆的半径大小，准确地调节圆规两腿的开度，并使钢针与铅心近乎平行，用力要均匀。为了便于转动圆规，可使圆规两腿微倾于转动方向。画大圆时，可利用加长杆，将其接到圆规腿上。

三、绘图用品

（一）铅笔

铅笔的铅芯软硬用字母"B"和"H"表示，"B"前的数字值越大，表示铅芯越软（黑）；"H"前的数字值越大表示铅芯越硬。画图时常选用 2B、B、HB、H、2H 和 3H 的绘图铅笔。

通常铅芯较硬的铅笔磨削成锥状，铅芯较软的铅笔磨削成四棱柱状（图 1-22）。锥状常用于写字、画底稿和加深细线用，四棱柱状主要用于加深粗线。

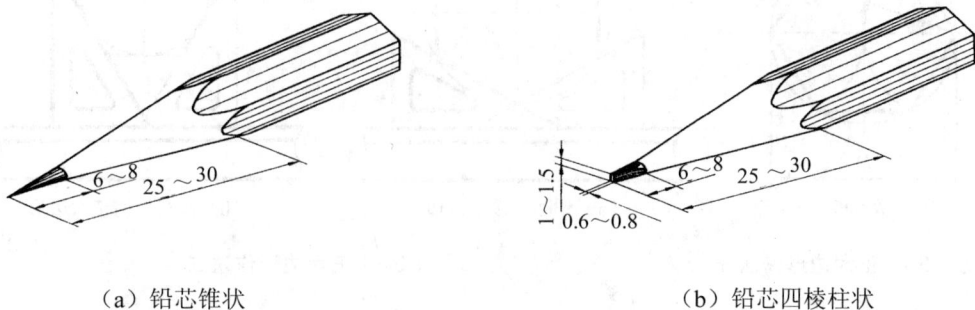

（a）铅芯锥状 （b）铅芯四棱柱状

图 1-22 铅笔磨削

（二）图纸

图纸应选用 GB/T 规定的幅面。绘图纸要质地坚实，用橡皮擦不易起毛。图纸用胶带纸固定在图板的偏左上位置，不要倾斜（图 1-16）。

四、其他绘图工具和用品

绘图过程中，还要用到其他绘图工具和用品，如比例尺、模板、小刀、橡皮擦、图片、毛刷等，不再一一介绍。

以上介绍的是手工绘图常用的工具及其使用方法。随着科学技术和生产的发展，新的绘图仪器、工具和设备不断出现，尤其用计算机绘图，将大大提高绘图速度和质量。

第三节　几何作图

等分圆周（画正多边形）、斜度、锥度、线段连接等是工程制图中常用的几何作图方法，应该熟练掌握这些基本方法，以便提高绘图速度和保证作图的准确性。

一、等分圆周、作正多边形

用圆规六等分圆周及作正六边形的方法如图 1-23 所示。

用丁字尺、三角板作圆内接正多边形和圆外切正多边形的方法如图 1-24 所示。

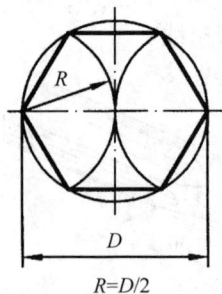

$R=D/2$

图 1-23　正六边形作法一

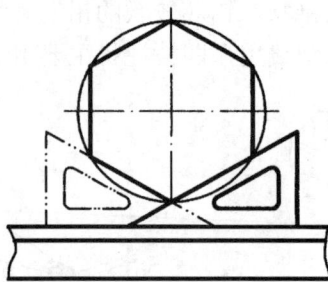

（a）作圆内接正六边形　　　（b）作圆外切正六边形

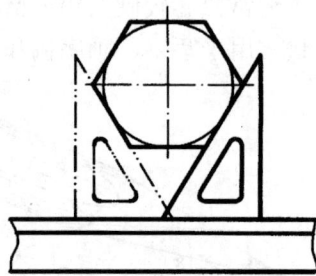

图 1-24　正六边形作法二

二、斜度和锥度

（一）斜度

一直线（或平面）对另一直线（或平面）的倾斜程度称为斜度。其大小用该两直线（或平面）间夹角的正切来表示，通常把比值化成 $1:n$ 的形式（图 1-25）。

斜度的标注采用斜度符号和比值（图 1-26）。标注斜度时，符号的方向应与斜度方向一致。斜度符号的画法如图 1-27 所示。

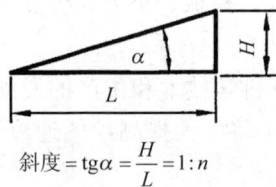

斜度 $= \mathrm{tg}\alpha = \dfrac{H}{L} = 1:n$

图 1-25　斜度

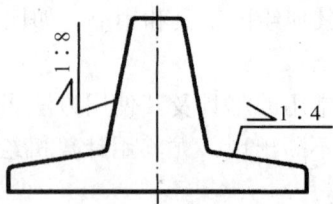

图 1-26　斜度标注

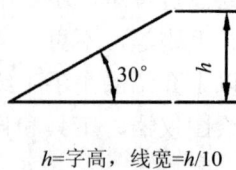

$h=$ 字高，线宽 $=h/10$

图 1-27　斜度符号

以图 1-28（a）为例，说明斜度的画法，步骤如下：

（1）画图 1-28（b），使 *AB* 为 5 个单位，*BC* 为 1 个单位；

（2）延长 *BA* 至 *F*，使 *BF* 为 50。由 *F* 作 *FE* 垂直于 *BF* 且 *FE*=8。过 *E* 作 *ED* 平行 *AC*，最后连接 *BD*，作图完成[图 1-28（c）]。

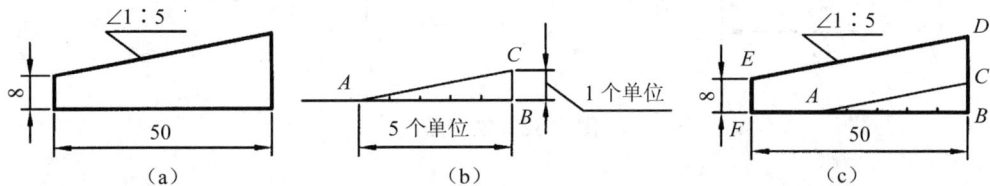

图 1-28　斜度画法

（二）锥度

正圆锥底圆直径与其高度之比称为锥度。若是正圆锥台，则锥度为两底圆直径之差与其高度之比。通常也把锥度写成 1∶*n* 的形式（图 1-29）。

锥度的标注如图 1-30 所示，符号的方向应与锥度方向一致，必要时，可在标注锥度的同时，在括号中注出其角度值。锥度符号的画法如图 1-31 所示。

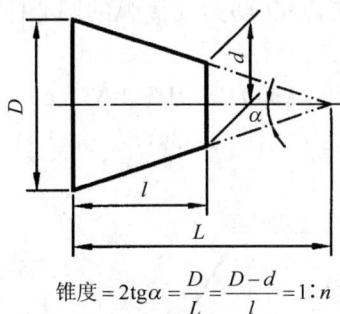

$$锥度 = 2\mathrm{tg}\alpha = \frac{D}{L} = \frac{D-d}{l} = 1:n$$

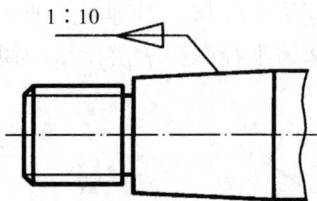

图 1-29　锥度　　　　图 1-30　锥度标注　　　　图 1-31　锥度符号

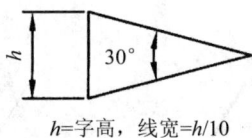

h=字高，线宽=*h*/10

以图 1-32（a）为例，说明锥度的画法，步骤如下：

（1）画图 1-32（b），其中 *AB* 为 1 个单位（*AC*、*CB* 分别为 0.5 个单位），*CD* 为 5 个单位；

（2）延长 *CD* 至 *E*，使 *CE* 为 32。延长 *AB* 至 *FG*，使 *FG* 为 16。过 *F* 作 *FH* 平行 *AD*，过 *G* 作 *GK* 平行 *BD*。过 *E* 作 *CE* 的垂线分别与 *FH* 交于 *H*，与 *GK* 交于 *K*，作图完成[图 1-32（c）]。

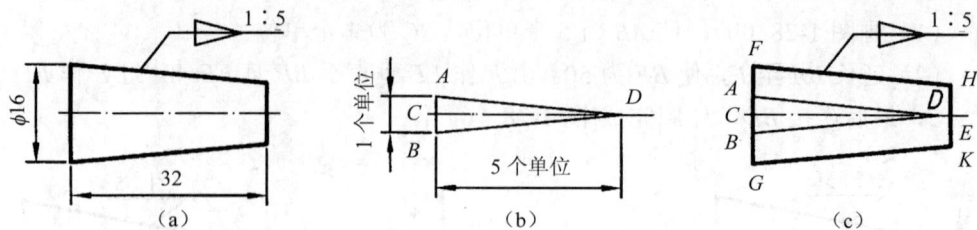

图 1-32　锥度画法

三、圆弧连接

在绘制图形时，常遇到从一条线（或圆弧）光滑地过渡到另一条线或圆弧的情况。这种光滑过渡就是平面几何中的相切，在制图中称为连接，切点称为连接点。用圆弧连接时，这个圆弧称为连接弧。画连接弧的关键是求其圆心和切点。

（一）用半径为 R 的圆弧连接两已知直线

如图 1-33（a）所示，L_1 和 L_2 为已知直线，当两直线成锐角或钝角时，作法如下：

（1）分别作与直线 L_1、L_2 相距为 R 的平行线，交点 O 即为连接弧的圆心[图 1-33（b）]。

（2）自圆心 O 分别向直线 L_1 和 L_2 作垂线，垂足 K_1 和 K_2 即为切点[图 1-33（c）]。

（3）以 O 为圆心，R 为半径画弧 K_1K_2，即为所求连接弧[图 1-33（d）]。

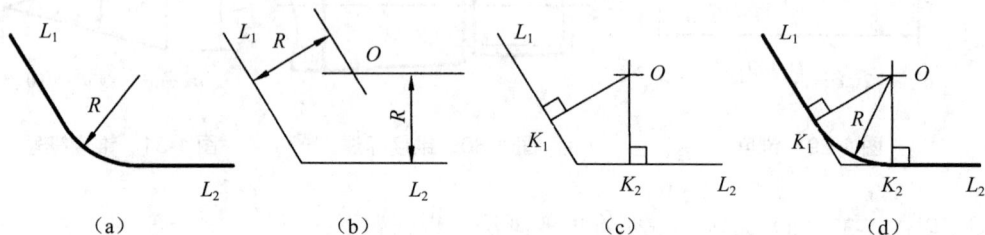

图 1-33　用圆弧连接钝角或锐角

如图 1-34（a）所示，如果已知两直线 L_1 和 L_2 相互垂直，作图方法如下：

（1）以两直线交点 A 为圆心，R 为半径画弧，交直线 L_1、L_2 于 K_1、K_2 两点，K_1 和 K_2 即为切点[图 1-34（b）]。

（2）分别以 K_1、K_2 两点为圆心，R 为半径，画圆弧交于 O，O 点即连接弧的圆心[图 1-34（c）]。

（3）以 O 为圆心，R 为半径，画弧 K_1K_2，即为所求连接弧[图 1-34（d）]。

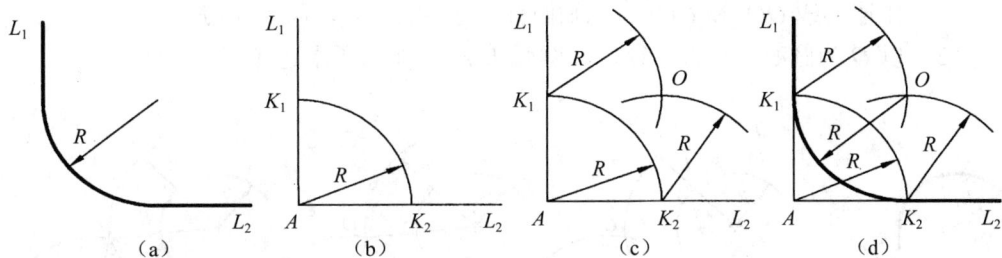

图 1-34　用圆弧连接直角

（二）用半径为 R 的圆弧，连接一已知直线和一已知圆弧

如图 1-35 所示，L 为已知直线，已知圆弧的圆心为 O_1，半径为 R_1。用半径为 R 的圆弧连接 L 和 R_1 弧的作图步骤如下：

（1）作直线 L_1 平行于直线 L，距离为 R，以 O_1 为圆心，$R+R_1$ 为半径画弧，与直线 L_1 的交点 O 点即所求连接弧圆心。

（2）作连心线 OO_1 与已知弧交于 K_1，自 O 点向已知直线 L 作垂线得垂足 K_2。K_1、K_2 为切点。

（3）以 O 为圆心，R 为半径画弧 K_1K_2，即为所求连接弧。

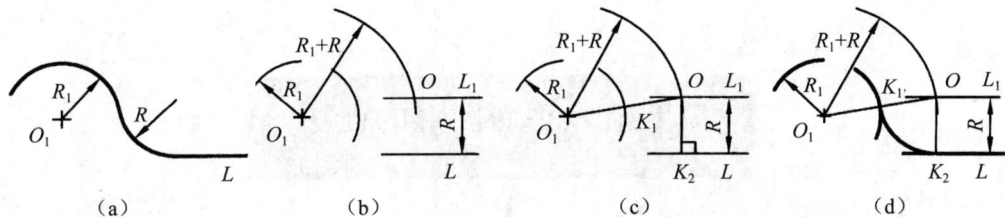

图 1-35　用圆弧连接一直线和一圆弧

（三）用半径为 R 的圆弧，连接两已知圆弧

有三种情况：外切、内切和内外切，现以外切（图 1-36）为例说明作图步骤，内切的情况见图 1-37，内外切的情况读者可自行分析。

如图 1-36 所示，已知两圆弧的圆心分别为 O_1 和 O_2，其半径分别为 R_1 和 R_2。连接作图步骤如下：

（1）分别以 O_1 和 O_2 为圆心，$R+R_1$ 和 $R+R_2$ 为半径作弧，交于 O 点即为所求连接弧的圆心。

（2）作连心线 OO_1 和 OO_2 与已知圆弧交于 K_1 和 K_2，即为切点。

（3）以 O 为圆心，R 为半径，作圆弧 K_1K_2，即为所求连接弧。

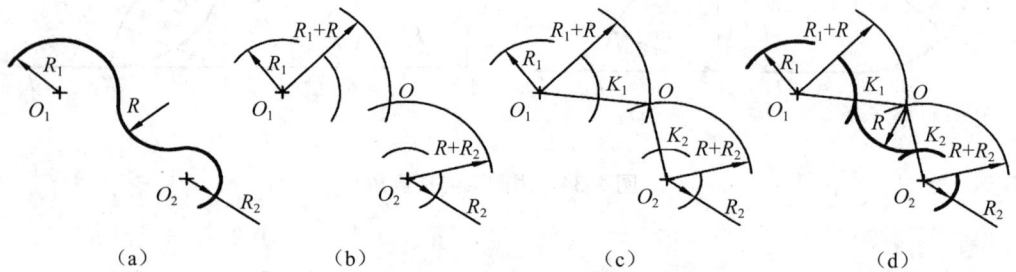

图 1-36　圆弧同时外切两已知圆弧

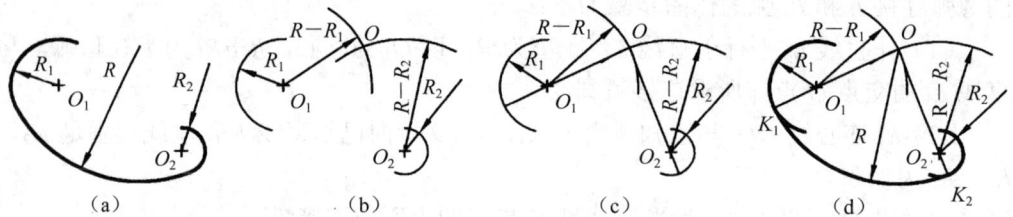

图 1-37　圆弧同时内切两已知圆弧

第四节　平面图形的画法

平面图形可以由仪器图或徒手图来完成。

一、仪器绘图

用圆规、直尺、三角板等工具绘制的图样称为仪器图。图 1-38 所示平面图，其绘制过程如下述。

（一）绘制基准线

基准是标注尺寸的起点，也是确定平面图形位置的参照。一般常把平面图形中的对称线、较长的直线和较大直径的圆的中心线作为基准。图 1-39（a）中绘制出手柄的轴线、竖直方向的长直线以及圆的对称线作为基准线。

（二）绘制已知线段

平面图形中，定形尺寸和定位尺寸齐全的线段称为已知线段。定形尺寸是指确定平面图形中各种线段形状大小的尺寸。如图中的 $\phi20$、$\phi6$、$\phi37$、$R17$、$R145$、20 等。定位尺寸是指确定图形中各个线段或线框间相对位置的尺寸。如图中的 10、119 等，定位尺寸一般是从基准出发标注的。直线的定位尺寸一般指其端点的位置尺寸及方向。圆弧的定位尺寸一般指其圆心的位置尺寸。

图 1-38 中，已知线段为 $\phi20$、20 直线、$\phi6$ 小圆、$R17$、$R10$ 圆弧，绘制见图 1-39（b）。

（三）绘制中间线段

中间线段一般是指定形尺寸齐全，定位尺寸不齐全的圆弧；只有定位尺寸的直线。图 1-39（c）中所绘 $R145$ 就是中间线段（圆弧）。

（四）绘制连接线段

连接线段是指只有定形尺寸，无定位尺寸的圆弧；两圆（弧）的公切线。图 1-39（d）中所绘 $R16$ 就是连接线段（圆弧）。

（五）加深图线

将图中线型加深到标准线型要求，一般按先圆弧后直线、先水平、竖直线后斜线的顺序加深。

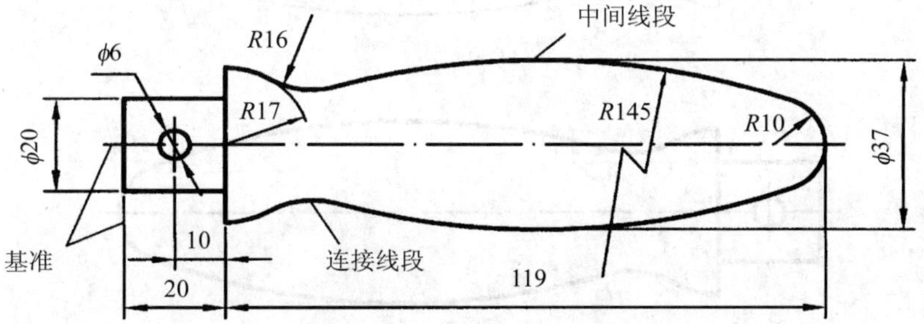

图 1-38　手柄的平面图

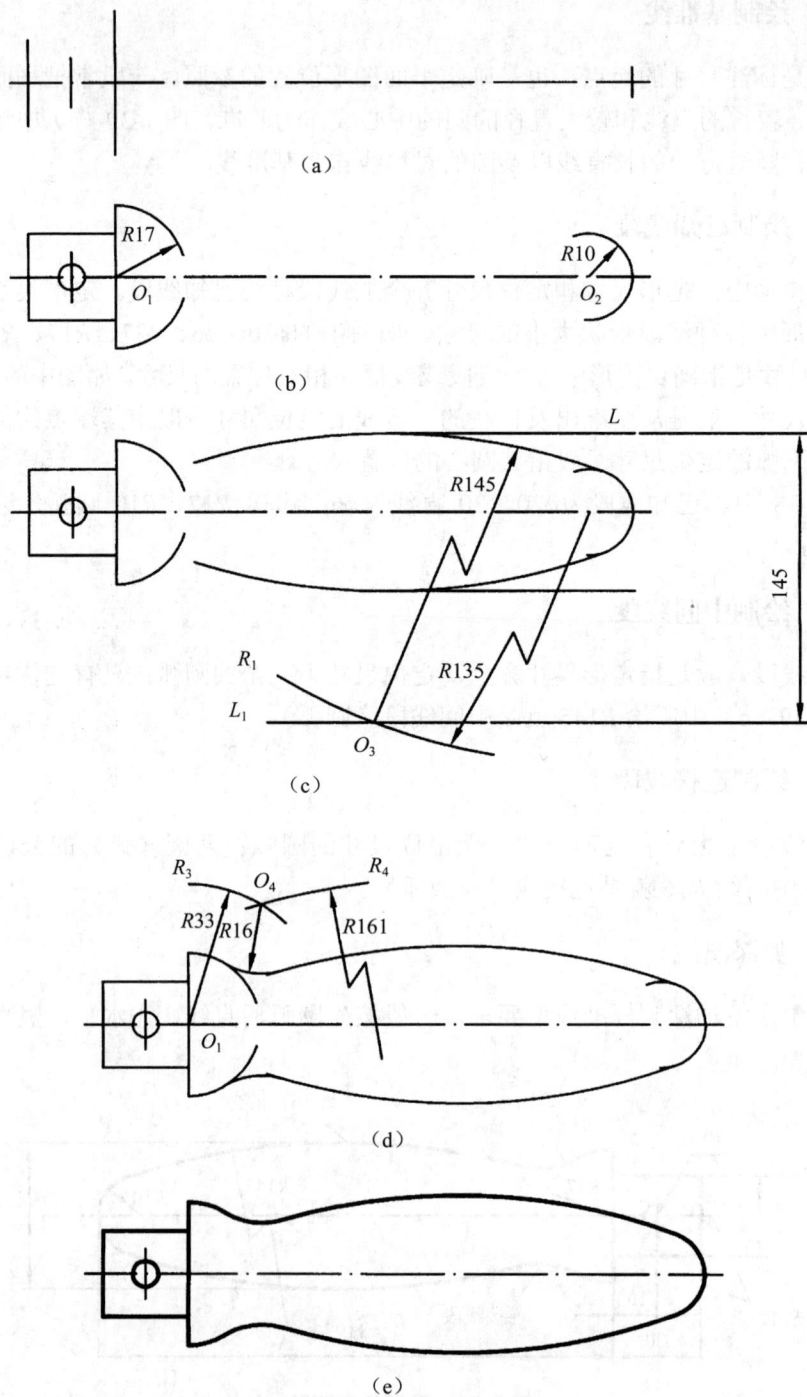

（a）

（b）

（c）

（d）

（e）

图 1-39　手柄平面图的绘制过程

二、徒手绘图

作为工程技术人员，还要具备一定的徒手画图能力。徒手画图是指不借助绘图仪器、工具，用目测比例徒手绘制图样，这样的图又叫草图。草图同样要求做到内容完整、图形正确、图线清晰、比例匀称、字体工整、尺寸准确，同时绘图速度要快。

初学徒手画图，最好在方格纸上进行，以便控制图线的平直和图形的大小。经过一定的训练后，最后达到在空白图纸上画出比例匀称、图面工整的草图。

徒手画图运笔力求自然，能看清笔尖前进的方向，并随时留意线段的终点，以便控制图线。在画各种图线时，手腕要悬空，小指接触纸面。草图纸不固定，为了顺手，可随时将图纸转动适当的角度。

（一）直线的画法

图形中的直线应尽量与分格线重合。将笔放在起点，而眼睛要盯在终点，要均匀用力，匀速运笔一气完成，切忌一小段、一小段地描绘。画垂直线时自上而下运笔；画水平线时以顺手为原则；画斜线时可斜放图纸，对特殊角度的斜线，可根据它们的斜率，按近似比值画出（图 1-40）。

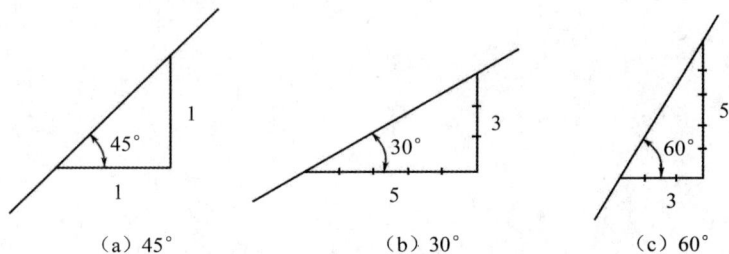

（a）45°　　　　　　（b）30°　　　　　　（c）60°

图 1-40　特殊角度的斜线画法

（二）椭圆、圆的画法

画椭圆时，可先根据长、短轴的大小，定出 4 个端点，然后画图，并注意图形的对称性（图 1-41）。

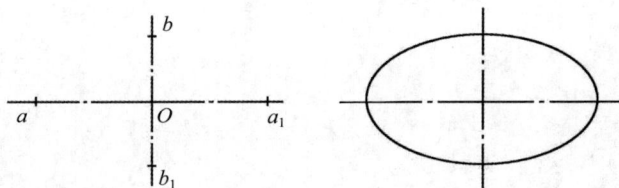

图 1-41　椭圆的画法

画小圆时，先画出中心线，在中心线上定出半径的 4 个端点，然后过这 4 个点连接成圆[图 1-42（a）]。

画大圆时，除在对称中心线上定出 4 个点外，还可过圆心画 2 条 45° 的斜线，再取 4 个点，然后通过这 8 个点连接成圆[图 1-42（b）、（c）]。

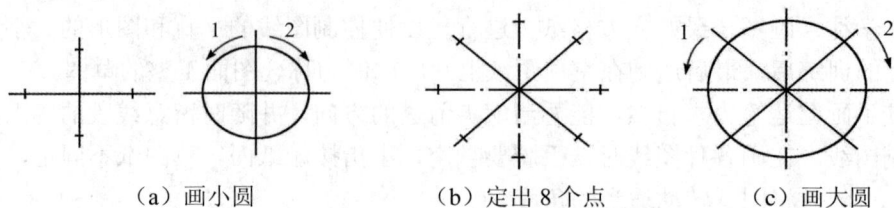

（a）画小圆　　　　　　　（b）定出 8 个点　　　　　　（c）画大圆

图 1-42　圆的画法

正投影法基础

● **知识目标**

本章要求理解投影的基本原理，建立投影的基本概念。掌握点、直线、平面在三投影面体系中的投影特性，以及相互位置不同的两直线的投影特性。了解在平面上取点、直线的作图方法。

第一节 投影法概述

一、投影法的概念

物体被光线照射后，会在预设的表面（如墙壁、地面、幕布等）上产生影子，这就是自然界的投影现象（图 2-1）。而物体的影子在预设的表面上是一个图形，它在一定程度上反映了物体的形状。

在工程图学中，用投射线通过物体，把物体投射到特定的表面上而得到物体图形的方法称为投影法。所设定的表面叫投影面，在投影面上的图形称为物体的投影（图 2-2）。

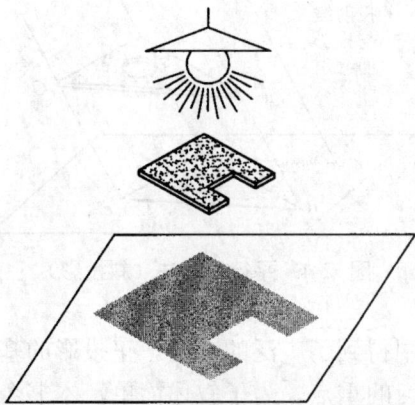

图 2-1　自然界的投影

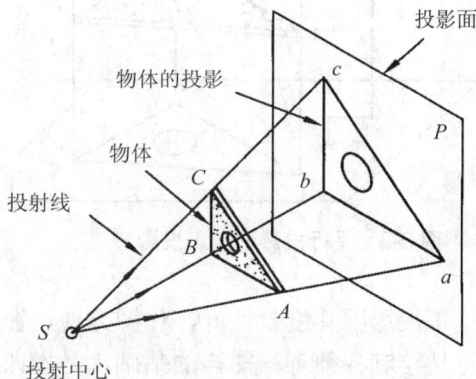

图 2-2　中心投影法

二、投影法的种类

（一）中心投影法

投射线由有限远点出发的投影方法，称为中心投影法。在中心投影法中，投射线由一点 S（该点称为投射中心）发出，且距离投影面 P 为有限远。改变物体与投影面间的距离，物体的投影发生变化（图 2-2）。

用中心投影法画出的图形称为透视图，其立体感强，符合人们的视觉习惯，常用于绘制建筑效果图；但透视图作图复杂，度量性差。

（二）平行投影法

投射线相互平行的投影方法，称为平行投影法。平行投影法可以看作中心投影法的特殊情况，当将投影中心 S 移向无限远时，则所有的投射线都将相互平行（图 2-3，图 2-4）。在平行投影中，改变物体与投影面间的距离，物体的投影的大小、形状都不发生变化。

根据投射线与投影面是否垂直，平行投影法又分为两种。

1．正投影法

投射线垂直于投影面时称为正投影法，简称正投影（图 2-3）。

2．斜投影法

投射线与投影面倾斜时称为斜投影法，简称斜投影（图 2-4）。

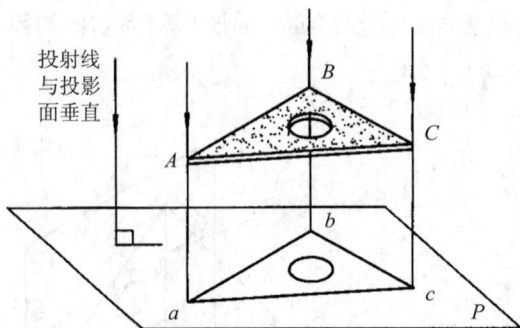

图 2-3　平行投影法（正投影）　　　图 2-4　平行投影法（斜投影）

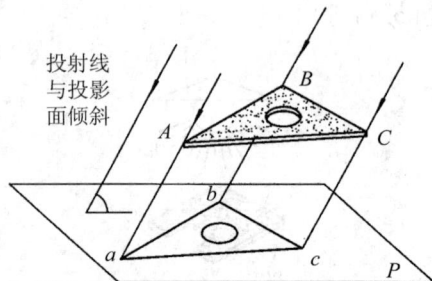

正投影因其度量性好，作图方便，在工程中得到了广泛的应用。正投影的基本理论是绘制各种工程图样的基础，是本课程学习的重点。为了叙述简单，本书今后把"正投影"简称为"投影"。

第二节 点的投影

点是最基本的几何元素，一切几何形体都可以看作某些点的集合，因此，下面讨论点的正投影的规律。

一、点的两面投影

已知空间一点 A 和投影面 H，过点 A 向投影面 H 作垂线，垂足为 a，根据正投影的定义，a 即为点 A 在 H 面上的投影。需要注意的是：空间点 A 在 H 面上的投影是唯一的，因为过点 A 向 H 面作垂线，垂足只有一个；反之，如果已知点 A 在投影面 H 上的投影 a，却不能唯一地确定点 A 的空间位置，这是由于过点 a 的 H 面的垂线上所有各点（如点 A、A_1 等）的投影都位于点 a 处（图 2-5）。因此，由点的一个投影不能确定点的空间位置。

（一）两投影面体系

为了确定点的空间位置，以互相垂直的两平面作为投影面，组成两投影面体系。

竖直放置的投影面称为正立投影面（简称正面），用 V 表示。水平放置的投影面称为水平投影面（简称水平面），用 H 表示。V 面和 H 面的交线称为投影轴 X。V 面和 H 面将空间分成了 Ⅰ、Ⅱ、Ⅲ、Ⅳ 4 个分角（图 2-6）。

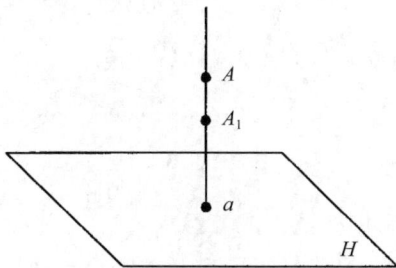

图 2-5　点的单面投影

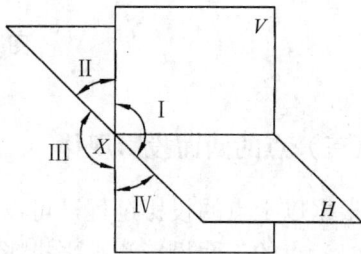

图 2-6　两投影面体系

（二）点的两面投影

制图标准规定，物体的表达优先采用第一角画法。因此，我们着重讨论点在第一角中的投影。

为讨论方便，规定如下使用符号：空间点用大写字母表示，如 A、B、C，…；空间点在水平面 H 上的投影称为点的水平投影，用小写字母如 a、b、c，…表示；

空间点在正面 V 上的投影称为点的正面投影，用小写字母如 a'、b'、c'……表示。

在第 I 分角里取一点 A。由点 A 分别向 H 面和 V 面投影作垂线，其垂足为 a 和 a'，a 就是点 A 的水平投影；a' 就是点 A 的正面投影[图 2-7（a）]。

由前面知道，已知点的一个投影不能确定点的空间位置。但是如果知道空间点的两个投影（水平投影 a 和正面投影 a'），是否能确定点的空间位置呢？事实上，过 a 和 a' 分别作 H 面和 V 面的垂线，其交点 A 是唯一的。由此可见，已知空间点的两个投影即可确定该点的空间位置。

为了实际应用，需要把互相垂直的两个投影面展开到同一平面上。为此，规定 V 面不动，将 H 面绕 OX 轴向下旋转 90°，与 V 面平齐，这样就得到点 A 的投影图[图 2-7（b）]。

投影面可以认为是无边界的，因此在投影图上不画出它们的边框，也不标记 H 和 V。投影图上的细实线 aa' 称为投影连线[图 2-7（c）]。

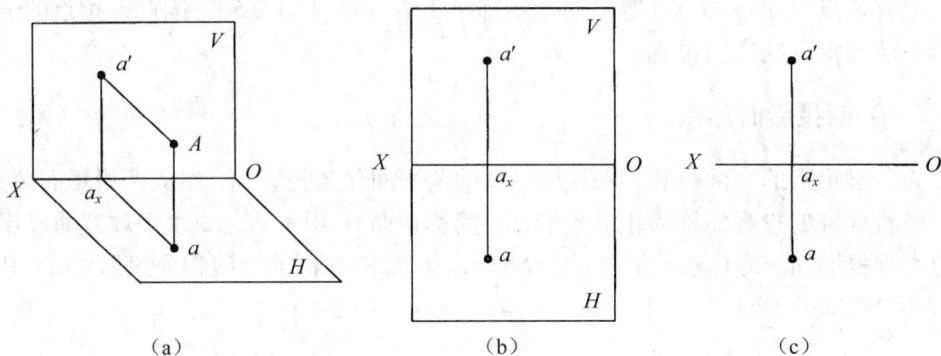

图 2-7　点的两面投影

（三）点的两面投影规律

根据以上点的投影过程，可以得出如下投影规律：

（1）点的正面投影和水平投影的连线垂直于 OX 轴，即 $a'a \perp OX$。

因为 aa_x 和 $a'a_x$ 在由 Aa 和 Aa' 所决定的平面上，而该平面垂直于 H 面和 V 面，因而垂直于 H 面和 V 面的交线 OX 轴，所以有 $aa_x \perp OX$ 和 $a'a_x \perp OX$。当 a 随着 H 面旋转而与 V 面平齐时，$aa_x \perp OX$ 的关系不变，因此，在投影图上 a、a_x、a' 三点共线，且 $a'a \perp OX$。

（2）点的正面投影到 OX 轴的距离，等于该点到 H 面的距离；而其水平投影到 OX 轴的距离，等于该点到 V 面的距离。即 $a'a_x = Aa$，$aa_x = Aa'$。这是因为平面 $Aaa_xa'A$ 是一个矩形，其对边相等。

上述投影规律，对于各种位置点的两面投影都是适用的。

（四）特殊位置点的投影

（1）点处于投影面上：点的一个投影与空间点本身重合，点的另一投影在 OX 轴上，如图 2-8 上的 B、C 两点所示。

（2）点处于投影轴上：点和它的两个投影都重合于 OX 轴上，如图 2-8 上的 D 点所示。

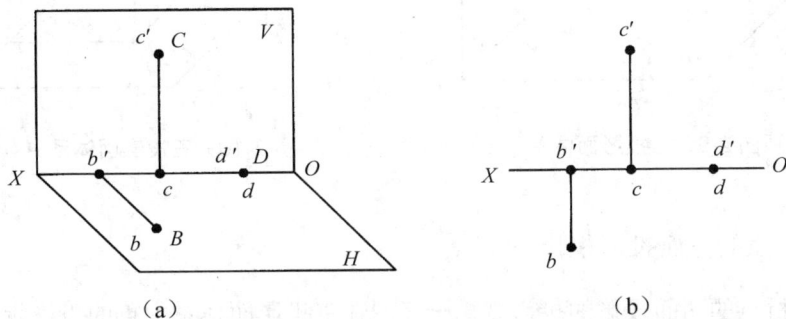

（a）　　　　　　　　　　　（b）

图 2-8　特殊位置点的投影

二、点的三面投影

尽管点的两个投影已能确定该点的空间位置，但为了清楚地表达某些几何形体，常需采用三面投影图。

（一）三投影面体系

三投影面体系是在两投影面体系的基础上，加上一个与 H 面、V 面都垂直的侧立投影面 W（简称侧面）所组成。三个投影面互相垂直相交，它们的交线称为投影轴。V 面和 H 面的交线称为 OX 轴，H 面和 W 面的交线称为 OY 轴，V 面和 W 面的交线称为 OZ 轴。三个投影轴互相垂直相交于一点 O，称为原点（图 2-9）。

（二）点的三面投影

设 A 是三投影面体系中的一点，它在 H 面和 V 面上的投影分别为 a 和 a'。自点 A 向 W 面作垂线，其垂足 a'' 即为点 A 在 W 面上的投影，a'' 称为点 A 的侧面投影（图 2-10）。规定点的侧面投影用小写字母加两撇"$''$"表示。

在实际应用中，仍需把三个投影面摊平在一个平面上，为此，规定 V 面不动，将 H 面绕 OX 轴向下旋转 $90°$，将 W 面绕 OZ 轴向右旋转 $90°$ 与 V 面平齐（随 H 面旋转的 OY 轴用 OY_H 表示，随 W 面旋转的 OY 轴用 OY_W 表示）[图 2-11（a）]。然后去掉投影面的边框，即得点 A 的三面投影图[图 2-11（b）]。

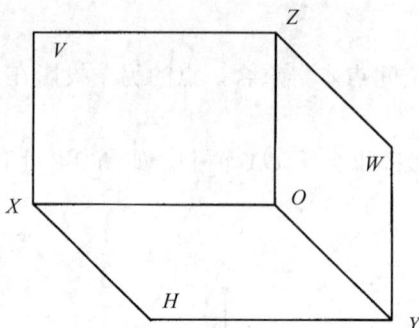

图 2-9 三投影面体系

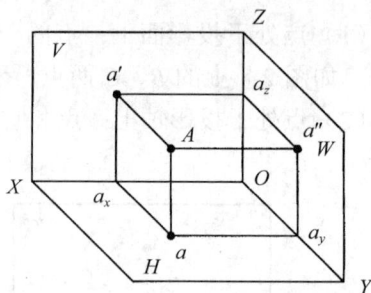

图 2-10 三投影面体系中点的投影

（三）点的三面投影规律

和分析点的两面投影的投影规律一样，在三投影面体系中点的投影规律是：

- ◁ 点的正面投影和水平投影的连线垂直于 OX 轴，即 $a'a \perp OX$；
- ◁ 点的正面投影和侧面投影的连线垂直于 OZ 轴，即 $a'a'' \perp OZ$；
- ◁ 点的正面投影到 OX 轴的距离与点的侧面投影到 OY_W 轴的距离相等，都反映点 A 到 H 面的距离，即 $a'a_X = a''a_{YW} = Aa$；
- ◁ 点的正面投影到 OZ 轴的距离与点的水平投影到 OY_H 轴的距离相等，都反映点 A 到 W 面的距离，即 $a'a_Z = aa_{YH} = Aa''$；
- ◁ 点的水平投影到 OX 轴的距离与点的侧面投影到 OZ 轴的距离相等，都反映点 A 到 V 面的距离，即 $aa_x = a''a_z = Aa'$。

在投影图中，为了直观地表达 $aa_x = a''a_z$ 的关系，可画一条过原点 O 的 45°斜线，过水平投影 a 画平行于 X 轴的线，过侧面投影 a'' 画平行于 Z 轴的线，两线相交于斜线上[图 2-11（c）]。也可用原点 O 为圆心画圆弧，把水平投影和侧面投影连起来[图 2-11（d）]。

（四）根据点的两个投影求其第三投影

根据如上点的投影规律，只要给出点的两个投影，就可以求出其第三投影（"知二求三"的作图方法）。

【例 2-1】如图 2-12（a）所示，已知点 A 的水平投影 a 和正面投影 a'，求其侧面投影。

解：由点的投影规律，点 A 的侧面投影 a'' 与其正面投影 a' 的连线垂直 OZ 轴，且 a'' 到 OZ 轴的距离等于点 A 的水平投影 a 到 OX 轴的距离。

作图方法一[图 2-12（b）]：

（1）过 a' 作 OZ 轴的垂线交 OZ 于 a_z；

（2）在 $a'a_z$ 的延长线上截取 $a_za''=aa_x$，a'' 即为所求。

作图方法二[图 2-12（c）]：

（1）过原点 O 画一条 45° 的斜线；

（2）过水平投影 a 画水平线与 45° 斜线相交 e，由 e 向上画垂线；

（3）过正面投影 a' 画水平线，与由 e 向上所画垂线相交于 a'' 点，a'' 即为所求。

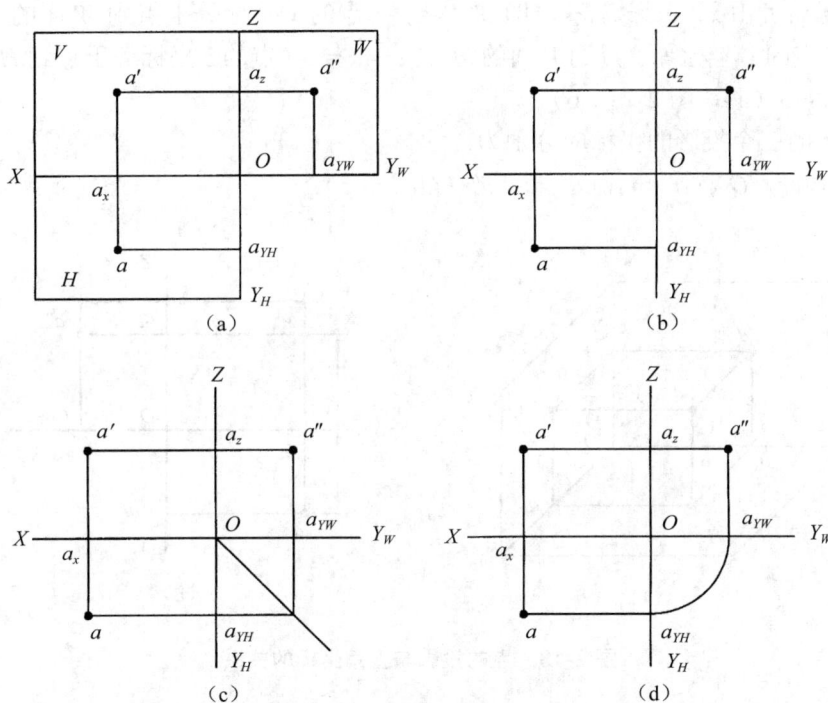

图 2-11　点的三面投影

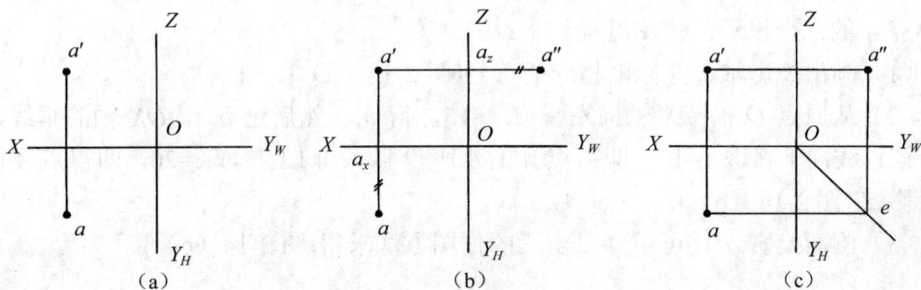

图 2-12　求点的第三投影

三、点的投影与直角坐标的关系

如果把投影面 V 视为坐标面 XOZ，把投影面 H 视为坐标面 XOY，把投影面 W 视为坐标面 YOZ，把投影轴 OX、OY、OZ 作为三个坐标轴，原点仍为原点，则三投影面体系就是一个空间直角坐标系[图 2-13（a）]。

如果空间点 A 在空间直角坐标系中的三个坐标分别为 x、y、z，则点 A 到投影面的距离可由 x、y、z 表示，即 $a''A = x$（点的 x 坐标等于点到 W 面的距离）；$a'A = y$（点的 y 坐标等于点到 V 面的距离）；$Aa = z$（点的 z 坐标等于点到 H 面的距离）[图 2-13（a），图 2-13（b）]。

点 A 的三个投影的坐标应分别为：

a（x，y，O），a'（x，O，z），a''（O，y，z）。

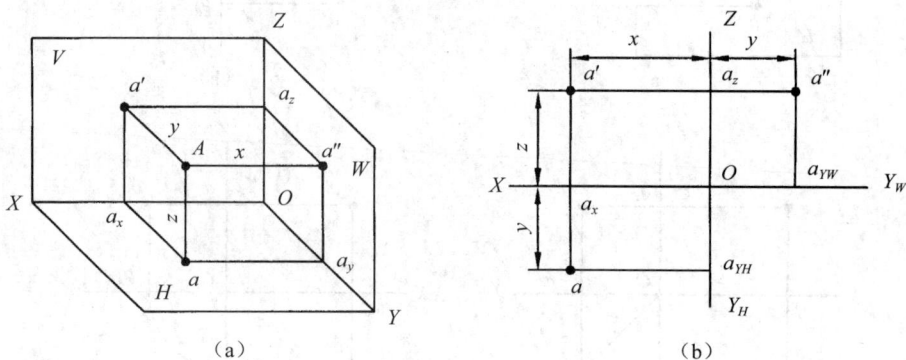

图 2-13 点的投影与直角坐标的关系

【例 2-2】已知点 A 的坐标为（15，10，20），求作其三面投影图。

解：从点 A 的三个坐标值可知，点 A 到 W 面的距离为 15，到 V 面的距离为 10，到 H 面的距离为 20。根据点的投影规律和点的三面投影与其三个坐标的关系，即可求得点 A 的三个投影。作图过程如下：

（1）画出投影轴，并标出相应的符号[图 2-14（a）]。

（2）从原点 O 沿 OX 轴向左量取 x=15，得 a_x；然后过 a_x 作 OX 轴的垂线，由 a_x 沿该垂线向下量取 y=10，即得点 A 的水平投影 a；向上量取 z=20，即得点 A 的正面投影 a' [图 2-14（b）]。

（3）侧面投影 a''，可用知二求三的作图方法求得[图 2-14（c）]。

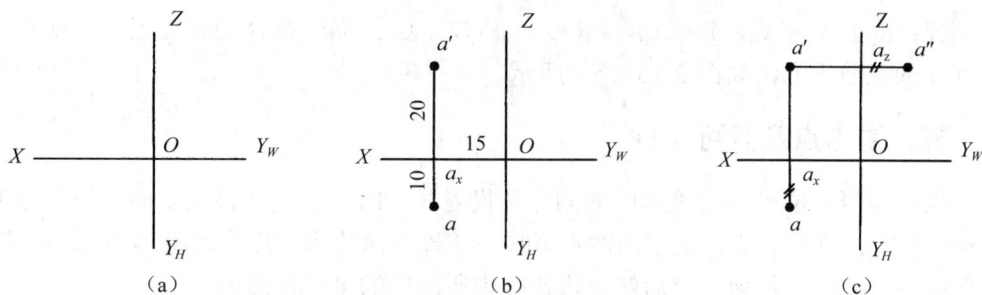

图 2-14　求第三面投影

四、空间两点的相对位置的判定

空间两点的相对位置是指两点间的上下、左右、前后关系。可通过点的投影确定空间两点的相对位置：点的 V 面投影可确定空间两点的左右位置和上下位置；点的 H 面投影可确定空间两点的左右位置和前后位置；点的 W 面投影可确定空间两点的前后位置和上下位置。

点的 V 面投影由点相对于 W 面和 H 面的距离决定，即由点的 X 坐标和 Z 坐标确定；点的 H 面投影由点相对于 W 面和 V 面的距离决定，即由点的 X 坐标和 Y 坐标确定；点的 W 面投影由点相对于 V 面和 H 面的距离决定，即由点的 Y 坐标和 Z 坐标确定。因此，通过比较空间两点各坐标值的大小，可判定两点的相对位置。

设两点分别为 A 和 B，若 A 点的 X 坐标大于 B 点 X 坐标，A 点在左，B 点在右；若 A 点的 Z 坐标大于 B 点的 Z 坐标，A 点在上，B 点在下；若 A 点的 Y 坐标大于 B 点 Y 坐标，A 点在前，B 点在后。

【例 2-3】A（X_A，Y_A，Z_A）、B（X_B，Y_B，Z_B）两点的投影如图 2-15（a）所示，由投影图判断空间两点的相对位置。

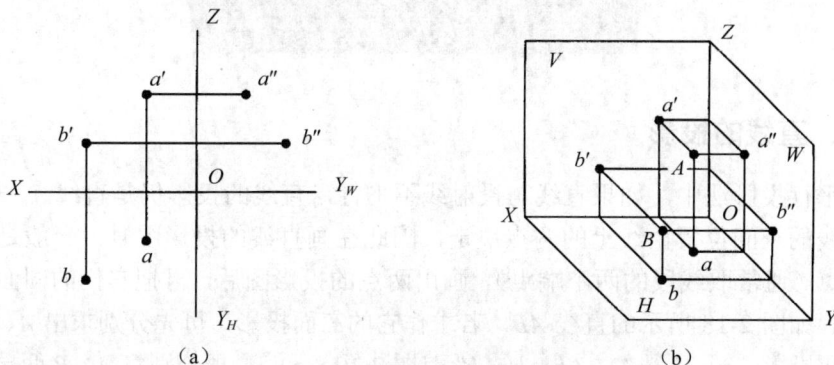

图 2-15　由投影图判断空间两点的相对位置

解：由于 $X_A<X_B$，$Y_A<Y_B$，$Z_A>Z_B$，所以，点 A 位于点 B 的右后上方，点 B 处于点 A 的左前下方，如图 2-15（b）所示。

五、重影点及其可见性

当空间两点位于一个投影面的同一条投射线上时，它们在该投影面上的投影重合成一个点，称为重影，这空间两点就称为该投影面的重影点。如图 2-16 所示。研究重影点的目的，是为了今后解决投影图中所出现的可见性问题。

【例 2-4】在图 2-17 中，水平投影 a、b 重合为一点，但正面投影中 b' 在 a' 的上方，即 $Z_B>Z_A$，这对 H 面来说，B 点是可见的，A 点是不可见的。

规定：不可见点的重合投影加一圆括号，如图 2-17 中 A 点的水平投影（a）。

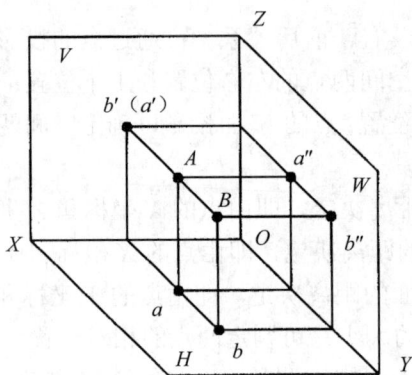

图 2-16　重影点

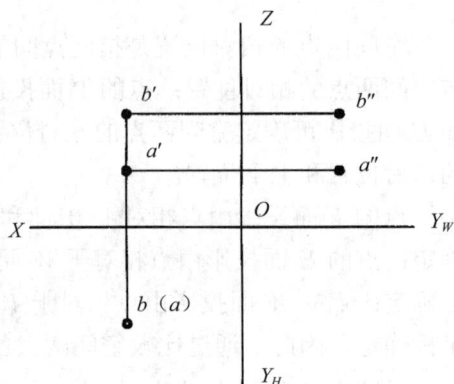

图 2-17　例 2-4

第三节　直线的投影

一、直线的投影

在平行投影法中，如果直线与投射线不平行，直线的投影仍是直线。

直线的空间位置由线上的两点决定，因此在画直线的投影图时，一般是在直线上取两点（通常取线段的两个端点），画出两点的投影图后，再把它们的同面投影连接起来。如图 2-18 所示的直线 AB，若求作它的三面投影，可先分别求出 A、B 两端点的三面投影（a、a'、a''）、（b、b'、b''）[图 2-19（a）]；再分别将 A、B 两端点的同面投影连接起来，连接 ab、$a'b'$、$a''b''$，即得直线 AB 的三面投影[图 2-19（b）]。

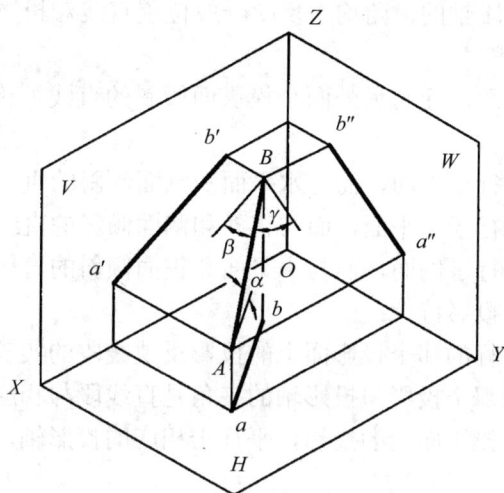

图 2-18 一般位置直线

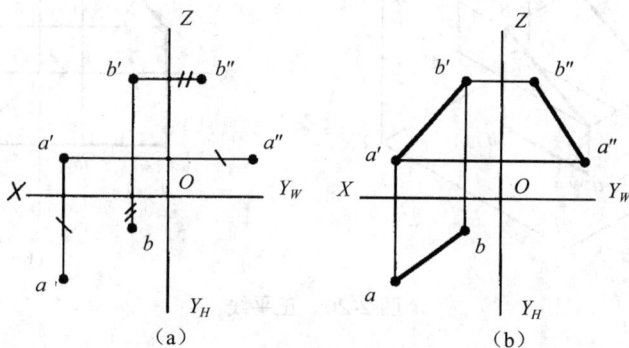

（a）

（b）

图 2-19 一般位置直线的投影图

二、各类位置直线的投影特性

根据直线对投影面的相对位置，直线可分为下述三类：一般位置直线；投影面平行线；投影面垂直线。后两类直线称为特殊位置直线。现分述它们各自不同的投影特性。

1．一般位置直线

与三个投影面都倾斜的直线，称为一般位置直线。图 2-18 所示直线即为一般位置直线。图 2-19（b）为一般位置直线的投影图。

一般位置直线的投影特性为：

◁ 其三面投影均与投影轴倾斜，且长度小于线段的实长；

◁　各投影与投影轴的夹角均不反映一般位置直线对投影面的真实倾角。

2．投影面平行线

平行于一个投影面，而与另外两个投影面倾斜的直线，称为投影面平行线。有三种位置：

（1）正平线：平行于正面，而与水平面和侧面倾斜的直线（图 2-20）。

（2）水平线：平行于水平面，而与正面和侧面倾斜的直线（图 2-21）。

（3）侧平线：平行于侧面，而与水平面和正面倾斜的直线（图 2-22）。

投影面平行线的投影特性：

◁　在直线所平行的那个投影面上的投影反映线段的实长；

◁　反映实长的那个投影与投影轴的夹角是直线段与相应投影面的真实倾角；

◁　在另外两个投影面上的投影，平行于相应的投影轴，且长度小于实长。

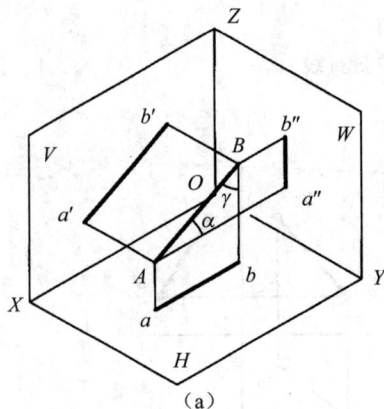
（a）

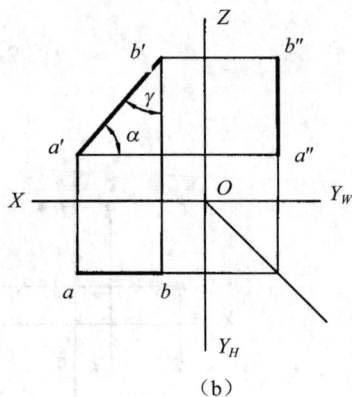
（b）

图 2-20　正平线

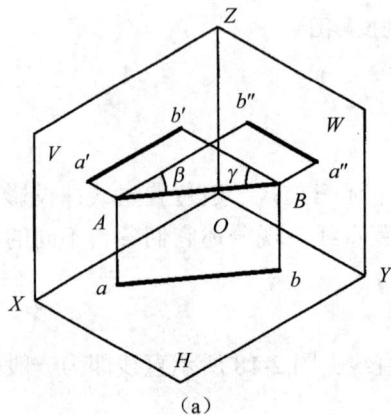
（a）

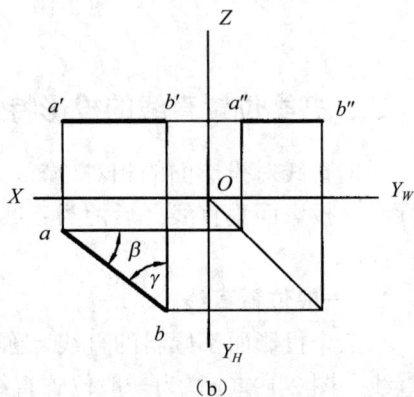
（b）

图 2-21　水平线

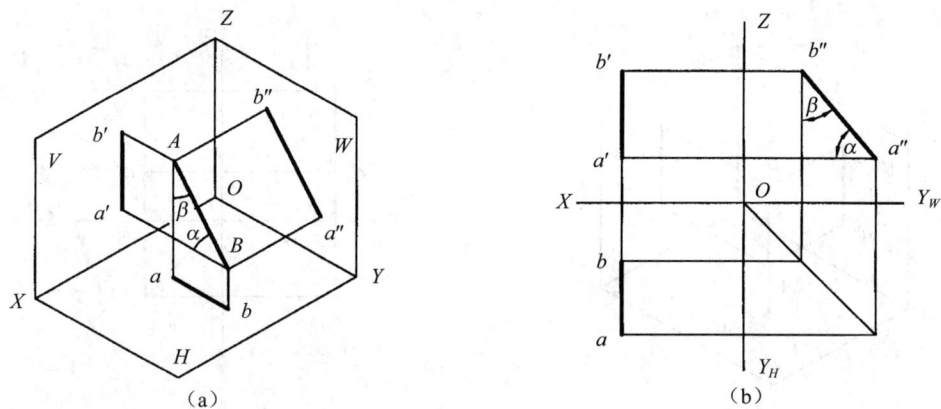

图 2-22　侧平线

3．投影面垂直线

垂直于一个投影面，与另外两个投影面平行的直线，称为投影面垂直线。有三种位置：

（1）正垂线：与正面垂直的直线（与 H 面及 W 面平行）（图 2-23）。

（2）铅垂线：与水平面垂直的直线（与 V 面及 W 面平行）（图 2-24）。

（3）侧垂线：与侧面垂直的直线（与 H 面及 V 面平行）（图 2-25）。

投影面垂直线的投影特性：

◁　在直线所垂直的那个投影面上的投影积聚为一点；

◁　在另外两个投影面上的投影垂直于相应的投影轴，且反映线段的真实长度。

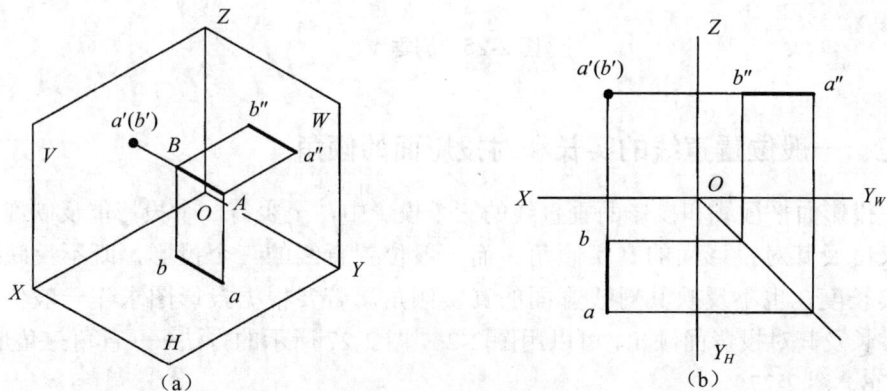

图 2-23　正垂线

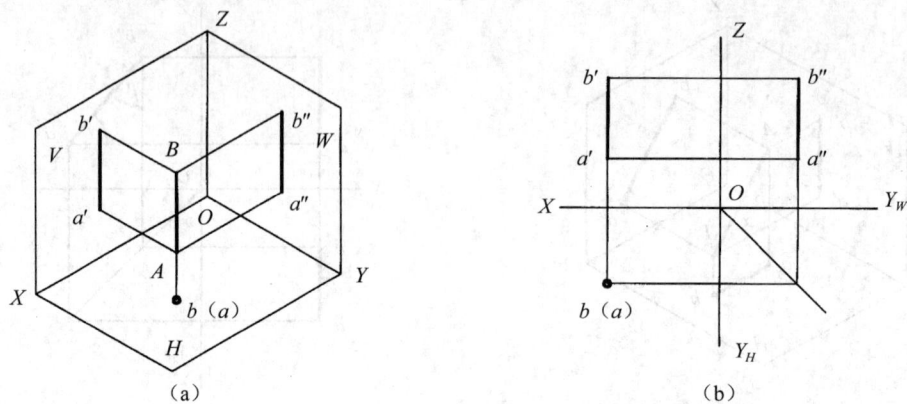

图 2-24　铅垂线

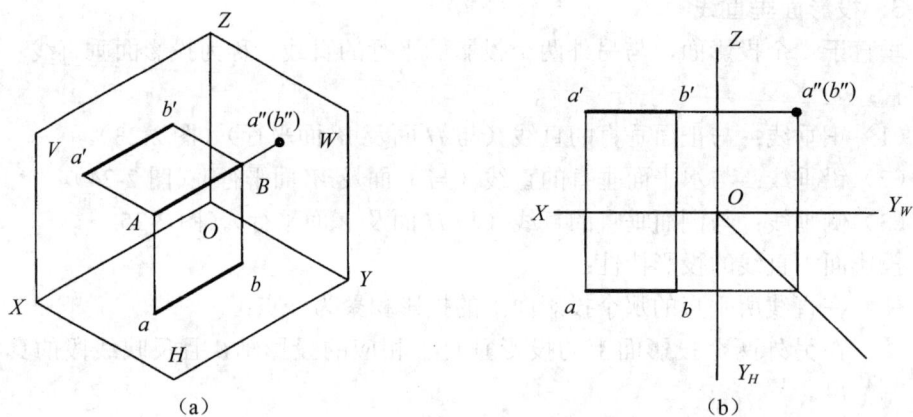

图 2-25　侧垂线

三、一般位置直线的实长和对投影面的倾角

在投影面平行线和投影面垂直线的三个投影中，至少有一个投影能反映线段的真实长度及其对投影面的真实倾角。而一般位置直线的三个投影，既不反映线段的真实长度，也不反映其对投影面的真实倾角。若要根据投影图求作一般位置直线的实长及其对投影面倾角，可以用图 2-26，图 2-27 所示的方法——直角三角形法。（图 2-26，图 2-27）。

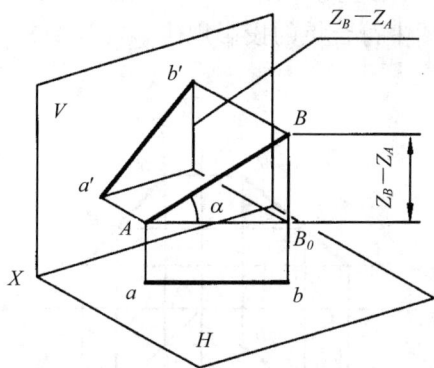

图 2-26　AB 的投影与其实长及 α 角的关系

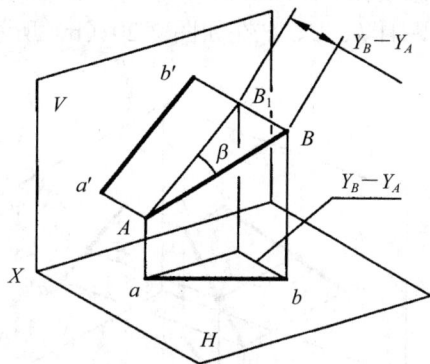

图 2-27　AB 的投影与其实长及 β 角的关系

【例 2-5】如图 2-28（a）所示，根据线段 AB 的正面投影和水平投影，求线段 AB 的实长及其对 H 面的倾角 α。

解题步骤如下[图 2-28（b）]：

（1）以水平投影 ab 为一直角边，过 b 点（或过 a 点）作 $bB_0 \perp ab$，且 $bB_0 = Z_B - Z_A$。$Z_B - Z_A$ 的长度可直接在正面投影上量取。

（2）连接 aB_0，aB_0 即为所求线段 AB 的实长。

（3）实长 aB_0 与水平投影 ab 的夹角，即为线段 AB 对 H 面的倾角 α。

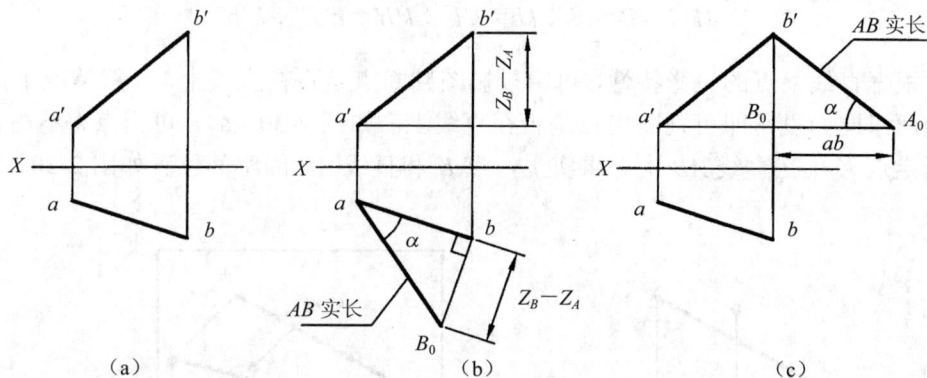

图 2-28　例 2-5

四、直线上的点的投影

如果点在直线上，其投影有如下特性：

（1）如果点在直线上，则点的各个投影必在该直线的同面投影上，且符合点的投影规律。如图 2-29 所示，K 点在线段 AB 上，则 k 在 ab 上，k' 在 $a'b'$ 上，k'' 在 $a''b''$ 上，且 k、k'、k'' 在如图 2-29（b）所示的投影图中符合点的投影规律。

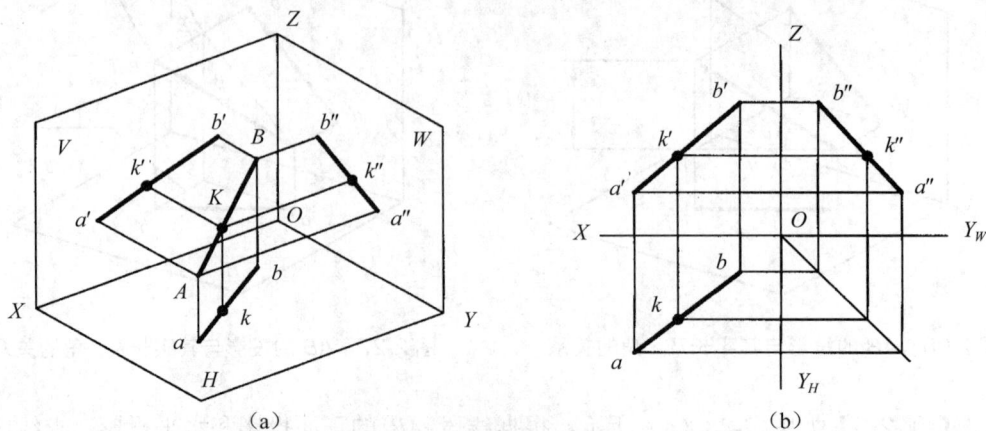

图 2-29　直线上点的投影

反过来，只有点的各个投影都在直线的同面投影上，该点才在直线上。

（2）直线段上的点分直线段为两线段的长度之比等于点的各投影分同面直线投影长度之比（该特性称为点分直线段的定比性）。在图 2-29 中，点 K 分直线 AB 为 AK 和 KB 两段，则：

$$AK : KB = ak : kb = a'k' : k'b' = a''k'' : k''b''$$

根据直线上点的投影特性，可由投影图判断点是否在直线上。一般情况下，只要由两组同面投影即可判断出点是否在直线上。如图 2-30（a），可由点 k' 不在 $a'b'$ 上断定点 K 不在直线 AB 上。事实上，点 K 和直线 AB 的空间位置如图 2-30（b）所示。

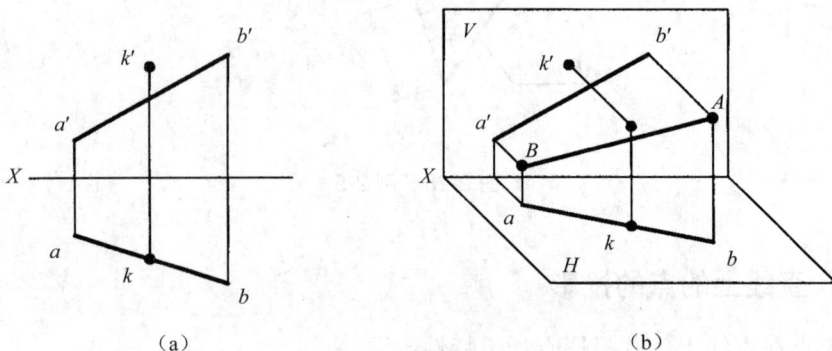

图 2-30　一般情况下，由两组同面投影判断出点是否在直线上

对于投影面平行线，如果已知点的投影在直线的两个平行于投影轴的投影上，就不能简单判定点在直线上。如图 2-31（a）所示，点 K 的两投影在直线 AB 的两同面投影上，但 AB 为水平线，不能断定 K 点在 AB 上。作出直线 AB 和点 K 的第三面投影[图 2-31（b）]，可知点 K 不在直线 ab 上，因为 k 不在 ab 上。事实上，直线 AB 和点 K 的空间位置如图 2-31（c）所示。

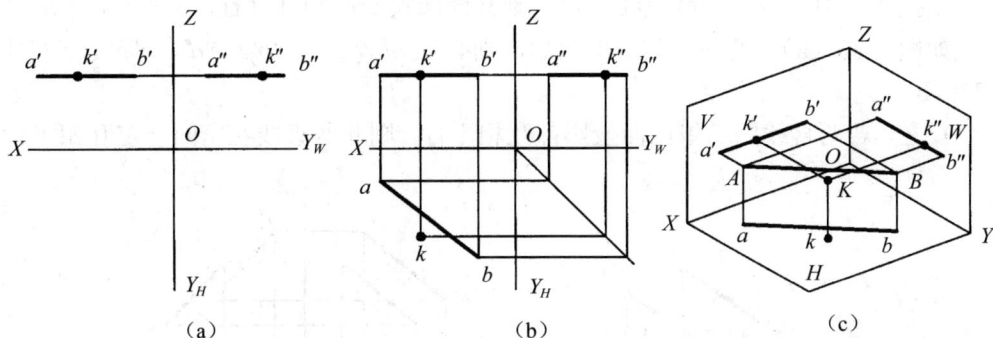

图 2-31　作出点和直线的第三面投影判断点是否在直线上

除了通过作出点和直线的第三面投影来判断点和直线的关系外，还可根据定比性通过几何作图来判断点是否在直线上。如图 2-32（a）所示，判断点 K 是否在直线 AB 上。若点 K 在 AB 上，则必有 $ak:kb=a'k':k'b'$。因此，如图 2-32（b）所示，自 a' 任作一直线 $a'M=ab$，并取 $a'N=ak$，连接点 M、b'，过点 N 作 Mb' 的平行线 NP，因 NP 不通过 k'，即 $ak:kb \neq a'k':k'b'$，不满足定比性，故点 k 不在直线 AB 上。

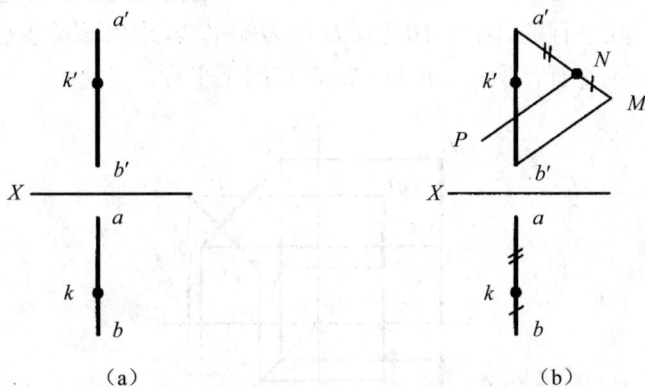

图 2-32　根据定比性判断点是否在直线上

五、两直线的相对位置

空间两直线的相对位置有平行、相交、交叉三种情况。前两种为共面直线，后一种为异面直线。

1. 两直线平行

正投影法中，若空间两直线平行，则其同面投影必相互平行。

如图 2-33（a），若在空间 $AB /\!/ CD$，则必定 $ab /\!/ cd$、$a'b' /\!/ c'd'$、$a''b'' /\!/ c''b''$[图 2-33（b）]。

反之，若两直线的三组同面投影都互相平行，则此两直线在空间一定互相平行。

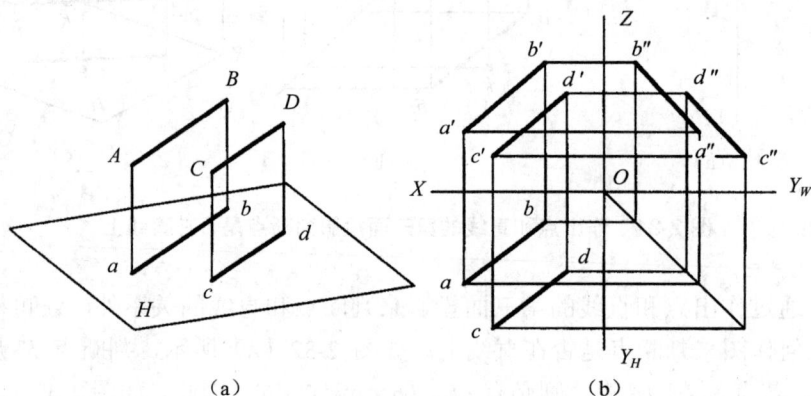

图 2-33　两直线平行

如图 2-34 所示，虽然 $ab /\!/ cd$，$a'b' /\!/ c'd'$，但是我们还不能肯定 AB 及 CD 两条直线在空间是相互平行的。因为 AB 及 CD 均为侧平线，求出该两条直线的侧面投影，因为 $a''b''$ 与 $c''d''$ 不平行，所以 AB 与 CD 在空间不平行。

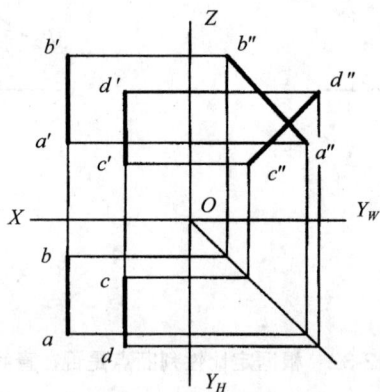

图 2-34　平行于同一投影面的两交叉直线

2．两直线相交

正投影法中，若空间两直线相交，则它们的各同面投影必定相交，且交点的投影必定符合点的投影规律。

如图 2-35（a）所示，若在空间 *AB*、*CD* 相交，则必定 *ab* 与 *cd*、*a'b'* 与 *c'd'*、*a"b"* 与 *c"b"* 都各自相交，且它们的交点符合点的投影规律[图 2-35（b）]。

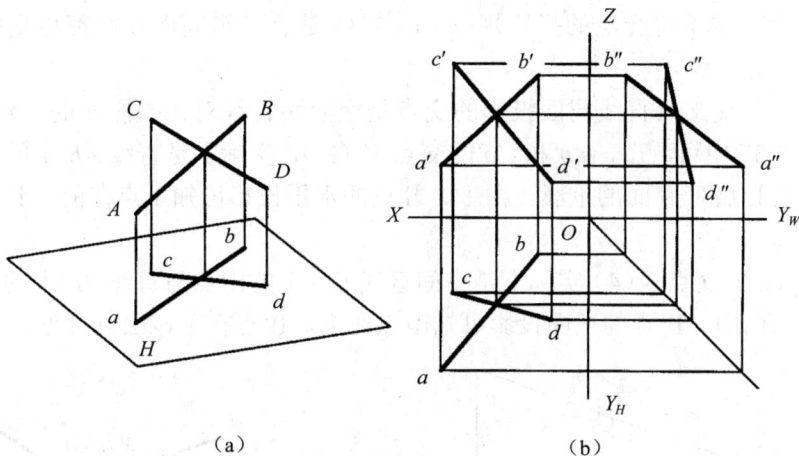

图 2-35　两直线相交

反之，若两直线的三组同面投影都相交，且交点的投影符合点的投影规律，则此两直线在空间一定相交。

如图 2-36 所示，*AB* 为一般位置的直线，*CD* 为侧平线。虽然在投影图上 *ab* 与 *cd* 相交，*a'b'* 与 *c'd'* 相交，*a"b"* 与 *c"d"* 也相交，但交点的投影不符合点的投影规律，所以此两直线在空间不相交。

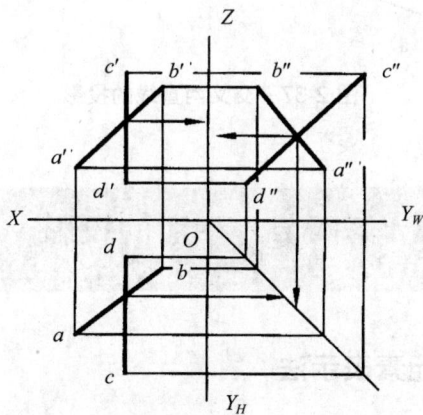

图 2-36　有一条直线是投影面平行线的两交叉直线

3．两直线交叉

两直线既不平行也不相交，称为两直线交叉。

交叉两直线可能有一组或两组同面投影互相平行，但绝不可能三组同面投影都互相平行。图 2-36 是有两组同面投影互相平行的一种情形。

交叉两直线的同面投影，可能有一组、两组或三组同面投影都相交，但它们交点的投影一定不符合点的投影规律。图 2-36 是有三组同面投影都相交的一种情形。

实际上，交叉两直线同面投影的交点是空间两直线对该投影面的一对重影点。

从图 2-37 中可看出，$a'b'$ 和 $c'd'$ 的交点 1′（2′），实际上是直线 AB 上的Ⅰ点与直线 CD 上的Ⅱ点对 V 面的重影。由Ⅰ、Ⅱ点的水平投影可知Ⅰ点在前，Ⅱ点在后，Ⅰ点可见。

ab 和 cd 的交点 3（4）实际上是空间直线 CD 上的Ⅲ点与直线 AB 上的Ⅳ点对 H 面的重影。由Ⅲ、Ⅳ点的正面投影可知Ⅲ点在上，Ⅳ点在下，Ⅲ点可见。

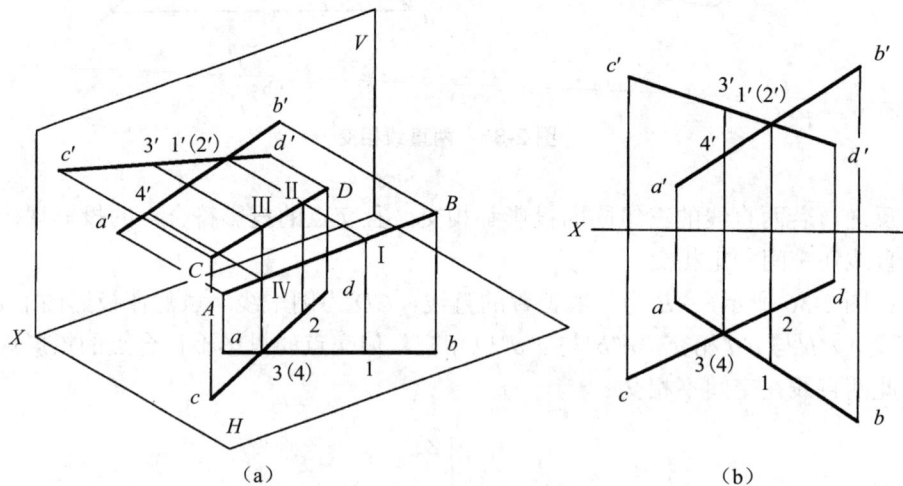

图 2-37　交叉两直线的投影

第四节　平面的投影

一、平面的几何元素表示法

◁　不在同一直线上的三点；

◁　一条直线和直线外的一点；

≼　相交两直线；

≼　平行两直线；

≼　任意平面图形（如三角形、平行四边形、多边形、圆等）。

各种表示方法的投影见图 2-38。

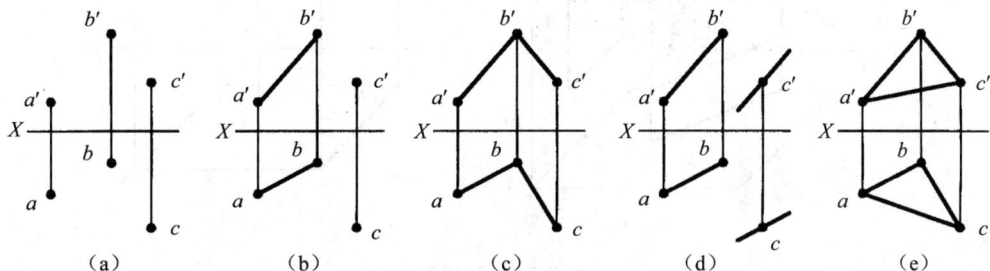

（a）　　　　　　（b）　　　　　　（c）　　　　　　（d）　　　　　　（e）

图 2-38　在投影图中表示平面的方法

在如上投影图中，各种表示平面的方法之间有着紧密的联系，可以相互转换。在图 2-38（a）中，若连接 a、b 两点，则可成为图 2-38（b）。同一平面，不论如何转换，只是其表示形式或形状的不同，而平面的空间位置不会改变。因此在作图中，平面的表达形式可任意选择，一般根据作图方便和平面的表达效果，采用两条相交直线、三角形和多边形平面等。

二、各种位置平面的投影特性

根据平面在三投影面体系中的位置可把空间平面分为三类：投影面垂直面，投影面平行面和一般位置平面。前两类平面又统称为特殊位置平面。无论何种位置的平面，最显著的区别是对投影面的倾角不同，它们对 H 面、V 面、W 面的倾角（即两面角）分别以 α、β、γ 表示。下面介绍各类平面的投影特性。

1. 投影面垂直面

垂直于一个投影面而与另外两个投影面倾斜的平面叫投影面垂直面。分为三种：

≼　铅垂面：垂直于 H 面，而与 V 面和 W 面倾斜的平面（图 2-39）；

≼　正垂面：垂直于 V 面，而与 H 面和 W 面倾斜的平面；

≼　侧垂面：垂直于 W 面，而与 H 面和 V 面倾斜的平面。

投影面垂直面的投影特性：

（1）平面在它所垂直的投影面上积聚成倾斜于投影轴的直线段；该线段与投影轴的夹角，就是平面对另外两个投影面的倾角；

（2）另外两个投影面上投影为平面图形的类似形。

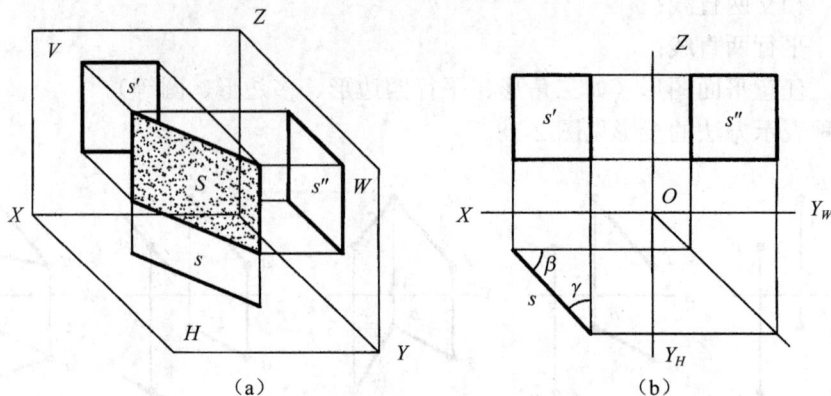

图 2-39　铅垂面

2. 投影面平行面

平行于一个投影面的平面叫投影面平行面。分为三种：

◄　正平面：平行于 V 面的平面（图 2-40）；

◄　水平面：平行于 H 面的平面；

◄　侧平面：平行于 W 面的平面。

投影面平行面的投影特性：

（1）平面在它所平行的投影面上的投影反映实形；

（2）平面的其他两个投影都积聚成直线，且分别平行于与该平面平行的两投影轴。

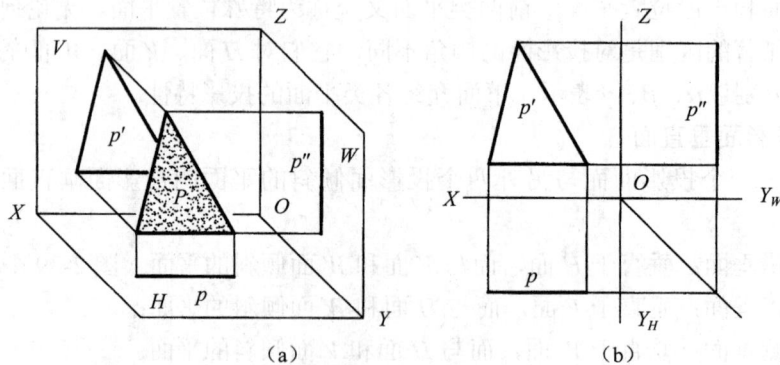

图 2-40　正平面

3. 一般位置平面

一般位置平面和三个投影面既不平行又不垂直，均倾斜于投影面[图 2-41（a）]。故一般位置平面的每个投影既无积聚性，也不反映平面的实形和倾角。因此在投影图上，一般位置平面的三面投影均是面积缩小了的平面图形[图 2-41（b）]。

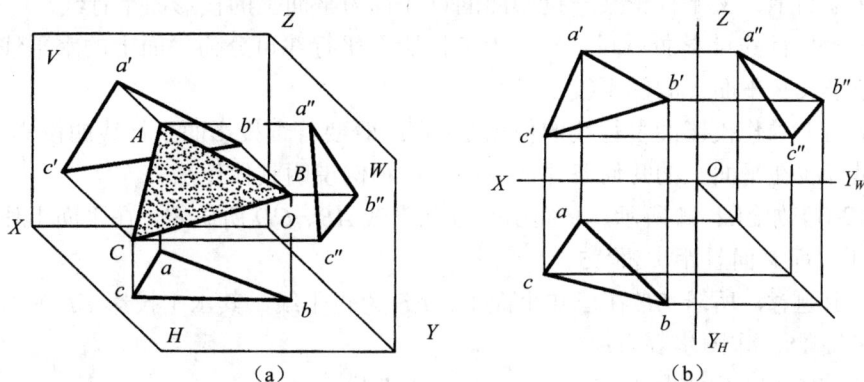

图 2-41　一般位置的平面

三、平面上的直线和点

1. 直线在平面上的几何条件

满足下列条件之一的直线即为平面上的直线（图 2-42）。

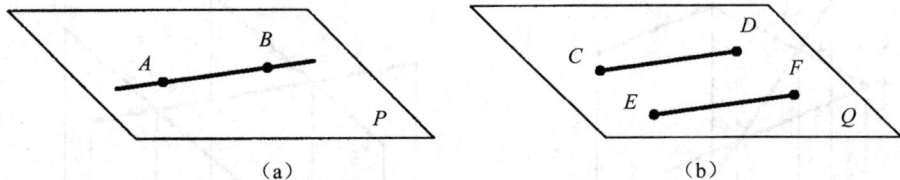

图 2-42　直线在平面上的几何条件

（1）通过平面上两个已知点。

（2）通过平面上一个已知点且平行于该平面上的任一直线。

根据如上直线在平面上的几何条件，在平面上求作直线的作图方法有两种：

①在平面上的已知线段上任取两点，连接成直线。

如图 2-43 所示，平面由相交两直线 AB、AC 所确定，设在 AB、AC 两线段上分别取点 E、F，则 E、F 的连线 EF 必在该平面上。

②过平面上一已知点引一条直线，使其与该平面上的任一直线平行。如图 2-43 所示，过平面上已知点 C，作平面上已知直线 AB 的平行线 CD，则直线 CD 就是该平面上的一条直线。

2．平面上的投影面平行线

既在平面上，又平行于某一投影面的直线称为平面上的投影面平行线。

根据所平行的投影面不同，平面上的投影面平行线可分为平面上的水平线、平面上的正平线和平面上的侧平线三种。

在平面上求作投影面平行线的依据是：直线既要符合投影面平行线的投影特性，又要满足直线在平面上的几何条件，下面通过举例说明具体作法。

【例2-6】 如图2-44所示，平面由平行两直线 AB、CD 所确定，在平面上作直线 EF，使其平行 V 面且距 V 面15。

解：由题意，所求 EF 在已知平面上，EF 为正平线，其水平投影 EF 平行于 X 轴且距 X 轴15。作图步骤为：

① 距 X 轴15作 X 轴的平行线与 ab、cd 交于 e、f；

② 由 e、f 在 $a'b'$、$c'd'$ 上求出 e'、f'，连 $e'f'$；ef、$e'f'$ 即为所求，直线 EF 的投影。

3．在平面上取点

若点在平面上的任一直线上，则此点一定在该平面上。因此在平面上找点时，一般先在平面上作一条包含点的辅助直线，然后再从辅助直线上求点。当然，辅助直线的位置，则要视题目要求和作图方便而定。

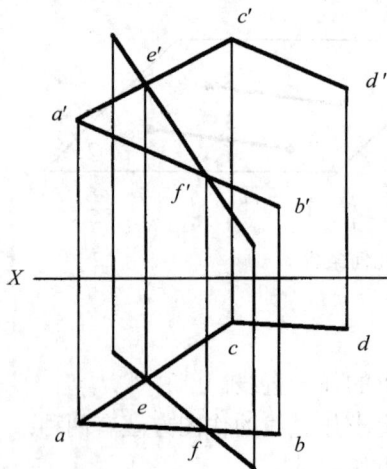

图2-43　在平面上求作直线的方法　　图2-44　在平面上求作投影面平行线的方法

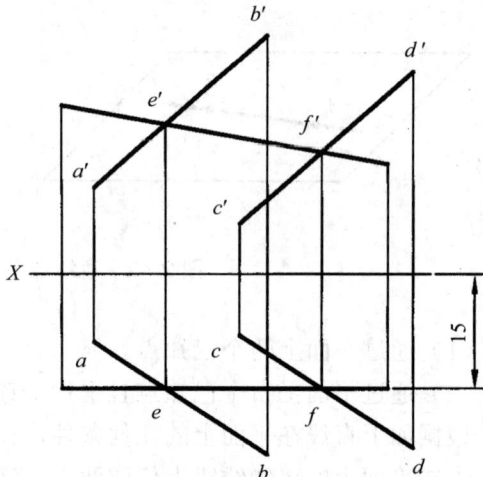

【例2-7】 如图2-45（a）所示，已知△ABC 上一点 K 的正面投影 k'，求作它的水平投影 k。

解：先过 k' 在三角形上作辅助直线，再从直线上求点 K。作图步骤为[图2-45（b）]：

① 连接 $a'k'$ 并延长至 d'，由 d' 作 X 轴的垂线与 bc 交于 d，连接 ad。

② 由 k′ 作 X 轴的垂线与 ad 交于 K，则 k 即为所求。

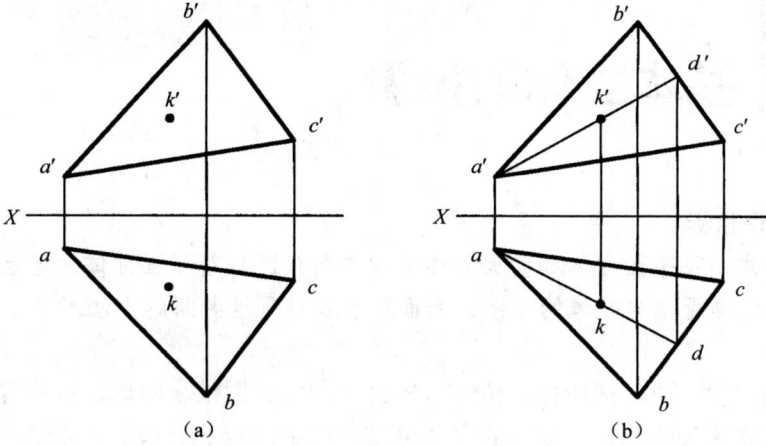

图 2-45 例 2-7

第三章 基本立体的投影

● 知识目标

本章要求熟悉平面立体和曲面立体的投影特性；理解平面立体的形状特征和曲面立体形成；掌握基本立体的作图、表面取点及可见性判断的方法。

工程制图中，通常把棱柱、棱锥、棱台、圆柱、圆锥、圆球、圆环等简单的立体称为基本立体（图3-1）。复杂的立体可以看成是由若干个基本立体组合而成的。

基本立体按其表面分为平面立体和曲面立体。立体表面全部由平面围成的立体称为平面立体，如长方体、棱柱、棱锥等；立体表面含有曲面的立体称为曲面立体，如圆柱、圆锥、圆球等。

在对立体进行正投影时，可把人的视线假想成互相平行且垂直于投影面的一组投射线。为了看图或画图方便，要尽量使立体的主要表面、棱线、素线处于与投影面平行或垂直的位置。

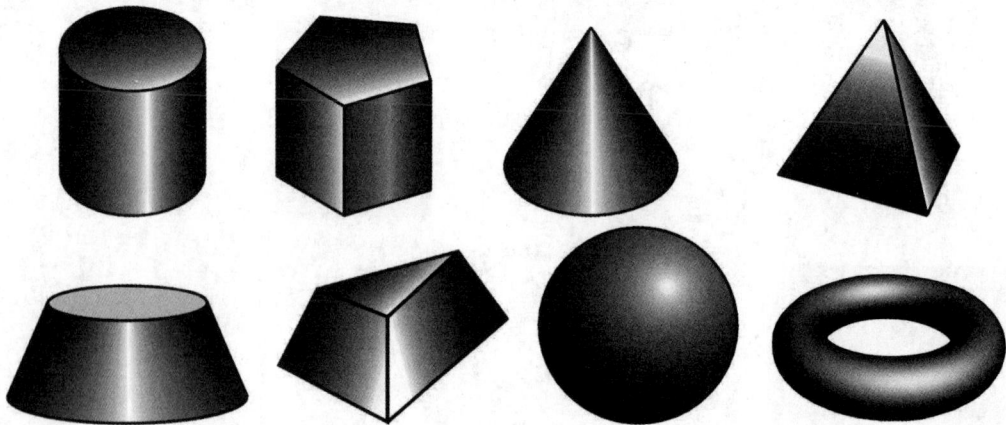

图 3-1　常见基本立体

第一节　平面立体的投影

平面立体的表面由若干多边形组成。画平面立体的投影图，就是画其表面多边形的投影，即画其棱线和顶点的投影。若棱线可见，则将其投影画成实线；若棱线不可见，则将其投影画成虚线。

一、棱柱

棱柱的棱线互相平行，常见的有三棱柱、四棱柱、五棱柱、六棱柱等。下面以五棱柱为例来分析其投影特征和作图方法。

1. 投影分析

图 3-2（a）所示正五棱柱的顶面和底面都是水平面，其正面和侧面投影都为直线，水平投影反映正五边形的实形；该五棱柱的棱面均垂直于水平面；后棱面的正面投影反映实形，其水平、侧面两个投影积聚为直线。其他各棱面的正面、侧面投影均为矩形的类似形，水平投影为直线；该五棱柱的棱线是五条铅垂线。各棱线的水平投影，分别积聚成点，正面投影和侧面投影都反映实长。注意可见的棱线画成粗实线；而不可见的棱线画成虚线。

2. 作图步骤

（1）画出各投影中的作图基准线。

（2）画上下底面，从反映主要形状特征的投影，即水平投影的正五边形画起。

（3）按长对正的投影关系及五棱柱的高度画出正面投影，按高平齐、宽相等的投影关系画出侧面投影。

（4）检查整理底稿后，加深图线[图 3-2（b）]。

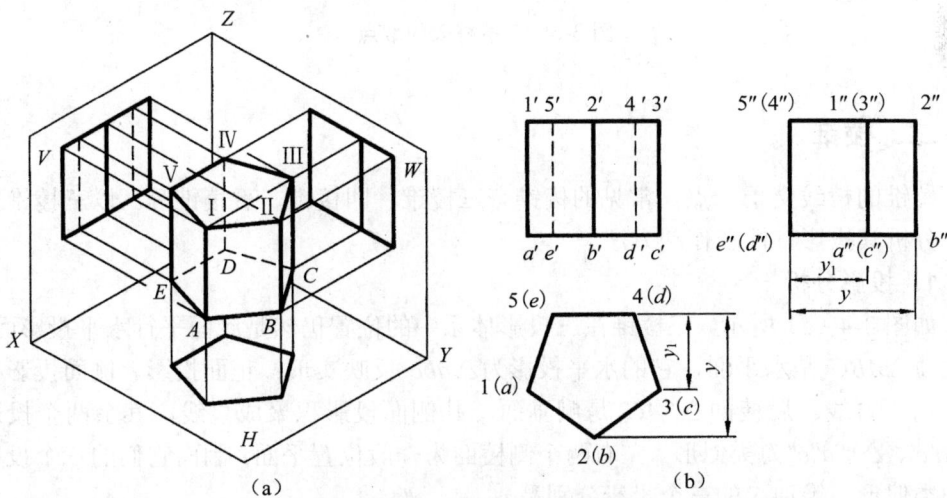

图 3-2　正五棱柱的三面投影

3．棱柱表面上的点

如图 3-3（a）所示，已知正五棱柱表面上的点 F 和点 G 的正面投影 $f'（g'）$，作出它们的水平投影和侧面投影。

分析：因为 F 和 G 在正五棱柱的表面上，根据 f' 可见，g' 不可见，所以点 F 在左前侧棱面上，点 G 在后棱面上。其作图思路主要是根据点在棱面上，若棱面的某投影积聚成一条直线，则点的同面投影在这条直线上。作图过程如图 3-3（b）所示，其步骤如下：

（1）由 $f'（g'）$ 分别在这两个棱面的有积聚性的水平投影（直线）上作出 f、g。

（2）由 $（g'）$ 在后棱面的有积聚性的侧面投影（直线）上作出 g''。

（3）根据点的投影规律由 f、f' 作出 f''。

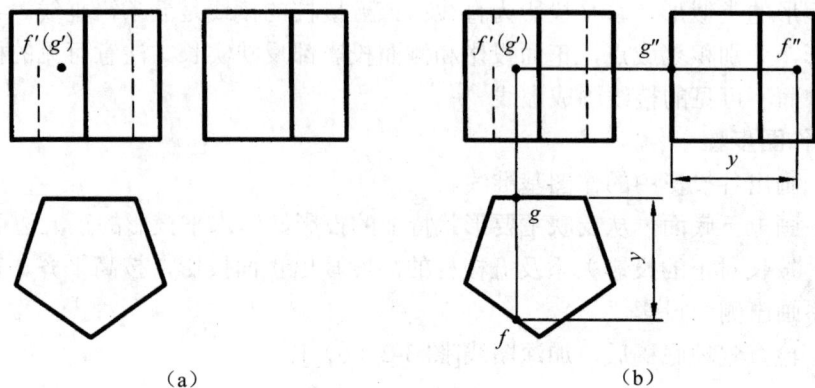

|（a） | （b）|

图 3-3　五棱柱表面取点

二、棱锥

棱锥的棱线交于一点。常见的棱锥有三棱锥、四棱锥、五棱锥等。以三棱锥为例，分析其投影特性和作图方法。

1．投影分析

如图 3-4（a）所示，三棱锥在三投影体系中的位置仍然是底面平行水平投影面，即底面 $\triangle ABC$ 是水平面，它的水平投影为 $\triangle abc$ 反映实形；正面投影、侧面投影积聚成水平直线。后棱面 $\triangle SAC$ 是侧垂面，其侧面投影积聚成直线，其余两个投影 $\triangle s'a'c'$、$\triangle s''a''c''$ 为类似形。左右两个侧棱面为一般位置平面，因而它们的三个投影均为类似形。锥顶 S 的三个投影分别是 s、s'、s''。

2．作图

画棱锥的三面投影时，先画出它的水平投影，然后再画它的正面及侧面投影，加深图形如图 3-4（b）所示。

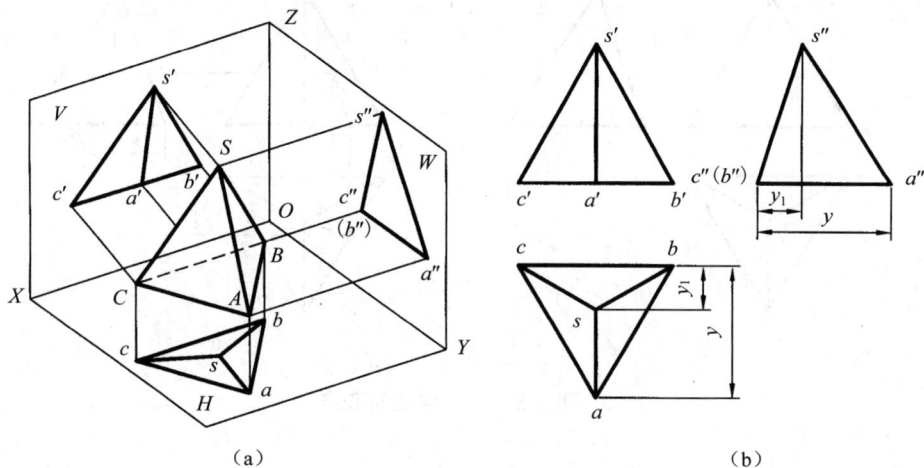

（a）　　　　　　　　　　　　　　（b）

图 3-4　三棱锥三面投影

3．棱锥表面上的点

如图 3-5（a）所示，已知三棱锥表面上的点 M 的正面投影 m'，作出它的水平投影和侧面投影。

分析：由于 m' 可见，故可断定点 M 在左前侧棱面上。其作图思路主要是根据点在棱面上，点一定在棱面上过该点的一条直线上，先在棱面上过点作一条辅助线，求出辅助直线的投影，再从辅助直线的投影上求出点的投影。作图过程如图 3-5（b）所示，其步骤如下所述。

（1）求过 M 点的辅助直线 SK 的三面投影：过 s' 与 m' 点作一直线与底面交于 k' 点（k' 是棱面上过 M 点的直线 SM 与底边的交点 K 的正面投影）；过点 k' 向下作垂线，与底边 AC 的水平投影相交于 k 点，过 s 和 k 作一直线 sk（直线 SMK 的水平投影）；由 k 和 k' 得 k'' 点，过 s'' 与 k' 作一直线 $s''k''$（直线 SMK 的侧面投影）。

（2）从辅助直线 SM 的投影上求作点 M 的另两面投影：过 m' 点向下作垂线与直线 sk 相交，得交点 m——M 点的水平投影。过 m' 点作一水平线向右与 $s''k''$ 交与 m''，m'' 即为点 M 的侧面投影。

在上例中，辅助直线可以有很多，但最好作过已知点或与已知线平行的辅助线。

前面对平面基本体的讨论方法，也适用于一般的平面立体。一般的平面立体是由若干多边形所围成，因此，绘制一般平面立体的投影，可归结为绘制它的所有表面多边形的边和顶点的投影。

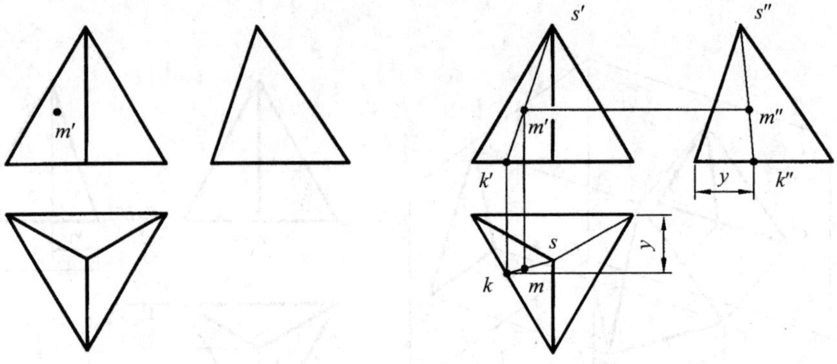

（a）　　　　　　　　　（b）

图 3-5　三棱锥表面取点

第二节　曲面立体的投影

曲面立体是由曲面或曲面和平面所围成的立体。曲面可以看作是由一条线按一定的规律运动而形成；运动的线称为母线，而曲面上任一位置的母线称为素线。工程中常见的曲面立体多为回转体。常见的回转体有圆柱、圆锥、圆球等。

一、圆柱

1．投影分析

如图 3-6 所示，圆柱体是由圆柱面和上下底围成的几何体。当圆柱轴线垂直于水平面时，圆柱上、下端面的水平投影反映实形，正面和侧面投影聚成直线。圆柱面的水平投影积聚为一圆周，与两端面的水平投影重合。在正面投影中，前、后两半圆柱面的投影重合为一矩形，矩形的两条竖线分别是圆柱面最左、最右素线的投影，也是圆柱面前、后分界的转向轮廓线。在侧面投影中，左、右两半圆柱面的投影重合为一矩形，矩形的两条竖线分别是圆柱面最前、最后素线的投影，也是圆柱面左、右分界的转向轮廓线。

2．作图

在画圆柱体的三面投影时，先用细点画线画投影为圆的中心线和圆柱体轴线的投影，然后再画有积聚性的投影——圆，最后按投影规律画出其他两投影。

3．可见性判别

由于在投影图上圆柱的转向线的投影分别为其可见性的分界线。在正面投影上，$a'a_1'$ 和 $b'b_1'$ 为圆柱体前后两部分可见性的分界线，前半圆柱面可见，后半圆柱面不可见；在侧面投影 $c''c_1''$ 和 $d''d_1''$ 为圆柱体左右两部分可见性的分界线，左半圆柱面可见，右半圆柱面不可见。

4．圆柱表面上取点、线

若点在圆柱的转向线上，可按直线上取点直接作图。如果点不在圆柱的转向线上，则可利用圆柱面的积聚性投影来解决取点问题。

如图 3-7（a）所示，已知圆柱面上两个点 A、B 的正面投影 a'（b'），求作它们的水平投影和侧面投影。

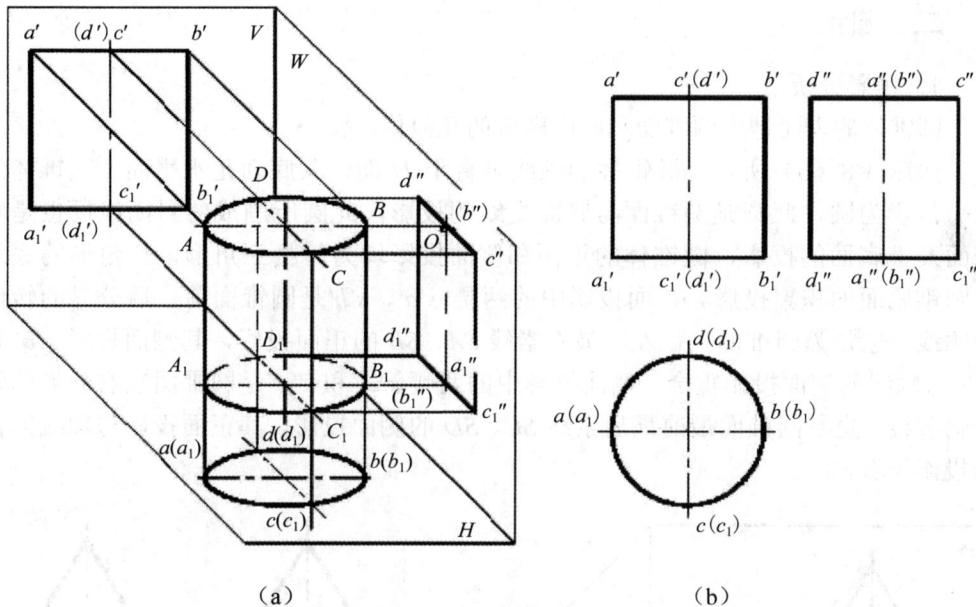

（a）　　　　　　　　（b）

图 3-6　圆柱投影分析与作图

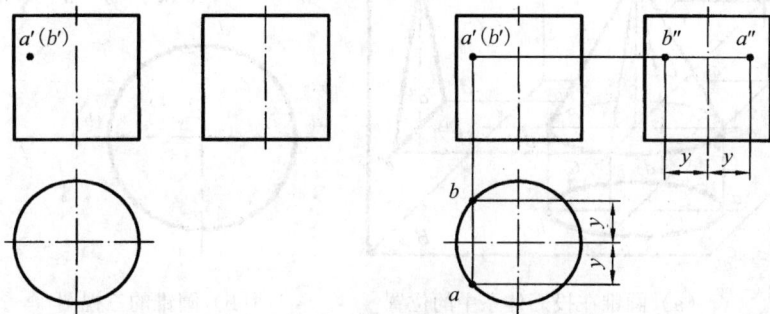

（a）题图　　　　　　　　（b）求点的投影

图 3-7　圆柱表面上取点

分析：从 a' 可见和（b'）不可见知道，点 A 在前半圆柱面上，而点 B 在后半圆柱面上。作图思路主要是根据点在圆柱表面上，而圆柱表面的水平投影是圆，则点的水平投影在圆上。作图过程如图 3-7（b）所示，其步骤如下：

（1）由 a'（b'）向下作垂线，与圆柱面的水平投影相交于 a 和 b，即分别为点 A、B 的水平投影。

（2）由 a' 和 a、b' 和 b 分别作出 a"、b"。由于点 A、B 在左半圆柱面上，所以 a"、b" 都是可见的。

二、圆锥

1. 投影分析

圆锥体的表面是由圆锥面和底面围成的几何体。

如图 3-8（b）所示，圆锥体的轴线垂直于 H 面，其底面是水平面，圆锥体的水平投影为圆，此圆是圆锥面与底面交线的投影，此圆所围成的封闭线框也是圆锥面及锥底面的投影，圆锥体的正面和侧面投影均为等腰三角形，三角形的底边为圆锥底面的积聚投影。正面投影中的两腰 s'a'、s'b' 是圆锥面前、后分界的转向轮廓线，也是为圆锥面上最左、最右素线 SA、SB 的正面投影，其侧面投影 s"a" 和 s"b" 与轴线的侧面投影重合。侧面投影中的两腰 s"d" 和 s"c" 是圆锥面左右分界的转向轮廓线，也是圆锥面最前最后素线 SC、SD 的侧面投影，其正面投影与轴线的正面投影重合。

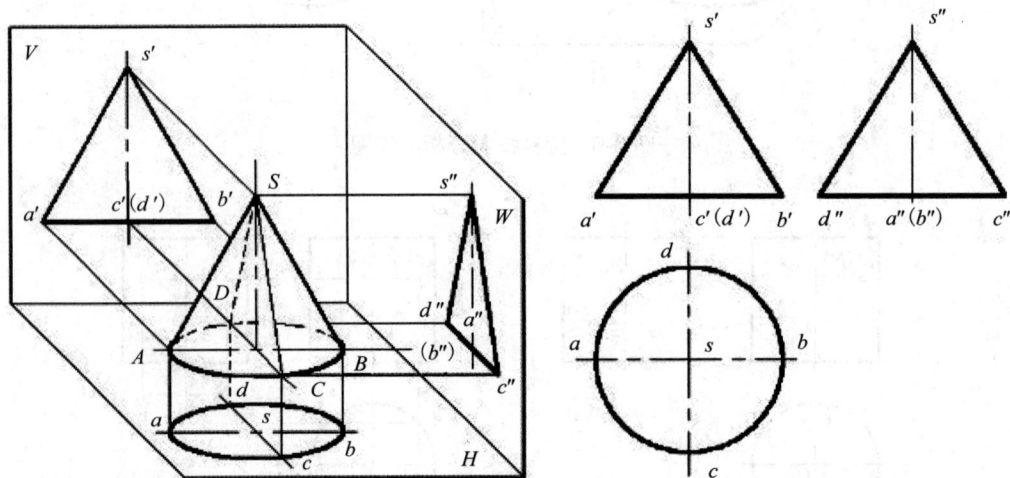

（a）圆锥在投影体系中的位置　　　（b）圆锥的三视图

图 3-8　圆锥投影分析与作图

2. 作图

画圆锥体的三面投影图时，先用细点划线画出圆锥各面投影的轴线和中心线，再画出锥顶和底圆的各面投影，最后画出不同方向转向轮廓线的投影。

3. 可见性判断

如图 3-8 所示，在正面投影上，转向线投影 $s'a'$ 和 $s'b'$ 为锥面可见前半部分与不可见后半部分的分界线，对侧面投影，转向线投影 $s''c''$ 和 $s''d''$ 为锥面可见左半部分与不可见右半部分的分界线。圆锥面的水平投影可见，底面投影不可见。

4. 圆锥表面取点、线

由于圆锥的三个投影都没有积聚性，所以不能像圆柱那样利用积聚性的投影直接作图求得，如果点在圆锥的转向线上时，可直接从投影图中求得点的三面投影。如果点在圆锥面的一般位置上，则可用素线法、辅助圆法。

如图 3-9 所示，已知点 A 在圆锥表面上，并知它的正面投影 a'，求出点 A 的另外两个投影。

（1）素线法：素线法是在圆锥面上通过点 A 作一条辅助素线，先求作辅助素线的投影，再从辅助素线的投影上作出点 A 的投影。作图过程如图 3-9（a）所示，其步骤如下：

①连 s' 和 a'，延长 $s'a'$，与底圆的正面投影相交于 b'。根据 b'，在前半底圆上作出 b，再由 b 作出 b''。分别连 s 和 b、s'' 和 b''。sb、$s'a'$、$s''b''$ 是过点 A 且在圆锥表面上的辅助线 SB 的三面投影。

②由 a' 分别在 sb、$s''b''$ 上作出 a、a''。由于圆锥面的水平投影是可见的，所以 a 也可见；又因点 A 在左半圆锥面上，所以点 a'' 也可见。

（2）辅助圆法：辅助圆法是在圆锥面上通过点 A 作一垂直于轴线的圆，先求作辅助圆的投影，再从辅助圆的投影上作出点 A 的投影。作图过程如图 3-9（b）所示，其步骤如下：

①过点 A 作垂直于轴线的水平辅助圆，其正面投影为直线，其长度就是过 a' 的 $b'c'$；其水平投影是以 $o'b'$（即 ob）为半径的圆，它反映辅助圆的实形；其侧面投影也是直线。

②因为 a' 可见，所以点 A 应在前半圆锥面上，于是就可由 a'，在水平圆的前半圆的水平投影上作出 a。

③由 a'、a 作出 a''。可见性的判断在素线法中已阐述，不再重复。

三、圆球

1. 投影分析

圆球可以看作是由半圆（整圆）绕定轴（直径）回转而形成的。

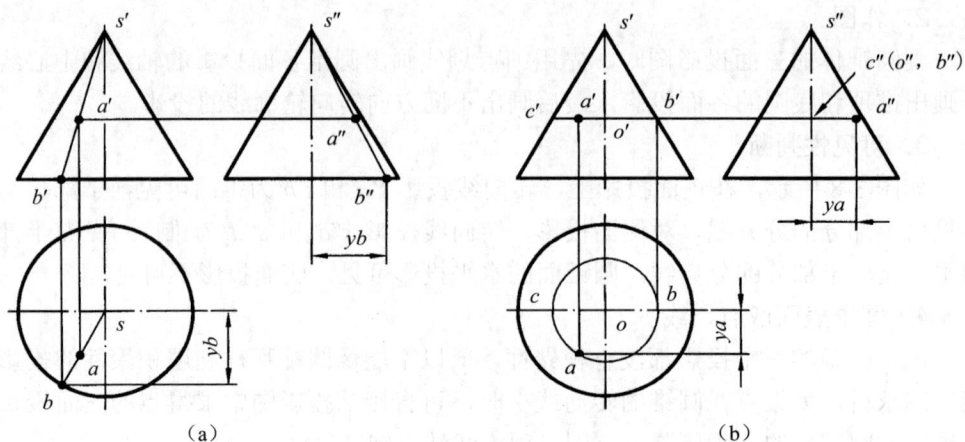

图 3-9　圆锥表面上点的投影

圆球的三面投影都是与球直径相等的圆。正面投影是球面上平行于 V 面的最大圆的投影，它是球面前后可见性的分界线（前半球可见，后半球不可见）。水平投影是球面上平行于水平面的最大圆的投影，它是球面上半球与下半球的分界线（上半球可见，下半球不可见）。侧面投影是球面上平行于 W 面的最大圆的投影，它是球面上左右半球的分界线（左半球可见，右半球不可见）。在球的三面投影中，各个投影的对称中心线的交点就是球心的投影。

2．作图

画球的投影图时，应先画出各个投影图的对称中心线，然而再以等径作圆。

3．球面上取点

由于球面的三个投影都没有积聚性，且球面上也不存在直线，所以球面上取点可应用辅助圆法来求，即过已知点作平行于某一投影面的辅助圆，该圆的另两个投影均为直线，这样就可以比较容易地在球面上找到点的投影。如点在球面转向线上，则可直接求得。

如图 3-10（a）所示，已知点 A 在球的表面上，并知它的正面投影（a′），求点 A 的另外两个投影。

分析：由于点 A 的正面投影（a′）不可见，可知点 A 在左上后半部分球面上。由于球面的三个投影都无积聚性，需用纬圆法求取球面上点的投影。过点 A 作一水平面，此平面与球面的交线为一个圆，称之为纬圆，它的水平投影将反映纬圆的实形。点 A 的水平投影在此纬圆的水平投影上。

据此，可作出点 A 的另外两个投影。因为点 A 在上半部分球面上，它的水平投影 a 可见；同时点 A 在左半部分球面上，它的侧面投影 a″ 也可见。

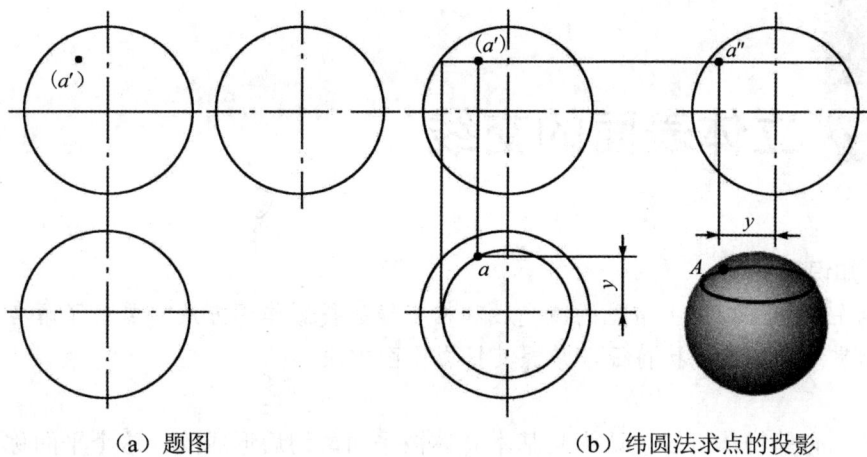

（a）题图   （b）纬圆法求点的投影

图 3-10   圆球及其表面上的点的投影

第四章 立体表面的交线

● 知识目标

本章主要介绍物体上常见的截交线和相贯线的投影作图方法。要求了解各种截交线、相贯线的空间形状特征，掌握其投影作图方法。

工程上有些物体可以被认为是基本立体被平面截切后形成的。这个平面称为截平面，截平面与立体表面的交线称为截交线；也有一些物体可以被认为是两个或两个以上基本立体表面相交而形成。立体与立体表面的交线称为相贯线（图 4-1）。为了清楚地表达出上述物体的形状，必须正确画出其交线的投影。

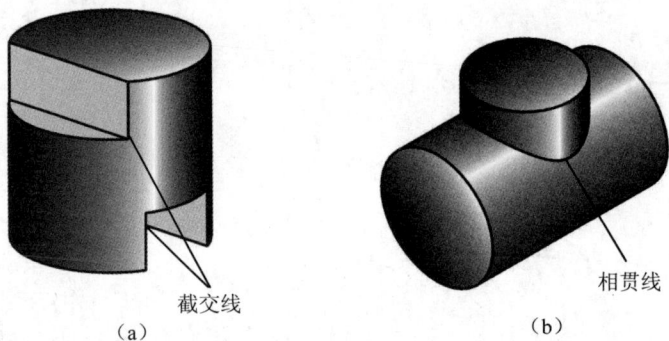

截交线

（a）

相贯线

（b）

图 4-1　截交线与相贯线

第一节　平面与立体的截交线

由于立体的形状各异，截平面与立体相交时又有各种不同的相对位置，因此截交线的形状也各不相同，但都具有以下两个基本性质：

◁　由于立体表面是封闭的，故截交线一定是封闭的平面曲（折）线；

◁　截交线是截平面与立体表面的共有线，故求截交线就是求截平面与立体表面的共有点。

一、平面与平面立体的截交线

平面立体的截交线是封闭的平面多边形,此多边形的各个边为截平面与平面立体某表面的交线,多边形的各个顶点为截平面与平面立体上某些棱线、边线的交点,所以求平面立体截交线的实质就是求截平面与平面立体上某些棱线、边线的交点。

【例 4-1】如图 4-2(a)、(b)所示,求正垂面截切三棱锥的投影。

分析:截平面为正垂面,产生的截交线是三角形,截交线的正面投影重合于截平面积聚投影上,而其水平投影与侧面投影须求出,即求截平面与棱线交点的相应投影。

作图:

(1)求交点。如图 4-2(c),截平面与三条棱线交点的正面投影为 1′、2′、3′,在相应棱线上求得水平投影点 1、2、3 和侧面投影点 1″、2″、3″。

(2)连线。依次连接水平投影点 1、2、3 和侧面投影点 1″、2″、3″。在连每一条线之前,要判别其可见性。若该段截交线所在的表面可见,则两点连线为实线;若该段截交线所在的表面不可见,则两点连线为虚线。12、23、31 及 1″2″、2″3″、3″1″″均为实线。

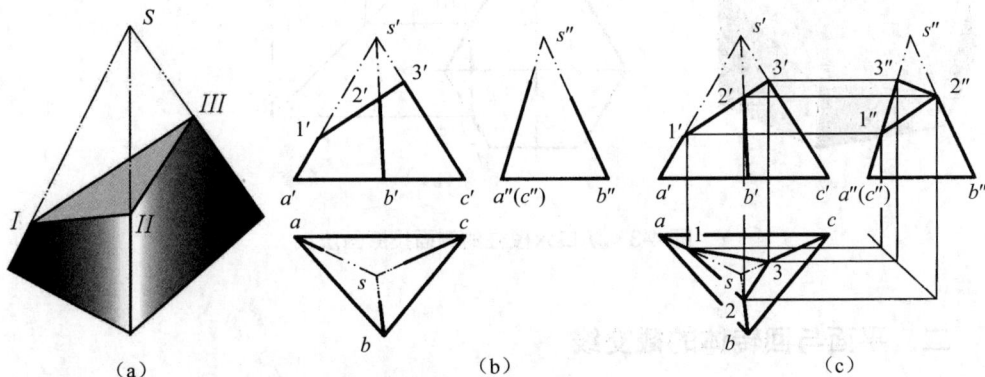

图 4-2 三棱锥的截交线

【例 4-2】如图 4-3(a)、(b)所示,求作切口六棱柱的侧面投影。

分析:由图 4-3(a)、(b)可知该六棱柱被侧平面和正垂面联合截切。截交线 AB、BC、AI 与两个截平面的交线 IC 围成一个平面图形 ABCIA;CD、DE、EF、FG、GH、HI、IH 与 IC 围成另一个平面图形 CDEFGHIC。ABCIA 为矩形,其正面和水平投影积聚,侧面投影反映实形;CDEFGHIC 为七边形,正面投影积聚,水平和侧面投影是七边形的类似形。

作图:

（1）先画出完整的六棱柱侧面投影。

（2）求各截交线端点的侧面投影。截交线的端点或者在棱柱的棱线上，如 *D*、*E*、*F*、*G*、*H*；或者在棱柱的表面上，如 *A*、*B*、*C*、*I*。根据六棱柱各表面在水平面上的投影有积聚性，以及截平面的投影积聚性，先确定截交线各端点的水平投影 *a*（*i*）、*b*（*c*）、*d*、*e*、*f*、*g*、*h* 和正面投影 *b*′（*a*′）、*c*′（*i*′）、*d*′（*h*′）、*e*′（*g*′）、*f*′，再按投影关系，确定相应的侧面投影 *a*″、*b*″、*c*″、*d*″、*e*″、*f*″、*g*″、*h*″、*i*″ [图 4-3（b）]。

（3）连线。依次连接 *a*″*b*″、*b*″*c*″、*c*″*d*″、*d*″*e*″、*e*″*f*″、*f*″*g*″、*g*″*h*″、*h*″*i*″、*i*″*a*″。注意连接交线 *i*″*c*″。

（4）整理全图。删掉被截去的棱线和轮廓，补充不可见棱线，完成全图[图 4-3（c）]。

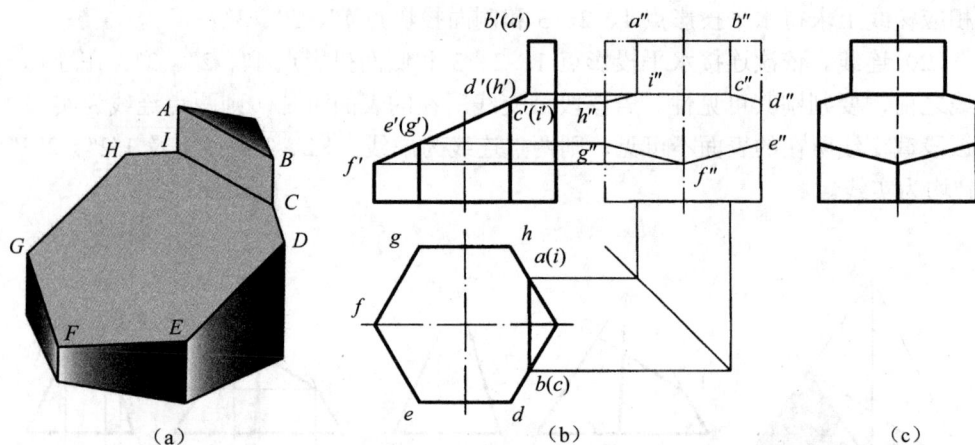

图 4-3 切口六棱柱的侧面投影画法

二、平面与回转体的截交线

平面与回转体相交，截交线一般为封闭的平面曲线，特殊情况为平面多边形。截交线上的每一点都是立体表面与截平面的共有点，因此，求作这种截交线的一般方法是：作出截交线上一系列点的投影，再依次光滑连接成曲线。显然，若能确定截交线的形状，对准确作图是有利的。

1．平面与圆柱的截交线

根据截平面与圆柱轴线的相对位置，其截交线有三种情况（表 4-1）。

表 4-1　平面与圆柱的截交线

立体图 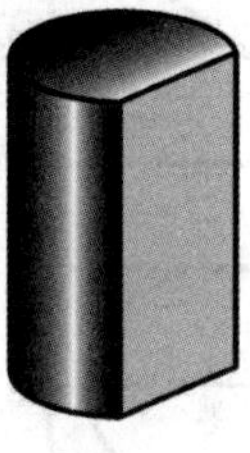 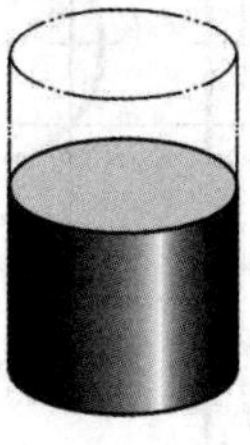 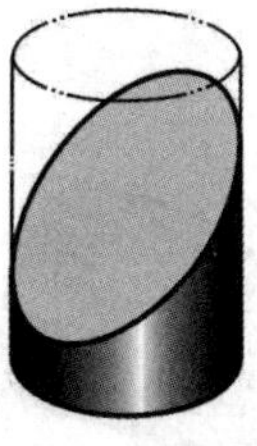		
投影图 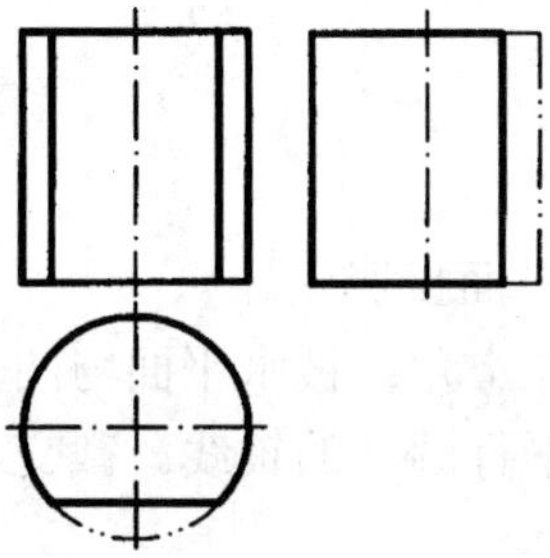 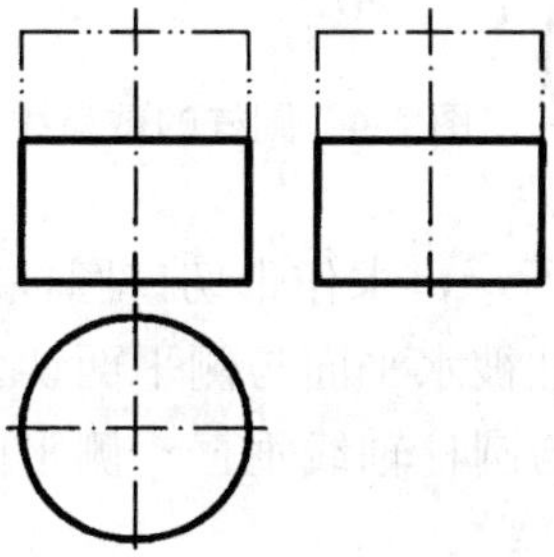 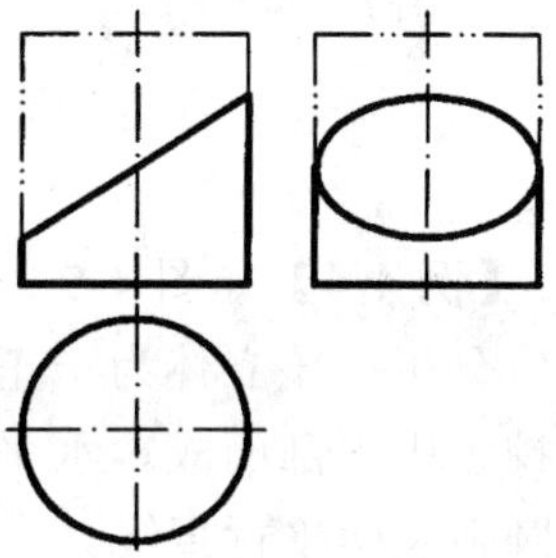		
说明	截平面平行于轴线，截交线为矩形	截平面垂直于轴线，截交线为圆	截平面倾斜于轴线，截交线为椭圆

【例 4-3】如图 4-4（a）所示，已知圆柱被正垂面所截，求作截交线的投影。

分析：该截交线是椭圆。因为截平面为正垂面，故截交线的正面投影积聚为直线与截平面正面投影重合；截交线的侧面投影重合于圆柱面的侧面投影上为圆；只需求出它的水平投影，一般仍是椭圆。

作图：[如图 4-4（b）]：

（1）先求特殊点，即求截交线的最前、最后、最左、最右、最上、最下的点。应先求椭圆长、短轴的端点。长轴端点 A、B 是在圆柱面的前后可见与不可见的分界线——最上、最下轮廓素线上，又分别是截交线的最右、最高点和最左、最低点，所以，a'、b' 位于截平面投影与圆柱最上、最下轮廓素线投影的交点处。按照立体表面取点法，作出水平投影 a、b。短轴端点 C、D 位于圆柱面的最前、最后轮廓素线上，所以，c'、d' 位于圆柱正面投影的轴线上，由 c'、d' 作出 c、d。

（2）再求作若干一般位置点。在特殊点之间适当取一些一般点如 G、E、F、H。具体作法是：由 g'、e'、h'、f' 得到 g''、e''、h''、f''，然后得 g、e、h、f。

（3）依次光滑连接各点即得所求[图 4-4（c）]。

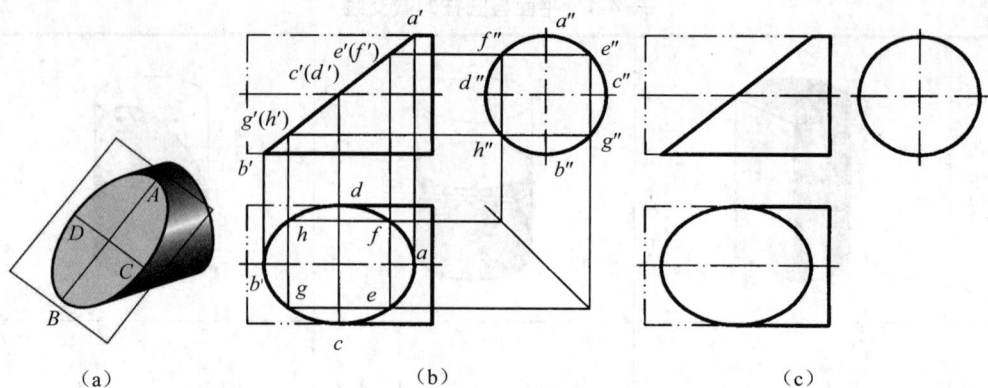

图 4-4　圆柱的截交线

【例 4-4】如图 4-5（a）所示，求作带切口圆柱的三面投影图。

分析：该立体为一正圆柱被水平面与侧平面切去左上角；被水平面与两个侧平面挖去中下部而成。水平面与圆柱轴线垂直，侧平面平行圆柱的轴线。截交线分别为圆弧及两平行直线。

作图：[如图 4-5（b）所示]：

（1）画出完整圆柱的三面投影图。

（2）依五个截平面的实际位置，作出其正面投影。因它们为水平面或侧平面，均垂直于正面，故截平面的正面投影积聚为直线。

（3）按照投影关系作出水平投影。两水平面的水平投影重合在圆周上，三个侧平面的水平投影为直线（可见和不可见）。

（4）由两面投影求作侧面投影。左上角的水平面的侧面投影积聚为直线段 1″3″2″；中下部的水平面的侧面投影积聚为直线段 5″4″7″8″（9″）（6″）；侧平面的投影各为一矩形，宽分别为 1″2″ 和 4″7″。

（5）判别可见性。左上角切口的水平投影和侧面投影均可见画成实线。中下部切口的水平投影不可见画为虚线，侧面投影被左边圆柱面挡住部分画为虚线。

（6）去掉多余的轮廓线。对于切口问题，必须把截切部分的轮廓线去掉。正面投影中左上角不画线，底圆的中间一段弧的正面投影也不画出；侧面投影中由于中下部圆柱切掉了，故最前、最后轮廓素线下段以及底圆前后两段弧的侧面投影也不必画线[图 4-5（c）]。

2．平面与圆锥的截交线

截平面与圆锥的相对位置不同时，其截交线有五种不同形状（表 4-2）。

（a）　　　　　　　（b）　　　　　　　　　　　　　（c）

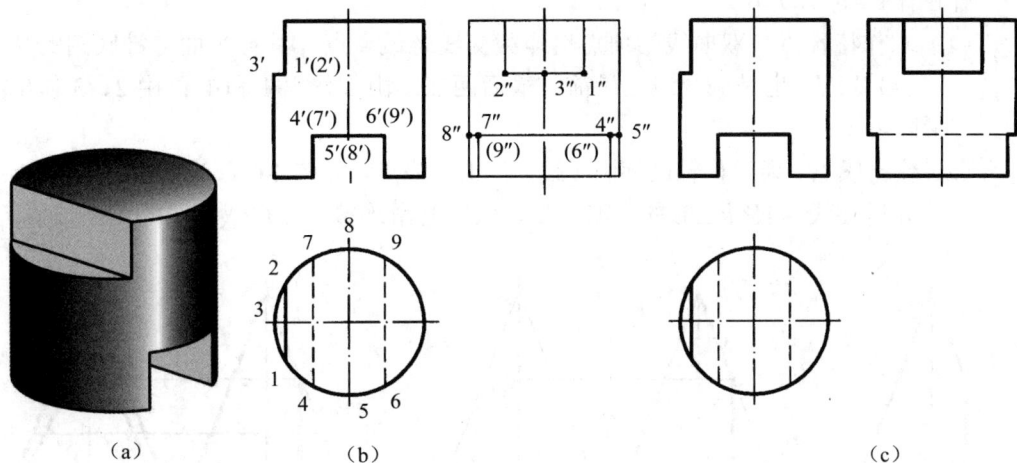

图 4-5　带切口圆柱的投影

表 4-2　平面与圆锥的截交线

	截平面垂直于轴线，截交线为圆	截平面倾斜于轴线，截交线为椭圆	截平面平行于一条素线，截交线为抛物线	截平面平行于轴线，截交线为双曲线	截平面过锥顶，截交线为三角形

【例 4-5】如图 4-6（a），求圆锥被侧平面截切的侧面投影。

分析：圆锥被平行其轴线的侧平面截切，截交线为双曲线。它的正面投影和水平投影积聚为直线，侧面投影仍为双曲线。

作图[图 4-6（b）]：

（1）求作特殊点。双曲线的顶点也即截交线之最高点 1′；截平面与锥底圆的交点 2、3 是最低点，也是截交线之最前、最后两点。由 1′作出 1 和 1″；由 2、3 作出 2″、3″[图 4-6（b）]。

（2）作一般点。通过作辅助纬圆（线）作出一般点，如图 4-6（c）所示的 5″、6″。

（3）光滑连线。取得足够的一般点后，依次光滑连接，即得双曲线的侧面投影。

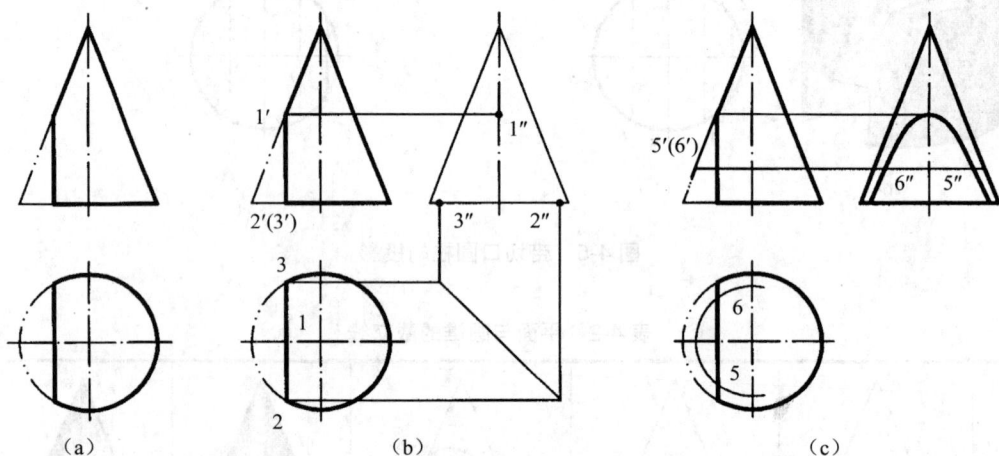

图 4-6　侧平面截圆锥的侧面投影

3. 平面与圆球的截交线

任何位置的截平面截切圆球时，截交线都是圆。当截平面平行于某一投影面时，截交线在该投影面上的投影为圆，在另外两投影面上的投影为直线；当截平面为投影面垂直面时，截交线在该面上的投影为直线，而另外两投影为椭圆。

【例 4-6】如图 4-7（a）所示，补全开槽半圆球的水平和侧面投影。

分析：半圆球顶部的通槽是由两个侧平面和一个水平面切割形成。侧平面与球面的交线在侧面投影中为圆弧，在水平投影中为直线；水平面与球面的交线，在水平投影中为两段圆弧，侧面投影为两段直线。

作图：

（1）作通槽的水平投影。以 $a'b'$ 为直径画水平面与球面截交线的水平投影（前、后两段圆弧）；两个侧平面的水平投影为两条直线[图 4-7（b）]。

（2）作通槽的侧面投影。分别以 $c'd'$ 和 $e'f'$ 为半径，以 o'' 为圆心，画两侧平面与球面截交线的侧面投影。水平面与球面截交线的侧面投影为 $3''4''$，左边侧平面与水平面的交线 $1''2''$ 由于被左半球面遮住，故画成虚线。$1''2''$ 也表示水平截平面的部分侧面积聚投影，也表示右侧截平面与水平截平面交线的部分侧面投影[图 4-7

（c）]。

（3）完成其余轮廓线的投影。

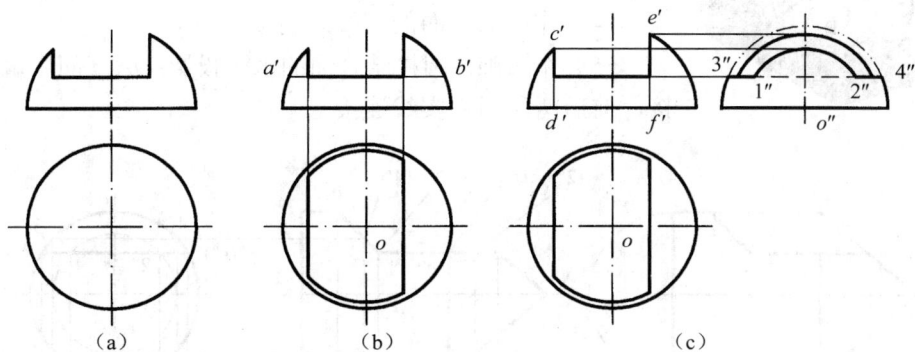

图 4-7　开槽半圆球的投影

4．平面与组合回转体的截交线

多个回转体共轴线叠加所形成的立体称为组合回转体。求作组合回转体的截交线，必须先弄清它由哪些回转体组成，截平面的位置及截切回转体的范围，截平面与各回转体的截交线的形状及结合点。然后分别求出截平面与各被截回转体的截交线，并在结合点处将它们连接起来。由此看来，求作组合回转体的截交线，关键是熟悉各种基本体的截交线的画法。

【例4-7】如图4-8（a）所示，已知组合回转体正面投影，求作水平、侧面投影。

分析：该形体是同轴的圆锥与圆柱相组合，左上部被一水平面和一正垂面截切后形成。水平截平面截到圆锥及圆柱，截交线是双曲线和两条平行直线。正垂截平面仅截切圆柱，交线为椭圆弧。三种截交线分别在回转体分界面和两截平面的交线处连接起来，结合点为 B、F 和 C、E。作图步骤如下[图 4-8（b）]：

（1）作水平截平面截切圆锥面的截交线：正面投影积聚为直线段 $a'b'$；侧面投影积聚为直线段 $b''a''f''$；水平投影为双曲线，a 为其顶点，b、f 为其最前和最后点，可由 b'' 及 f'' 对应作出。为准确作图，可在双曲线上取一般点，先确定 $1'$、$2'$，再用辅助圆法确定 $1''$、$2''$，而后确定 1、2。最后依次光滑连接得双曲线。

（2）作水平截平面截切圆柱面的截交线：截交线是两条平行直线，正面投影为直线段 $b'c'$；侧面投影积聚为点 b''、f''；水平投影为两条平行直线 bc 和 fe，bc、fe 参照 b''、f'' 得到。

（3）作正垂截平面截切圆柱面的截交线：正面投影积聚为直线段 $c'd'$；侧面投影为圆弧 $c''d''e''$，与圆柱的侧面投影图部分重合；水平投影为椭圆弧，d 点为最右点，由 d' 对应作出。c、e 为椭圆弧最左边点，也是与水平截平面截切圆柱面的两条

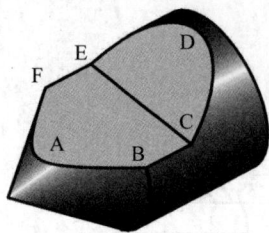

平行直线的结合点。为准确作图，可在椭圆弧上取一般点，先确定 $3'$、$4'$，再确定 $3''$、$4''$，而后确定 3、4。最后依次光滑连接得椭圆弧。

（4）作两截平面的交线。连接 c、e。

（5）作圆锥、圆柱结合面的水平投影：b、f 间用虚线连接，前后两段用粗实线连接。

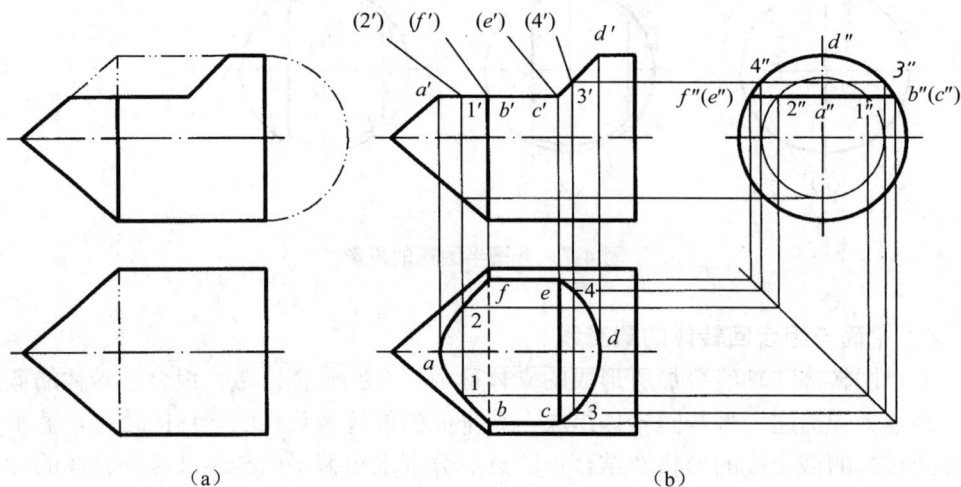

图 4-8　平面与组合回转体的截交线

第二节　立体与立体的相贯线

相贯线有如下性质：

◁ 相贯线一般是封闭的空间折线或曲线，并随相交两立体表面的形状、大小及相互位置不同而形状各异。

◁ 相贯线是两立体表面的分界线、共有线，是两立体表面共有点的集合。求相贯线，也就是求两相交立体表面的共有点。

一、平面立体与回转体的相贯线

平面立体与回转体的相贯线由若干平面曲线或直线组成，每一平面曲线或直线可以认为是平面立体某棱面与回转体的截交线。所以求平面立体与回转体的相贯线，可归结为求截交线问题。

【例 4-8】 求四棱柱与圆锥的相贯线。

分析：由图 4-9（a）可见四棱柱的四个侧面均平行于圆锥的轴线，所以相贯线是由四段双曲线组合而成（前后两段、左右两段各自对称）。四段双曲线的结合点是四棱柱的四条棱线与圆锥面的交点。由于四棱柱各侧面的水平投影有积聚性，所以相贯线的水平投影全部与各侧面的水平投影重合（矩形），只需求作相贯线的正面、侧面投影。作图过程如图 4-9（b）。

（1）求特殊点：

①相贯线上的四个结合点（各段双曲线上的最低点）。这四个点的水平投影 1、2、3、4 为已知（在四根棱线的水平投影处），用纬圆法求出它们的正面投影，再补出其侧面投影。

②各段双曲线的最高点。前后两段双曲线上的最高点是圆锥面上最前、最后素线与四棱柱前、后侧面的交点，可直接由侧面投影定出，即 5″、7″，再补出其正面投影 5′、（7′）。同理求出左右两段双曲线上的最高点 8′、6′以及 8″、（6″）。

（2）求一般位置点：先在相贯线的水平投影中确定两个处于对称位置的一般点 9、10，再利用纬圆法（或素线法）求出其正面投影 9′、10′。

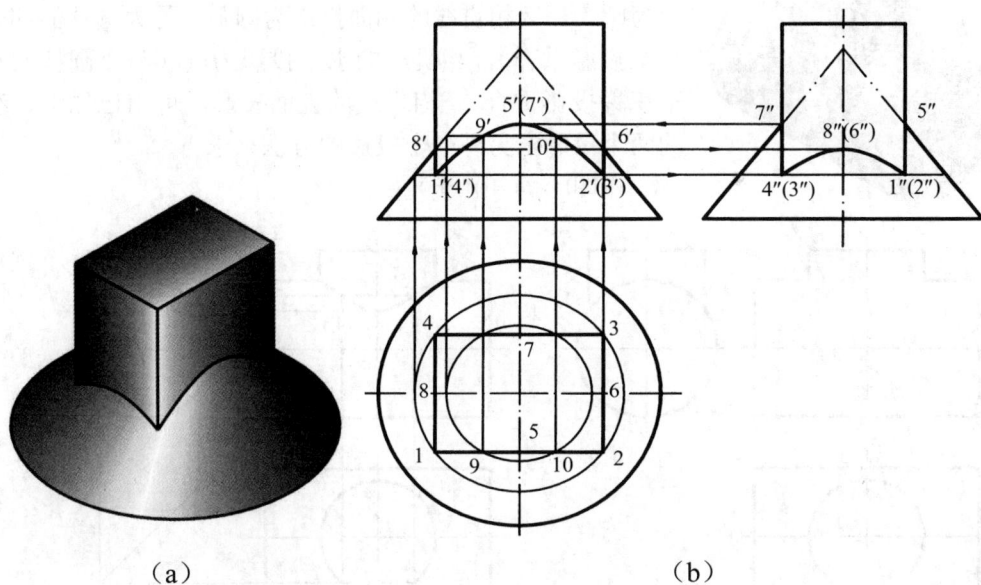

（a） （b）

图 4-9 四棱柱与圆锥的相贯线

（3）连线：正面投影中的双曲线 1′-5′-2′，与（4′）-（7′）-（3′）前后重影，左右两段双曲线积聚成直线。侧面投影中的双曲线 1″-8″-4″与（2″）-（6″）-（3″）左右重影，前后两段双曲线积聚成直线。

二、回转体的相贯线

两回转体相交，相贯线一般为封闭的空间曲线，特殊情况为平面曲线。求回转体相贯线的一般作法是：求出两相贯立体表面的一系列共有点，然后光滑连接各点。下面介绍几种常见回转体的相贯线求法。

（一）圆柱与圆柱正交

1. 表面取点法求作相贯线

两圆柱正交，且圆柱轴线为投影面垂直线时，在该投影面上，圆柱面投影是有积聚性的。那么，相贯线在该投影面上的投影，就落在圆柱面有积聚性的投影上。于是可以首先确定出相贯线的两面投影，在这些相贯线的已知投影上取一些点，再利用投影关系求作出相贯线的第三面投影上相应的点，这就是表面取点法。

【例4-9】如图4-10所示，求作两正交圆柱的相贯线。

分析：由图4-10（a）可见，大、小圆柱的轴线分别垂直于侧立投影面和水平投影面，大圆柱的侧面投影积聚为圆，小圆柱的水平投影积聚为圆。那么相贯线的侧面投影为圆弧（与大圆柱的部分积聚投影重合），相贯线的水平投影为圆（与小圆柱的水平积聚投影重合）。相贯线的正面投影，可用已知点、线的两个投影求另外一个投影的方法来求得。

作图[图4-10（b）]：

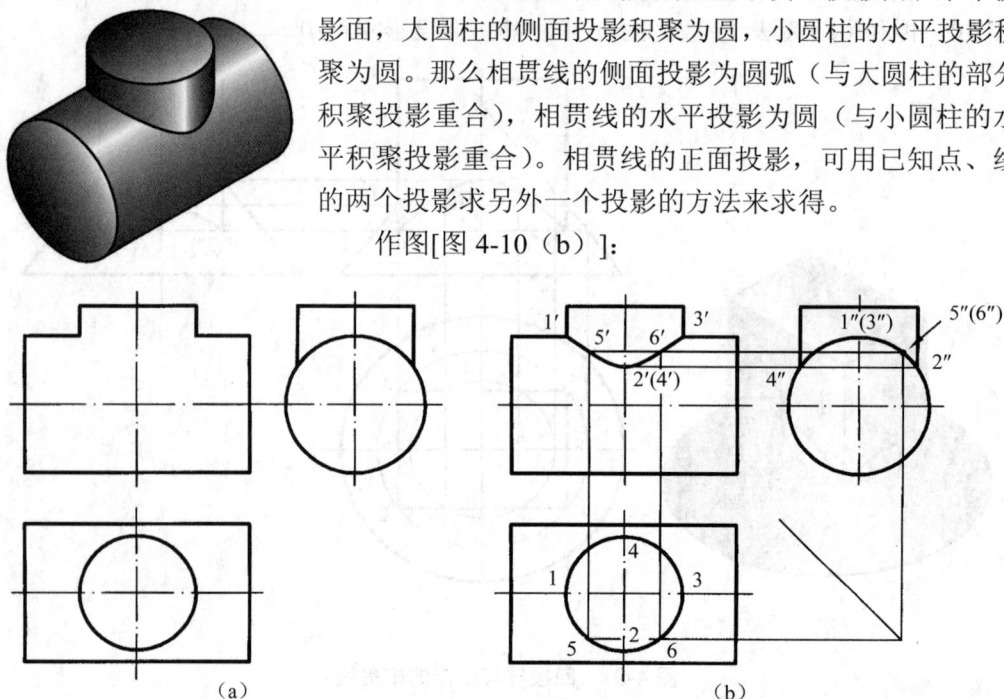

图4-10 圆柱与圆柱正交

（1）先求特殊点，即求相贯线上的最前、最后、最左、最右、最上、最下等点。在水平投影的小圆周上直接确定出相贯线上最左、最右点的投影1、3和最前、最后点的投影 2、4；对应在侧面投影中为 1″、（3″）和 2″、4″，也是相贯线上的最高、最低点的侧面投影；按投影关系可得出它们的正面投影 1′、3′和 2′、（4′）。因为相贯两圆柱体前后对称，故最前、最后两点的正面投影重合。

（2）求作一般位置点。依连线光滑准确的需要，作出相贯线上若干个中间点的投影。如在水平投影上取 5、6 点，其侧面投影为 5″、6″，再求出其正面投影 5′和 6′。

（3）依次光滑连接 1′、5′、2′（4′）、6′、3′各点，即得相贯线的正面投影。

2. 相贯线的形状与弯曲方向

两正交圆柱的相贯线，其相贯线的形状、弯曲方向随着两圆柱直径大小的变化而变化。如图 4-11 所示，圆柱 D 同时与 A、B、C 三个圆柱正交，它们的直径关系为：A 小于 D，B 等于 D，C 大于 D。由投影图中可以看出：当两个直径不等的圆柱相交时，相贯线在两圆柱轴线同时平行的投影面上的投影，其弯曲趋势总是"勾"向小圆柱，凸向大圆柱轴线；而两个直径相等的圆柱相交时，相贯线为平面曲线——椭圆，在两圆柱轴线同时平行的投影面上，此相贯线的投影为直线。

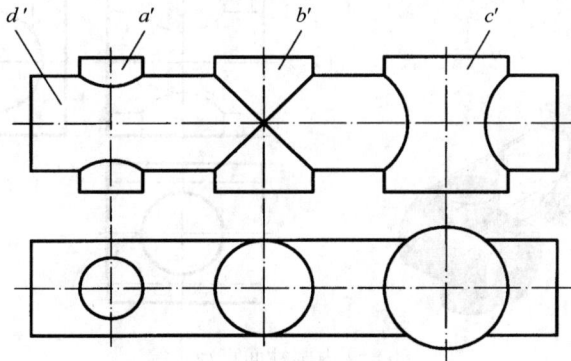

图 4-11　相贯线的弯曲方向

3. 内、外圆柱表面相交的情况

圆柱孔与外圆柱面相交时，在孔口会形成相贯线[图 4-12（a）]。两圆柱孔相交时，其内表面也会形成相贯线[图 4-12（b）、（c）]。内表面相贯线的形状和作图方法与外表面相贯线一样。

（二）圆柱与圆锥正交

作圆柱与圆锥正交的相贯线的投影，通常要用辅助平面法作出一系列点的投影。辅助平面法的原理是基于三面共点原理。如图 4-13，圆柱与圆锥台正交，作一水平面 P，平面 P 与圆锥的截交线（圆）和平面 P 与圆柱面的截交线（两平行直线）相交，交点 Ⅱ、Ⅳ、Ⅵ、Ⅷ既是圆锥面上的点，也是圆柱面上的点，又是平面 P 上的点（三面共点），即是相贯线上的点。用来截切两相交立体的平面 P，叫做辅助平面。

为了方便、准确地求得共有点，辅助平面的选择原则是：辅助平面与两立体表面的交线的投影，为简单易画的图形（直线或圆）。通常大多选用投影面平行面为辅助平面。

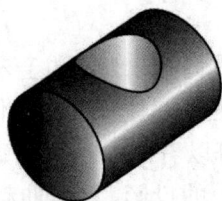

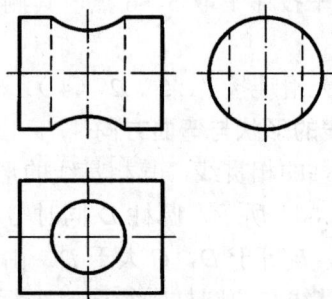

（a）外圆柱面与内圆柱面的相贯

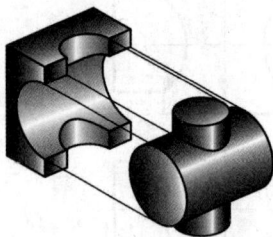

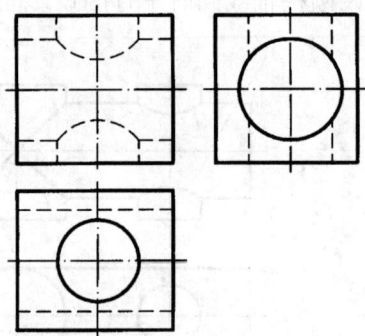

（b）两内圆柱面直径不等

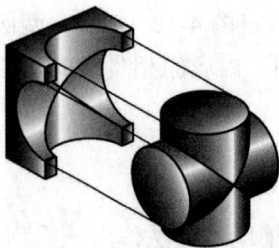

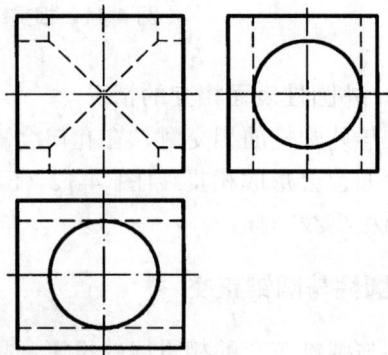

（c）两内圆柱面直径相等

图 4-12 内、外圆柱面的相贯线

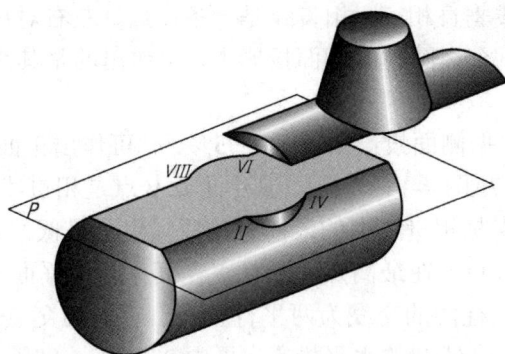

图 4-13　三面共点

【例 4-10】如图 4-14 所示，圆锥台与圆柱轴线正交，求作相贯线的投影。

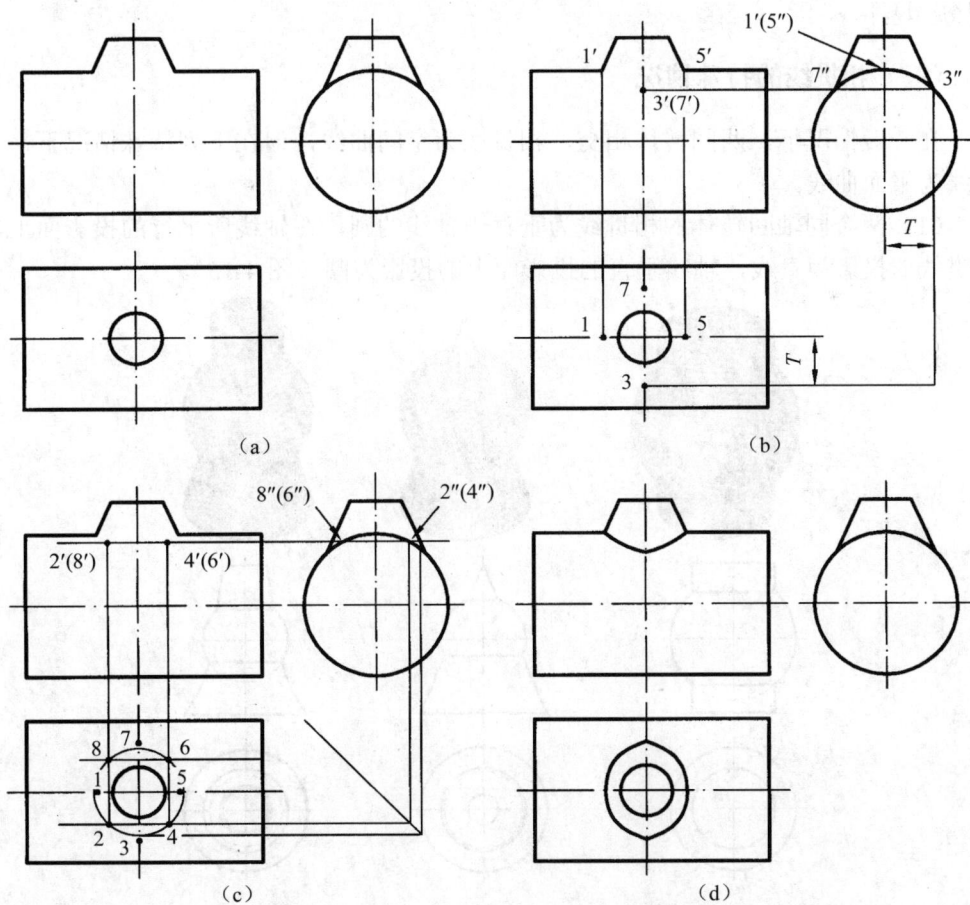

图 4-14　圆锥台与圆柱轴线正交的相贯线

分析：由于两轴线垂直相交，相贯线是一条前后、左右对称的封闭的空间曲线，其侧面投影为圆弧，重合在圆柱的侧面投影上，需作出的是其水平投影和正面投影。

作图：

（1）作特殊点。根据侧面投影 1″、3″、（5″）、7″可作出正面投影 1′、3′、5′、（7′）和水平投影 1、3、5、7 [图 4-14（b）]。其中Ⅰ、Ⅴ点是相贯线上的最左、最右（也是最高）点，Ⅲ、Ⅶ点是相贯线上的最前、最后（也是最低）点。

（2）求作一般位置点。在最高点和最低点之间作辅助平面 P（水平面），它与圆锥面的交线为圆，与圆柱面的交线为两平行直线，它们的交点Ⅱ、Ⅳ、Ⅵ、Ⅷ即为相贯线上的点。先作出交线圆的水平投影，再由 2″（4″）、8″（6″）作出 2、4、6、8，进而作出 2′（8′）和 4′（6′）[图 4-14（c）]。

（3）判别可见性，光滑连线。相贯线前后对称，前半相贯线的正面投影可见；相贯线的水平投影都可见。依次光滑连接各点的同面投影，即得相贯线的投影[图 4-14（d）]。

（三）相贯线的特殊情况

在一般情况下，两回转体相交，相贯线为空间曲线，但在下列特殊情况下，相贯线为平面曲线。

（1）两个同轴回转体的相贯线为垂直于轴线的圆，在轴线所平行的投影面上，相贯线的投影为直线，轴线垂直的投影面上的投影为圆（图 4-15）。

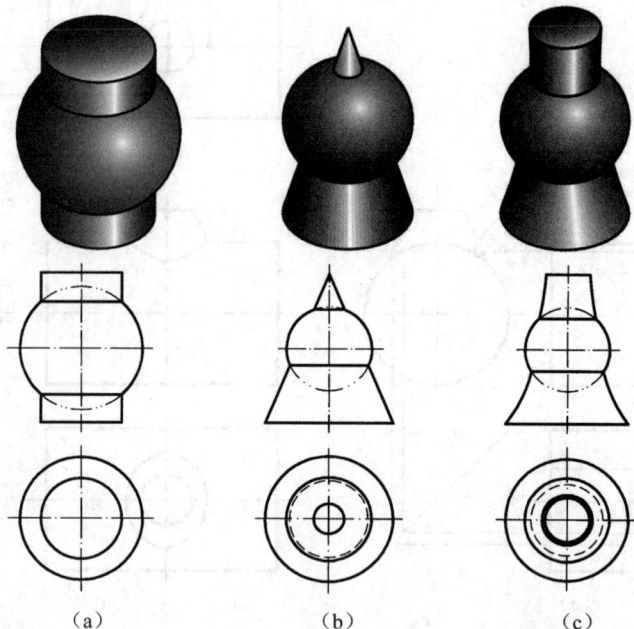

（a）　　　　　　　（b）　　　　　　　（c）

图 4-15　相贯线特殊情况一

（2）当两个外切于同一球面的回转体相交时，其相贯线为两个椭圆。此时，若两回转体的轴线都平行于某一投影面，则两个椭圆在该投影面上的投影为相交两直线（图4-16）。

以下是相贯线的特殊情况在实际工程中的应用。

（1）圆柱面组成的屋顶交线（图4-17）。

（2）在管道施工中常会遇到导管的连接。如图4-18所示，要连接轴线在同一平面内的大小两根圆柱管，则需用一圆锥形接管。首先确定接管轴线与两根圆柱管轴线的交点 O_1、O_2，分别以这两点为圆心作圆与圆柱管的轮廓线相切，再作两个圆的公切线就得到了圆锥接管的轮廓线，那么圆锥接管与两个圆柱管的交线也就可以求出了。如图中的 1 2 和 3 4（是交线的一面投影）。

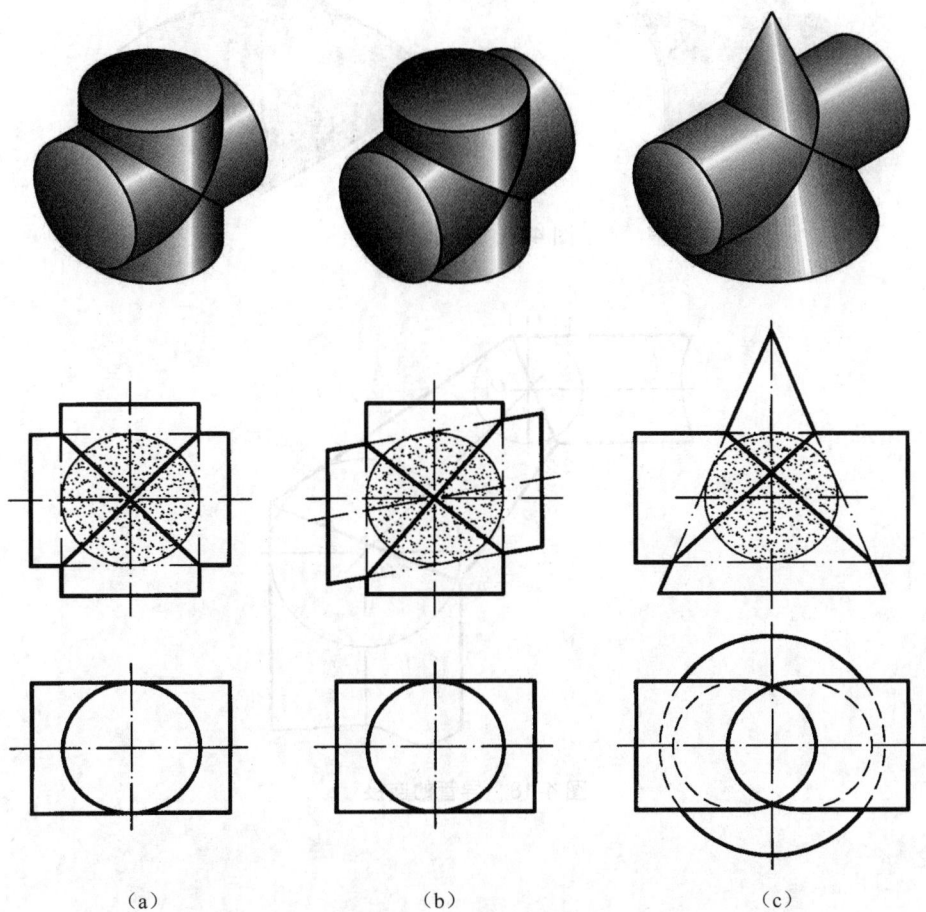

（a）	（b）	（c）

图 4-16　相贯线特殊情况二

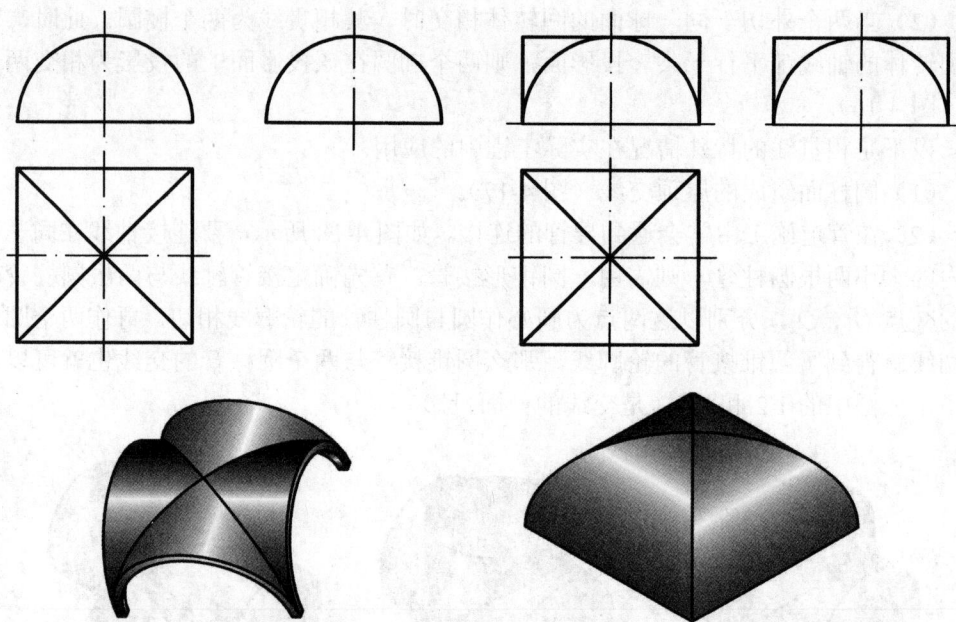

图 4-17　屋顶交线

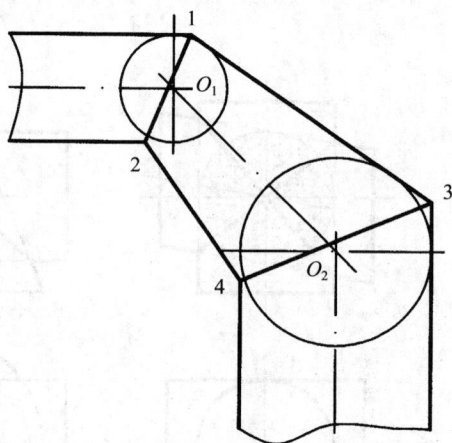

图 4-18　导管的连接

第五章　组合体的三面投影图

● **知识目标**

本章是这门课程的重点之一。主要介绍组合体三面投影图的画法、读法以及尺寸标注。要求掌握画组合体三面投影图的方法、步骤；掌握读组合体三面投影图的基本方法；了解组合体三面投影图中尺寸标注的基本方法和要求；了解第三角投影法。

第一节　组合体三面投影图的画法

任何复杂的形体，都可以被看成是一些基本体的组合，称为组合体。

一、组合体三面投影图的形成

在三投影面体系中，组合体在 *V*、*H*、*W* 面上的投影分别称为：正面投影、水平投影、侧面投影。在机械图中，将这三面投影称为：主视图、俯视图、左视图。在建筑工程图中这三面投影则被称为：平面图、正立面图、左侧立面图[图 5-1（a）]。

将投影面展开后得到组合体的三面投影图[图 5-1（b）]。由图中可以看出：平面图反映了组合体的左右、前后方位关系，表达了组合体的长度和宽度；正立面图反映了组合体的上下、左右方位关系，表达了组合体的长度和高度；左侧立面图反映了组合体的上下、前后方位关系，表达了组合体的高度和宽度。在这三个图形之间还存在着如下投影对应关系：正立面图与平面图"长对正"，正立面图与左侧立面图"高平齐"，平面图与左侧立面图"宽相等"。这种投影对应关系既适合于整个组合体，也适合于组合体的局部。

二、组合体的形体分析

1．形体分析法

为了便于研究组合体，可以假想将组合体分解为若干基本体或简单形体，然后分析它们的形状、相对位置、组合形式以及表面连接关系，这种分析方法称为形体分析法。它是组合体画图、读图和标注尺寸的基本方法。

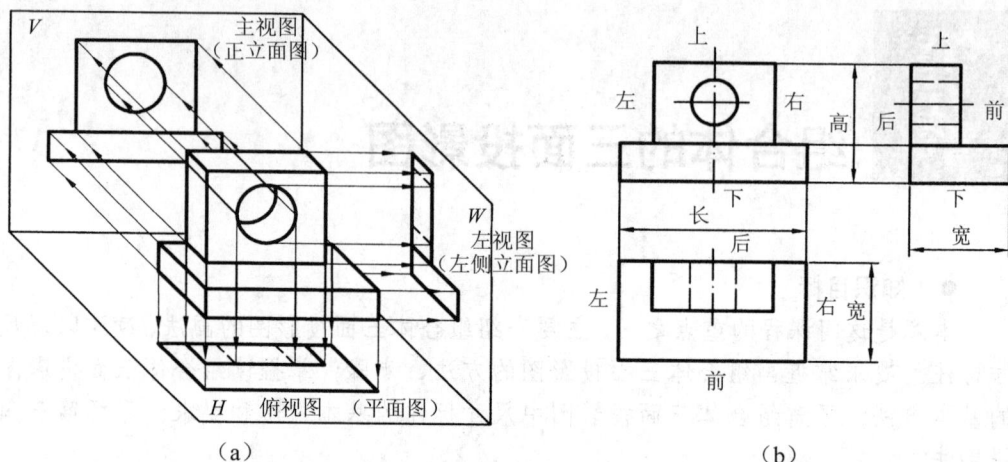

图 5-1　组合体的三面投影

2．形体的组合方式和表面连接关系

基本形体组成组合体的组合方式有叠加、切割和综合三种。

叠加是指形体和形体进行堆砌、表面相交、表面相切等组合，形成较为复杂的形体。如图 5-2、图 5-3、图 5-4 中的立体图所示。

切割是指用平面或曲面在实形体上挖切去另一个实形体，使原来的实形体产生斜角、槽、孔或空腔结构（图 5-7）。

综合就是既有叠加又有切割的组合方式。这种方式最常见。如图 5-5 所示的肋式杯形基础。

分析组合体的组成时，一定要注意组合体是不可拆分的整体，在画其投影图时，要正确表示各基本形体间的表面连接关系：

（1）表面平齐与不平齐

当两相邻基本形体同方向的表面平齐时，即共面。此时两表面间不得画线，当两基本形体表面不平齐时，两表面间有分界线（面），在视图中必须画线（图 5-2）。

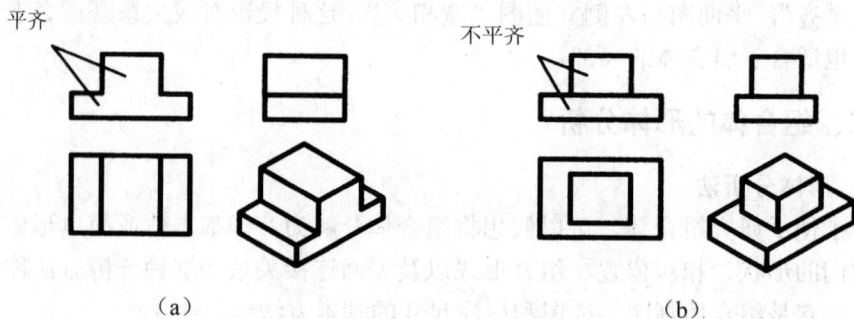

图 5-2　表面平齐与不平齐

（2）表面相切

当两基本形体表面相切时，两相邻表面互相光滑过渡，没有明显的分界线，所以相切处不画线[图 5-3（b）]。

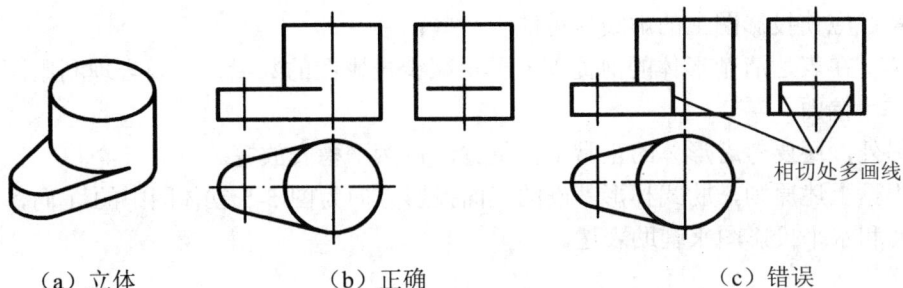

（a）立体　　　　　（b）正确　　　　　（c）错误

图 5-3　表面相切

（3）表面相交

两基本形体表面相交必定产生交线，交线必须画出[图 5-4（b）]。

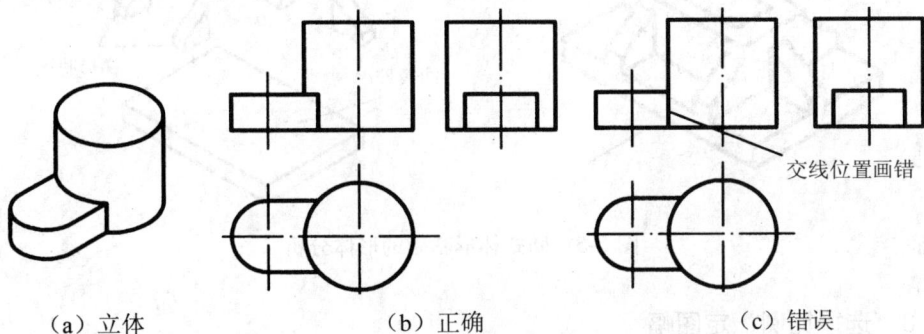

（a）立体　　　　　（b）正确　　　　　（c）错误

图 5-4　表面相交

三、组合体三面投影图的画法

下面以肋式杯形基础为例来说明组合体三面投影图的画法、步骤。

1. 形体分析

首先，要对组合体进行形体分析，把组合体分解为若干个基本形体，确定它们的相互位置、组合形式及相邻表面间的连接方式。

如图 5-5 所示肋式杯形基础，可以把它看成是由底板、中间挖去一楔形块的四棱柱以及六块梯形肋板组成。其中各基本形体之间经过叠加、切割、相交组合成混合形状，四棱柱在底板中央，前后肋板的左、右侧面分别与中间四棱柱的左、右侧面平齐，左右两块肋板分别在四棱柱左右侧面的中央。

2. 确定正面投影图的方向

正面投影图是表达形体的一组视图中最重要的视图,其选择原则是:

◅ 应使正面投影尽量反映出形体各组成部分的形状特征及其相对位置;

◅ 应使投影图上的虚线尽可能少一些;

◅ 在表达清楚形体的前提下,尽量减少投影图的数量,并要合理利用图纸的幅面。

另外,还要考虑形体的正常工作位置,自然平稳安放等。

根据上述原则,肋式杯形基础的正面投影方向为图 5-5 立体图中的 *A* 向,并选用侧面和水平投影图来辅助表达。

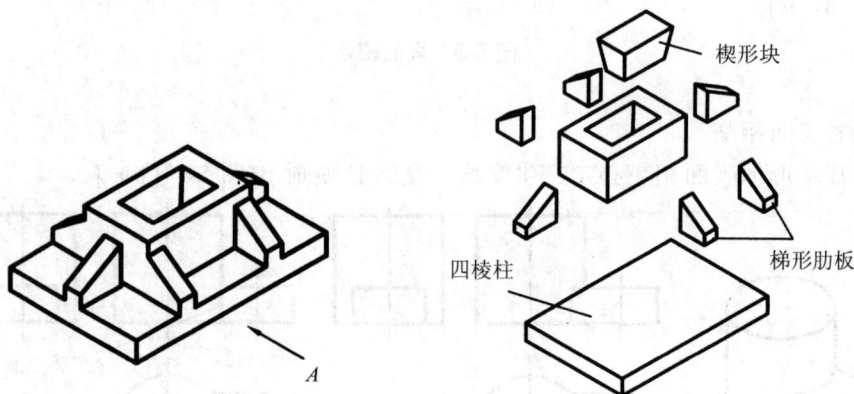

图 5-5　肋式杯形基础的形体分析

3. 选择比例、定图幅

比例的选择原则是:要将组合体绝大部分的形状结构清晰地表达出来。为了直接估量组合体的大小,也应尽量选择 1∶1 的比例。

按选定的比例,根据组合体的长、宽、高计算出三个投影图所占面积,并在各图之间留出标注尺寸的位置和适当的间距,再留出标题栏的位置,据此选用合适的标准图幅。

4. 布图、画基准线

当用图纸画图时,先固定图纸,画出图框和标题栏,再根据各投影图的大小、数量以及标注尺寸所需的位置,把各投影图匀称地布置在图框内。并画出各投影图的对称线、轴线、较大平面的积聚投影等基准线[图 5-6 (a)]。

5. 画底稿

根据形体的投影规律,逐个画出各个基本形体的三面投影图。画图的顺序是:先大(大形体)后小(小形体),先主(主要形体)后次(次要形体),先实(实形体)后虚(虚形体),先整(整体形状轮廓)后细(细节),先圆(圆或圆弧)后直

（直线）。画每个基本形体时，还应该把三面投影图联系起来一起画，并从反映形体特征的投影图画起，再按投影规律画出其他两个图[图 5-6（b）、（c）]。

6. 检查、描深

底稿画完后，按形体逐个仔细检查。对形体间的交线应特别注意，对特殊位置的线、面应按投影规律重点检查，对形体间因相切、共面而多余的线段应擦去。纠正错误、补充遗漏、擦去多余是检查的主要内容。

检查完毕后，按标准图线描深，注意对称图形、半圆或大于半圆的圆弧要画出对称中心线，回转体一定要画出轴线。描深时，一般的顺序是：先曲线后直线、先小形状后大形状。

图 5-6（d）是肋式杯形基础的三面投影图。

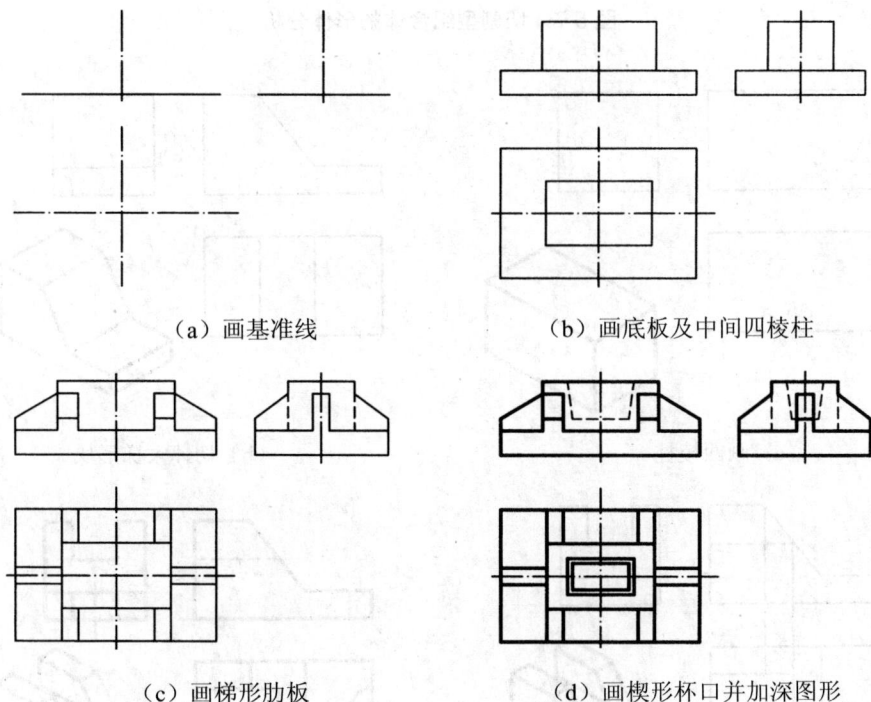

（a）画基准线　　　　　　　　（b）画底板及中间四棱柱

（c）画梯形肋板　　　　　　　　（d）画楔形杯口并加深图形

图 5-6　肋式杯形基础的三视图画图步骤

画切割型组合体的投影图时，一般先画出未被切割前的整个基本体的投影，然后依次切除某一形体，并画出被切去某一形体之后的剩余部分的投影。但要注意，在选择组合体的投影方向时，应尽量使立体大多数表面和切割面处于垂直或平行于投影面的位置上。画图时先画切割面的积聚投影，再完成另两面投影。其他作图步骤与上述组合体基本相似。图 5-7 是一切割型组合体，它是在四棱柱的基础上被切成形的：用水平面和正垂面切掉一个大梯形块，用水平面和两个侧平面切掉一个小梯形块，再用圆柱面切掉一个半圆柱。它的三面投影图的作图步骤如图 5-8 所示。

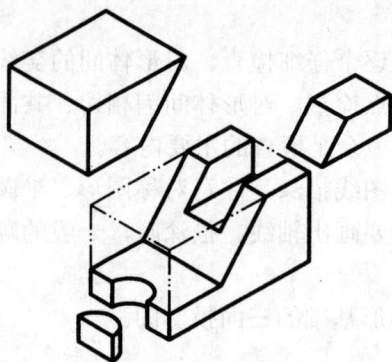

图 5-7　切割型组合体的形体分析

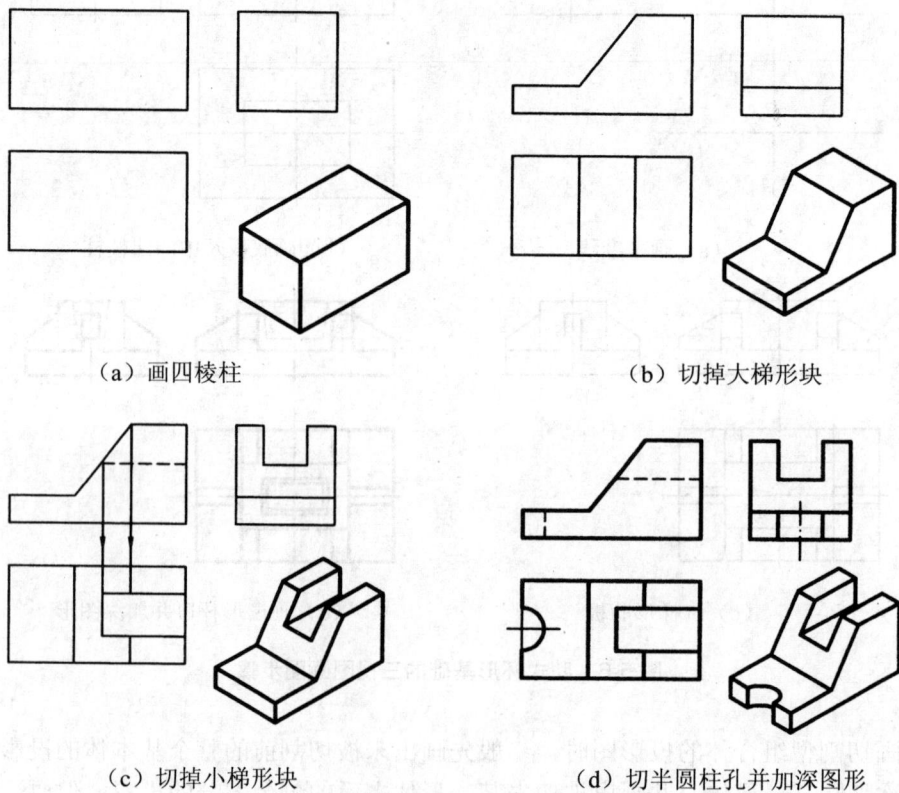

（a）画四棱柱　　　　　　　　　　　　（b）切掉大梯形块

（c）切掉小梯形块　　　　　　　　　　（d）切半圆柱孔并加深图形

图 5-8　切割型组合体的作图步骤

第二节 组合体的尺寸标注

投影图可以表达组合体的形状和结构，但组合体的真实大小，必须由图中标注的尺寸来确定。

一、基本体的尺寸标注

图 5-9 是常见基本体的尺寸标注方式。标注基本体尺寸时，必须标注出其长、宽、高三个方向的大小尺寸。

尺寸一般标注在反映实形的投影上，并尽可能集中注写在一两个投影的下方或右方，必要时才注写在上方或左方。一个尺寸一般只需标注一次。如有必要，可在某个尺寸上加括号，用于表示该尺寸是参考尺寸。正方形底面的边长可采用在边长尺寸数字前加"□"的方式标注。圆柱、圆台在非圆投影图上标注直径和高度，既可以确定其形状和大小，还可以省掉一个投影。球体也只画一个投影图，但要在直径或半径符号前加"S"。

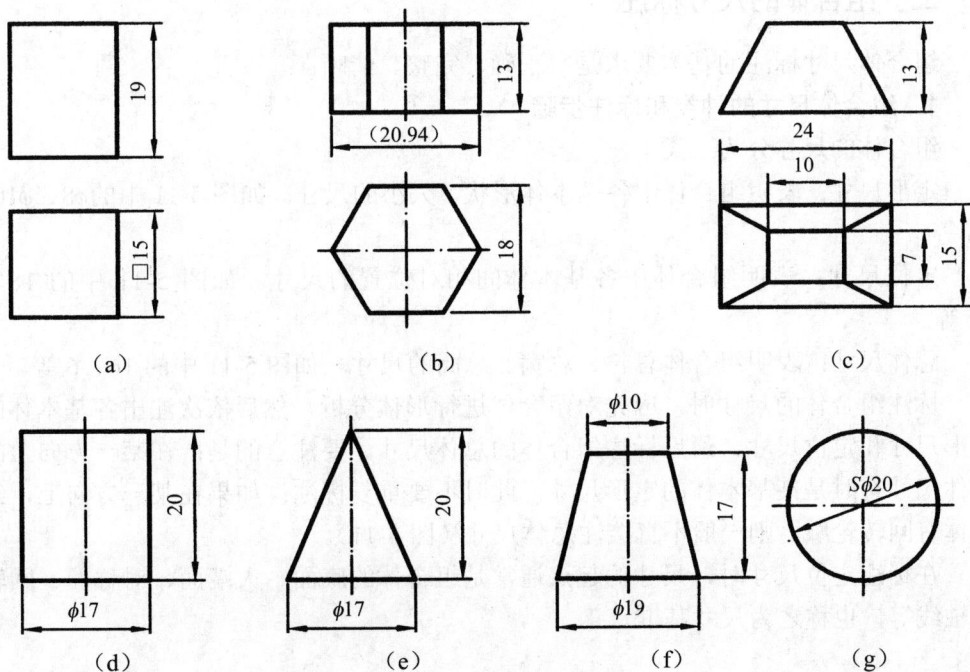

图 5-9 基本体的尺寸标注

对于被切割的基本体，除了标注基本体的尺寸，还应注出截平面的位置尺寸（图5-10）。

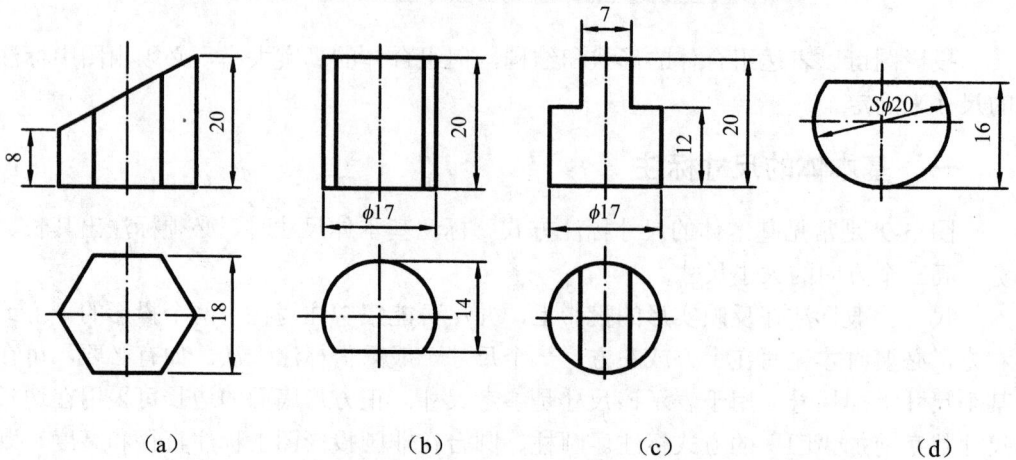

（a）　　　　　　　（b）　　　　　　　（c）　　　　　　　（d）

图 5-10　被切割的基本体及尺寸标注

二、组合体的尺寸标注

组合体尺寸标注的基本要求是：正确、完整、清晰。

1. 组合体尺寸的种类和标注步骤

组合体的尺寸分为三类。

定形尺寸：表明组合体中各基本体形状、大小的尺寸。如图 5-11 中的 $\phi 8$、$\phi 10$、$R6$ 等。

定位尺寸：表明组合体中各基本体间相对位置的尺寸。如图 5-11 中的 18、22 等。

总体尺寸：表明组合体总长、总宽、总高的尺寸。如图 5-11 中的 16、6 等。

标注组合体的尺寸时，应先对组合体进行形体分析，然后依次注出各基本体的定形尺寸和定位尺寸，最后标注组合体的总体尺寸。要注意的是：在某一方向上的总体尺寸有时是某基本体的定形尺寸，此时不要重复标注；如果在某一方向上，组合体有回转轮廓，则一般不直接注总体尺寸（图 5-11）。

在标注定位尺寸时，尺寸的起点通常是组合体的底面、大端面、对称面、回转体轴线等，也称之为尺寸基准。

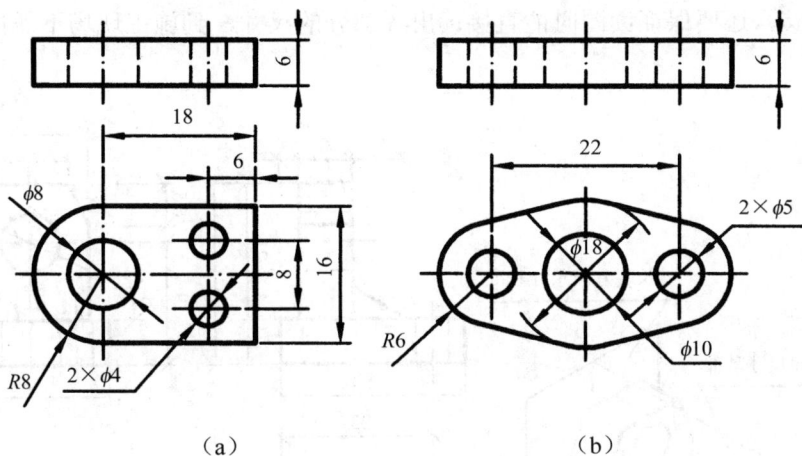

图 5-11　组合体的尺寸种类

下面以图 5-12 所示的组合体为例，说明组合体尺寸标注的步骤。

（1）形体分析。该组合体由带孔底板、带孔竖板及三棱柱肋板叠加组成。底板的左边有圆角。竖板的上方被切去两个斜角。

（2）标注各基本体的定形尺寸。各基本体的定形尺寸分别是：底板的长 28、宽 24、高 7；圆孔的直径为 5；圆角的半径为 5。竖板的长 8、宽 18、高 21；圆孔的直径为 9。三棱柱肋板长 8、宽 4、高 5。

（3）标注各基本体间的定位尺寸。该组合体的尺寸基准分别为：底面为高度方向的基准；前后对称面为宽度方向的基准；底板右面为长度方向的基准。

底板上圆孔的定位尺寸是 14、23；竖板上圆孔的定位尺寸是 19、竖板到底板右面的定位尺寸是 3；竖板上方斜面的定位尺寸是 12 和 6.5。

（4）标注总体尺寸。组合体的总长、总宽分别为底板的长和宽，总高尺寸为 28。

2．尺寸标注时的注意事项

（1）尺寸一般应注写在最能反映形体形状特征的投影图上，尽量避免在虚线上标注尺寸，如图 5-12 中 $\phi9$、$\phi5$ 等。

（2）表达同一基本体的定形、定位尺寸应尽量集中标注。如图 5-12 中竖板的尺寸 8、21 和 3，底板上圆孔的尺寸 $\phi5$、14、23 等。

（3）尺寸应尽可能标注在图形轮廓线外面，不宜与图线、文字等相交，但在不影响图形清晰性的前提下，某些细部尺寸允许标注在图形内。

（4）尺寸线的排列要整齐。在标注同一方向的几排直线尺寸时，要做到间隔均匀，由小到大向外排列，以免尺寸线与尺寸界线相交。如图 5-12 中的尺寸 7、21、28 等。

（5）与两个投影图有关的共有尺寸，应尽量标注在两个图形之间。

在建筑工程领域，通常从施工生产的角度来标注尺寸，只是将尺寸标注齐全、清晰还不够，还要保证读图时能直接读出各部分的尺寸，到施工现场不需再进行计算等。

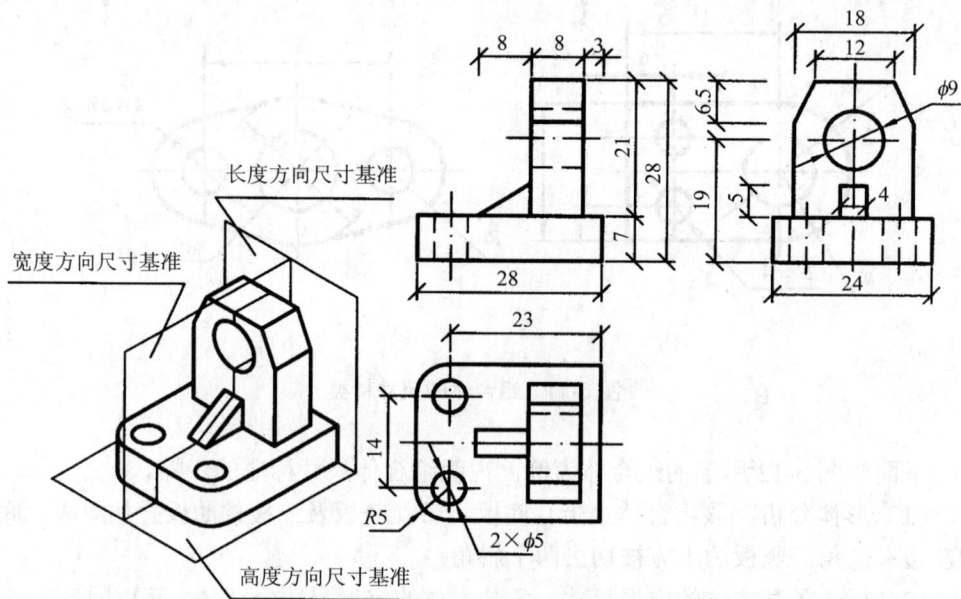

图 5-12　组合体尺寸标注举例

第三节　读组合体的投影图

　　根据组合体的投影想象组合体空间形状的全过程称为读图。读图是画图的逆过程。是培养和提高空间想象力以及形体构思能力的重要途径。要正确、迅速地读懂组合体的投影，必须了解读图的思维规律，掌握读图的基本方法。

一、读图的思维要点

1. 要将几个投影联系起来看，并善于找出特征投影

　　图 5-13 给出三个物体的投影图，它们的正面、水平面投影均相同，但表达的却是三个不同的物体。因此，仅仅由一个或两个投影有时不一定能准确地表达某一物体的形状。看图时，必须将几个投影联系起来看，互相对照，同时进行分析、构思，才能正确地想象出这组投影图所示物体的真实形状。

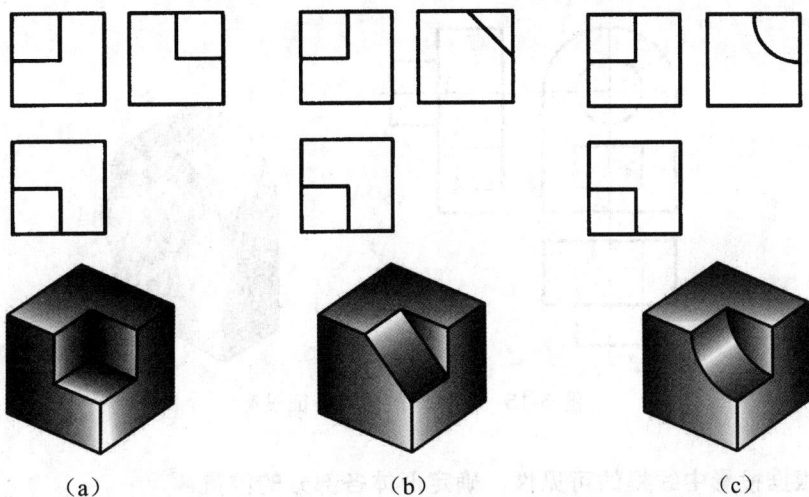

图 5-13　几个投影图联系起来看

特征投影是指反映组合体各组成部分形状特征的投影以及反映各组成部分之间相对位置特征的投影。如在图 5-14 中想象形体 Ⅰ，若只看正面、侧面投影，其形状无法确定，而将正面、水平投影配合起来看，形体 Ⅰ 的形状很好想象，所以水平投影中线框 1 是反映形体 Ⅰ 形状特征的投影。同理可见线框 3′ 是形体Ⅲ的形状特征投影；线框 2″ 是形体 Ⅱ 的形状特征投影。在图 5-15 所示立体的正面投影中，线框分别 1′、2′ 表示立体的两个组成部分，其相对位置只有在侧面投影中才清楚地反映出来。所以侧面投影是反映立体各组成部分之间相对位置特征的投影。读图时，要善于找到这些特征投影，并与其他投影联系起来看。

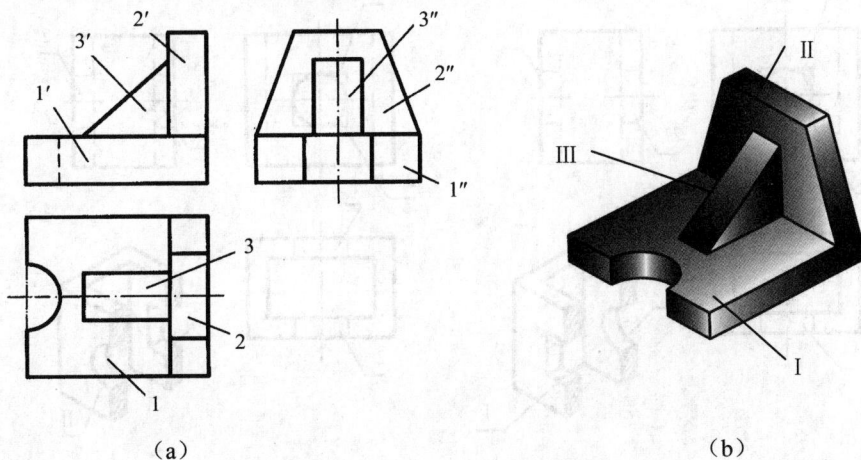

图 5-14　形体的形状特征投影

图 5-15　形体间的位置特征投影

2．根据投影中线框的可见性，确定形体各部分的位置

当投影中有两个或两个以上的线框，不能借助投影关系找到在其他投影中对应的位置时，可根据投影中图线的可见性来分析、判断，以确定出组合体各部分的位置。

例如，图 5-16（a）、（b）所示形体的主体部分均为挖切一个四棱柱孔的四棱柱。从它们正面投影图中的方形线框 1′和圆形线框 2′以及这两个线框对应的水平投影和侧面投影，可初步确定该形体的前、后壁开有方形孔和圆柱孔。但由于正方形线框1′和圆形线框 2′相切，仅利用投影关系是不能确定这两个孔的确切位置的。这时，可根据这两个线框的可见性来想象。图 5-16（a）中两个线框均为实线，所以方孔在前壁，圆柱孔在后壁。图 5-16（b）中正方形线框为虚线，圆线框为实线，所以圆柱孔在前壁，方形孔在后壁。

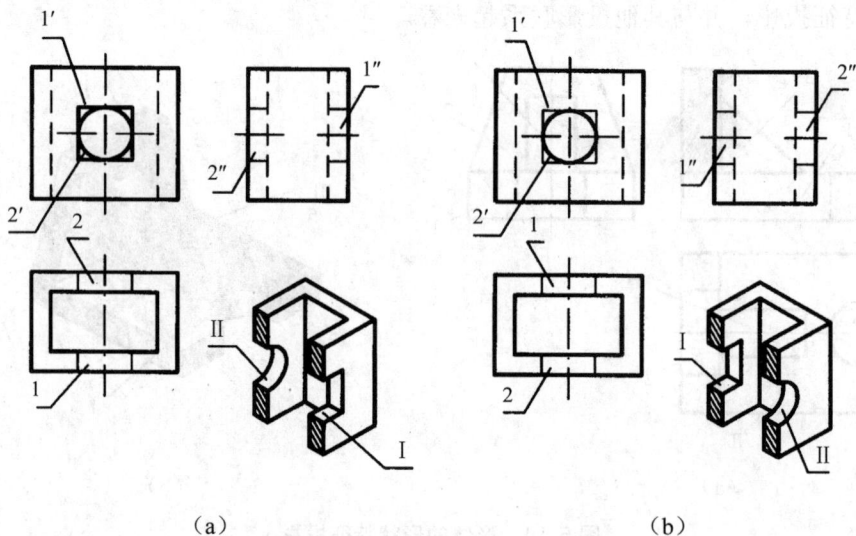

（a）　　　　　　　　　　　　　　（b）

图 5-16　根据线框的可见性读图

3．了解投影图中线段、线框的含义

投影图由线段和线框组成，了解线段、线框所表达的含义，会对看图有一定的帮助。

（1）投影图中任何一条粗实线或虚线，可能表示这三种情况之一：有积聚性的平面或曲面的投影；两面交线的投影；曲面的转向线的投影（即轮廓素线的投影）（图 5-17）。

（2）投影图中的每一封闭线框（由粗实线、虚线或粗实线与虚线围成）都是物体上不与相应投影面垂直的一个表面的投影。这个面可能是平面、曲面或平面与曲面相切形成的组合面；可能是外表面也可能是内表面。投影图中相邻的线框表示同向错位或斜交的表面的投影，其相对位置需对照其他投影图予以判别。若线框中套有线框，则套在中间的线框是表示凸起的表面、凹陷的表面或孔的内表面（图 5-17）。

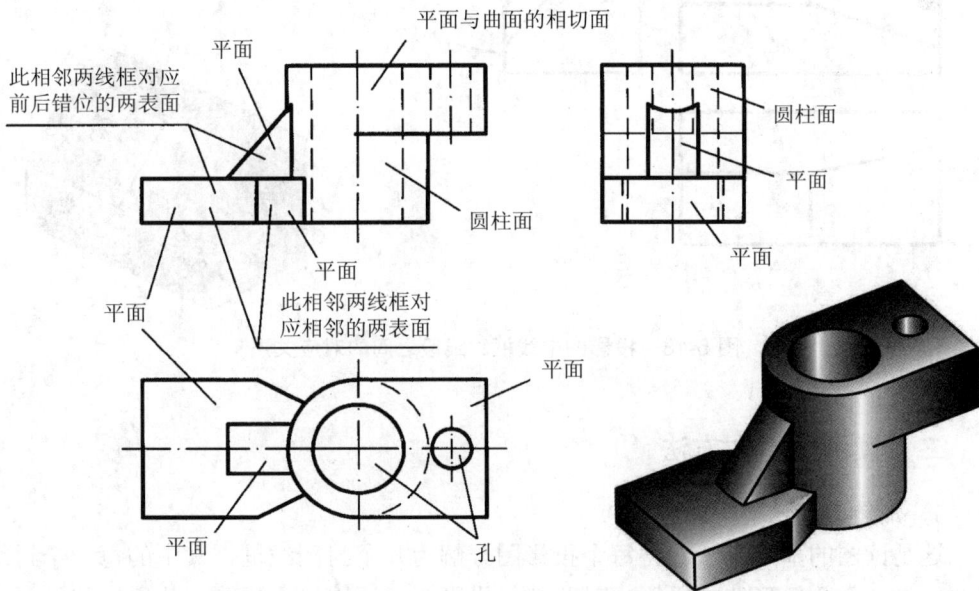

图 5-17　投影图中的线框分析

（3）因为物体上的平面多边形的投影或者是一段直线（有积聚性），或者是一个边数相同的多边形（原形或类似形），所以投影图中的每一多边形线框，必有另外投影图中与其成投影关系的多边形线框或线段与之对应，表示物体上不同形状和位置的平面：

如果投影图中的多边形线框与另一投影图中的水平或垂直线段有投影关系，则它表达物体上的投影面平行面；如果与另一投影图中的斜线段有投影关系，则它表

达的是物体上的一个投影面垂直面；如果与另一投影图中的边数相同的多边形有投影关系，则它表达的可能是投影面垂直面也可能是一般位置的平面，随其第三投影成斜直线或同边数多边形而定。

如图 5-18 所示，正面投影图中的三个线框，对应水平投影图上的两个线框一条线段，对应侧面投影图上的一个线框和两条直线。正面投影图中的 m′ 线框，对应水平投影图上线段 m，对应侧面投影图上线段 m″，所以它表达的是投影面平行面（正平面）。正面投影图中的 p′ 线框，对应水平投影图上的线框 p，对应侧面投影图上的线框 p″，所以它表达的是一般位置的平面。正面投影图中的 q′ 线框，对应水平投影图上的线框 q，对应侧面投影图上的线段 q″，所以它表达的是投影面垂直面（侧垂面）。

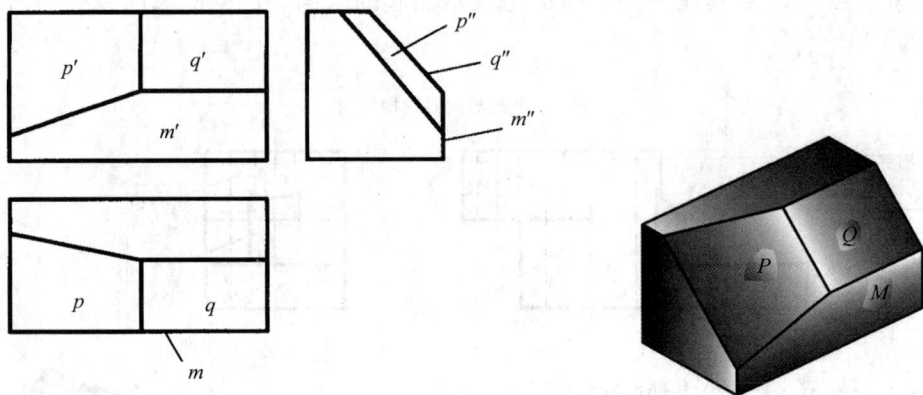

图 5-18　投影图中线框、线段之间的对应关系

二、读图的基本方法

1. 形体分析法

这是读图的基本方法。将每个投影图分解为几个封闭线框，其中的每一个封闭线框看作一个几何形体的投影，对照其他投影图，运用投影规律，找出这些线框所对应的其他投影，想象出每个线框所代表的几何形体的真实形状，并确定各几何形体之间的相对位置，最后综合想象物体的整体形状。这就是形体分析法读图，其具体步骤如下。

（1）分线框，对投影。一般从反映物体形状特征较多的正面投影图入手，将其划分为几个封闭线框，再按照三面投影规律，必要时借助绘图工具，从其他几个投影图上找出相对应的线框，把组合体大致分成几部分。

在图 5-19（a）中，先把正面投影图分为三部分，再根据投影关系找出它们各自的对应投影。

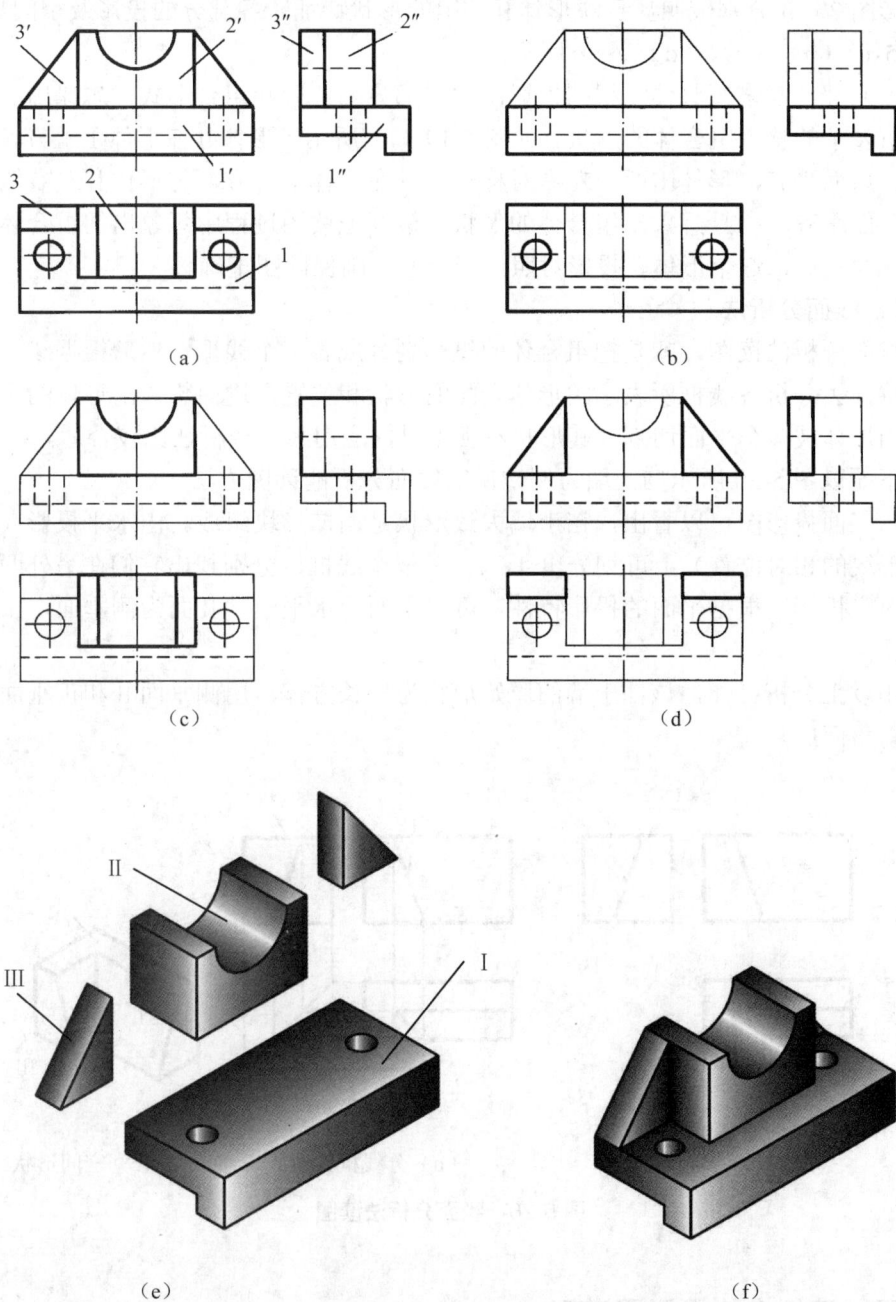

图 5-19　形体分析法读图

（2）想象单个形体的形状。从每一部分的特征投影出发，把几个投影联系起来，想象每一部分所示形体的形状。侧面投影图的 1″较明显反映形体 I 的形状特征，正面投影图 2′、3′分别较明显反映形体Ⅱ、Ⅲ的形状特征，各部分的投影及空间形状，如图 5-19（b）、（c）、（d）、（e）所示。

（3）综合起来想整体。根据投影图中各部分的位置和组合形式，想象出三面投影图所表示的整个组合体的形状。如图 5-19（f）所示，形体Ⅱ在形体Ⅰ上方，左右对称，后面平齐，形体Ⅲ两块左右对称分布，在形体Ⅰ上方，与形体Ⅱ左右侧面接触，后面平齐。一旦想象出组合体的形状，最好把读图过程中想象出的组合体与给定的三面投影，逐个形体、投影对照检查一遍，确保读图正确。

2. 线面分析法

线面分析法读图，就是把组合体的投影划分成若干个线框，然后根据线、面的投影特性去分析各线框所表示的形体表面的形状和位置，进而想象出形体的空间形状。当形体被多个平面切割，其形状不规则时，应用线面分析法比较合适。

下面以图 5-20 所示挡土墙为例，说明线面分析的读图方法。

由三面投影图可以看出，挡土墙大致形状是由梯形块组成。由水平投影（反映两梯形块的相对位置）上可划分出 1、2、3 三个线框，分别找出它们在另外两个面上的对应投影，根据平面的投影特性，可知Ⅰ面为水平面，Ⅱ面为侧垂面，Ⅲ面为正垂面。

由以上分析可知，该挡土墙的原始形状为一长方体，用侧垂面Ⅱ和正垂面Ⅲ切去左前角而成。

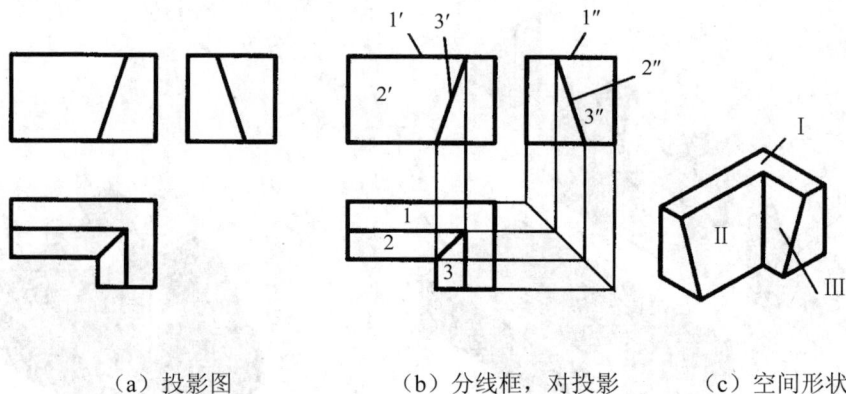

（a）投影图　　　　　　（b）分线框，对投影　　　　（c）空间形状

图 5-20　线面分析法读图

三、读组合体投影图举例

读比较复杂的组合体投影图，一般要把形体分析法和线面分析法结合起来，通常是在形体分析法的基础上，对不易看懂的局部，还要结合线、面的投影分析，想象出其形状。由已知的两个投影图补画所缺的第三投影图，是培养和检验看图

能力的一种重要方法。一般要在看懂已知投影图、并想象出组合体形状的基础上进行。

【例5-1】根据图5-21（a）所示两面投影图，想象出物体形状，补画侧面投影。

根据给出的两投影上对应的封闭线框，可以看出该物体是由长方形底板Ⅰ、竖板Ⅱ和拱形板Ⅲ叠加后（竖板立在底板之上，后面平齐，拱形板立在底板之上，与竖板前面接触，整体左右对称），又切去一个长方形凹槽及钻一个圆孔而成的[图5-21（b）]。

补画侧面投影的作图步骤，如图5-21（c）所示。

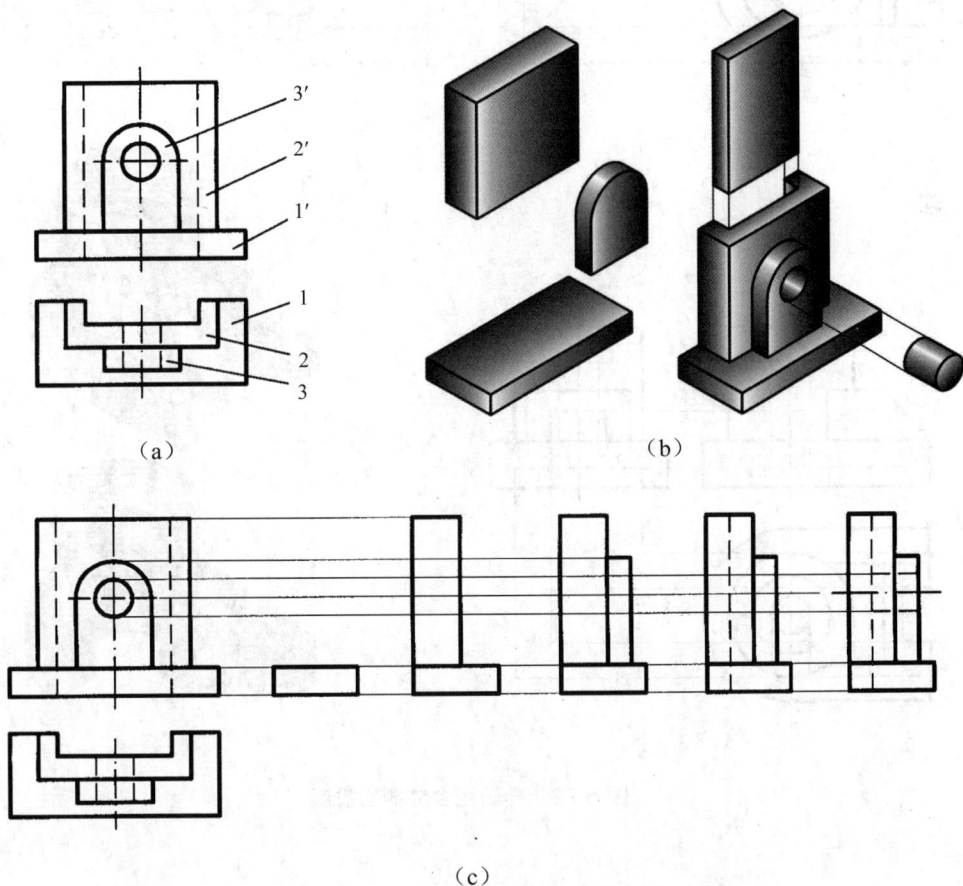

（a）　　　　　　　　　　　　　　　　（b）

（c）

图5-21　补画组合体侧面投影

【例5-2】根据图5-22（a）所示两面投影图，补画侧面投影图。

根据正面投影图中的粗实线封闭线框，可将物体大致分成三部分：拱形底板、开槽厚肋板、打孔圆柱体[图5-22（d）]。补画侧面投影的步骤如图5-22（a）、（b）、（c）所示。

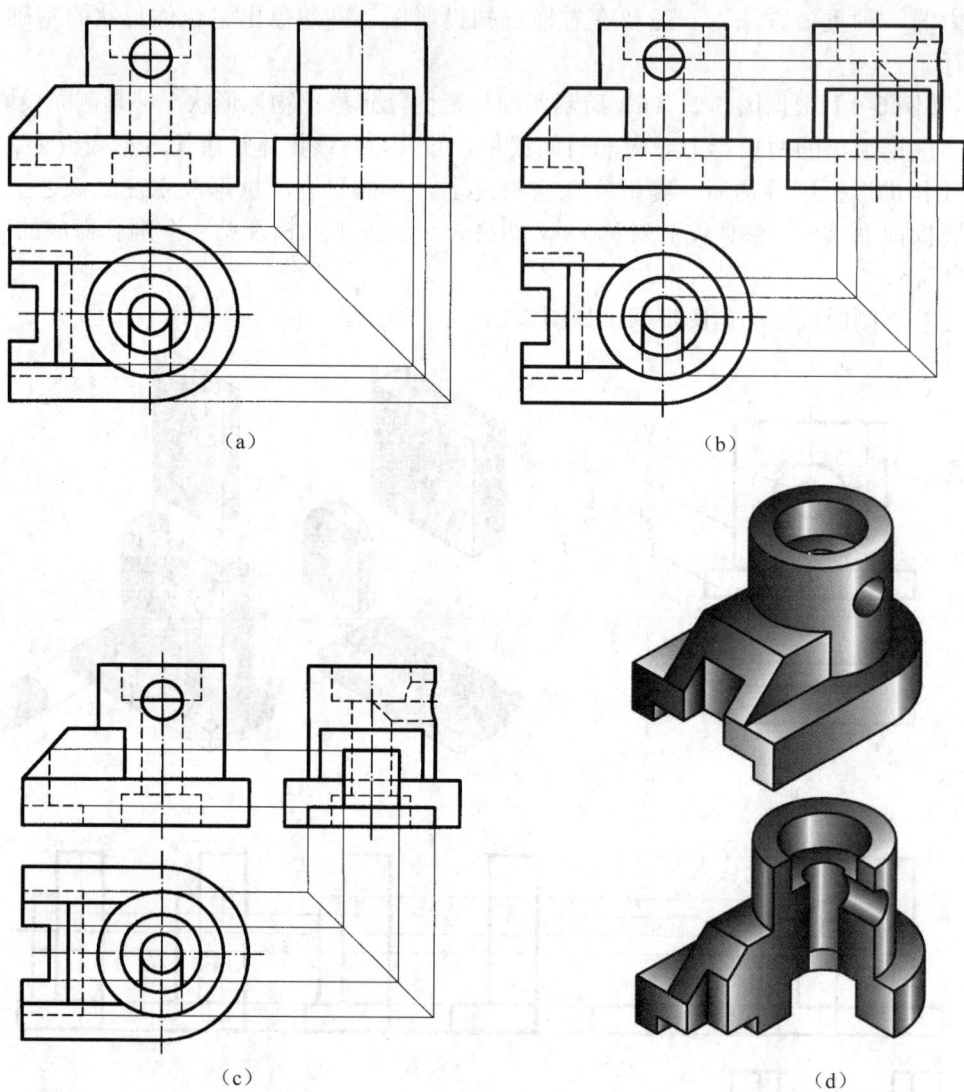

（a）

（b）

（c）

（d）

图 5-22　补画组合体侧面投影

第四节　第三角投影简介

　　三个互相垂直的投影面把空间分成八个分角（图 5-23）。我国《技术制图》国家标准规定，投影图采用第一角投影画法，即把物体置于第Ⅰ角内，使其处于观察者与投影面之间进行多面正投射。本书的投影法除本节内容外都是研究第一角投影画法问题。

但国际上也有一些国家采用第三角投影画法（如美国、日本），即把物体放在第Ⅲ角中，使投影面处于观察者和物体之间进行多面正投射。为了国际交流的需要，应了解第三角投影画法。

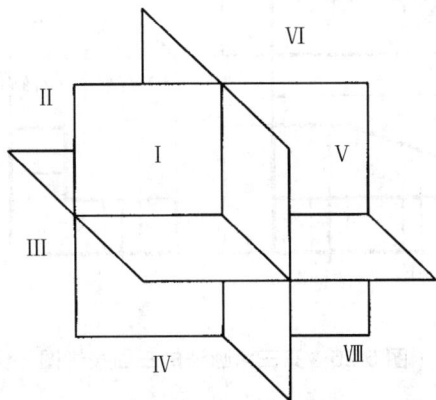

图 5-23　八个分角

从投射方向看，第一角投影画法（简称第一角画法）是"人—物—面"的关系；第三角投影画法（简称第三角画法）是"人—面—物"的关系。因此，为了能够进行投射，采用第三角画法时，要假定投影面是透明的。所以采用第三角画法是隔着"玻璃"看物体，是把物体的轮廓形状映射在"玻璃"（投影面）上。

采用第三角画法时，投影面的展开方法如图 5-24 所示，V 面不动、H 面向上、W 面向右各旋转 90° 与 V 面重合。三个视图的名称、配置及投影规律如图 5-25 所示。要注意的是，俯视图和右视图靠近主视图的一侧表示物体前面，远离主视图的一侧表示物体后面，这与第一角画法正好相反。

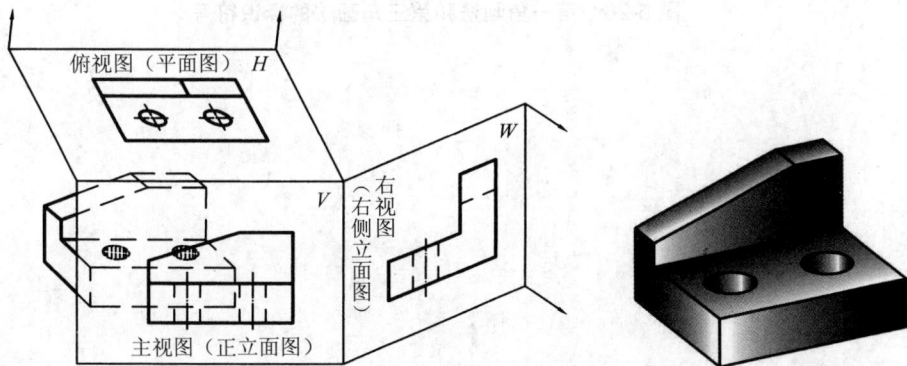

图 5-24　第三角画法的视图形成

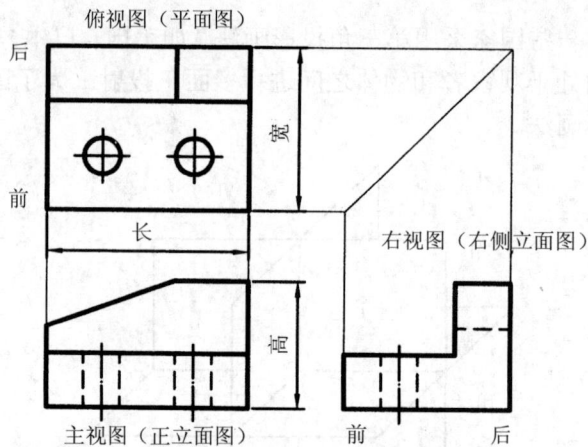

俯视图（平面图）

主视图（正立面图）

右视图（右侧立面图）

图 5-25　第三角画法的三面投影图

　　国际标准规定，采用第一角画法用图 5-26（a）的识别符号表示；采用第三角画法用图 5-26（b）的识别符号表示。识别符号画在标题栏的专设格内。由于我国国家标准规定采用第一角画法，当采用第一角画法时无须加识别符号。当采用第三角画法时，必须在图样中画出第三角画法的识别符号。

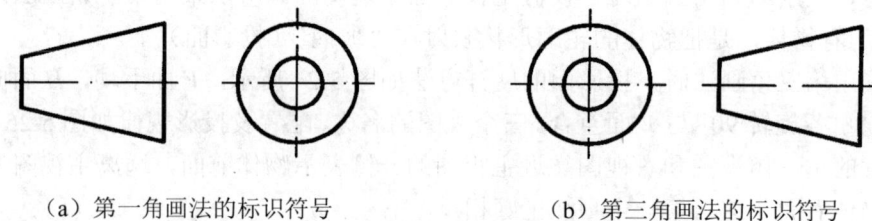

（a）第一角画法的标识符号　　　　　　（b）第三角画法的标识符号

图 5-26　第一角画法和第三角画法的标识符号

第六章 轴测图

● 知识目标

本章主要介绍轴测图的基本知识和基本作图方法。通过本章学习，应达到如下基本要求：了解轴测图的基本知识；掌握正等轴测图的绘制原理和基本作图方法；了解斜二等轴测图的绘制原理和基本作图方法。

第一节　轴测投影的基本知识

一、轴测投影图的形成

将物体及确定物体空间位置的直角坐标系，一起按选定的投影方向，用平行投影法投射到同一个投影面 P 上，所得到的图形称为轴测投影图，简称轴测图，如图 6-1 所示。投影面 P 称为轴测投影面；直角坐标轴 OX、OY、OZ 的投影 O_1X_1、O_1Y_1、O_1Z_1 称为轴测投影轴，简称轴测轴。

画轴测投影图时，投影方向不能与坐标轴或坐标面平行。这样，物体上平行于坐标轴的线段和平行于坐标面的表面，其投影都不会积聚，因而轴测图就能同时反映出物体长、宽、高三个方向上的形状，所以轴测图有较强的立体感。

二、轴间角和轴向伸缩系数

在画轴测图时，轴测轴至关重要，轴测轴由以下两个参数确定：

轴间角——相邻两轴测轴之间所成的角度 $\angle X_1O_1Y_1$、$\angle Y_1O_1Z_1$、$\angle Z_1O_1X_1$ 称为轴间角。

轴向伸缩系数——直角坐标轴上相同的单位长度 e（OK、OM、ON），其轴测投影长度分别为 e_x、e_y、e_z（O_1K_1、O_1M_1、O_1N_1）。我们把比值 $p=e_x/e$；$q=e_y/e$；$r=e_z/e$；分别称为 X 轴、Y 轴、Z 轴的轴向伸缩系数（图 6-2）。

轴间角和轴向伸缩系数决定着轴测投影的形状和大小，画图前必须先确定它们。

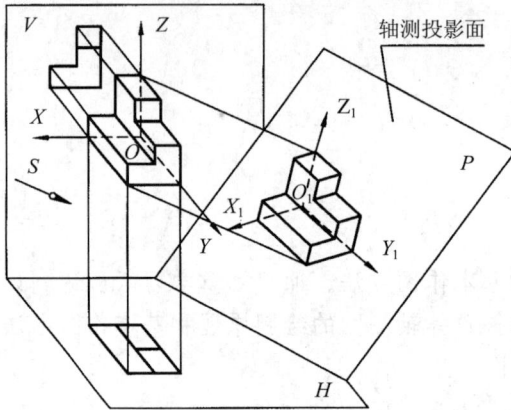

图 6-1　轴测图的形成

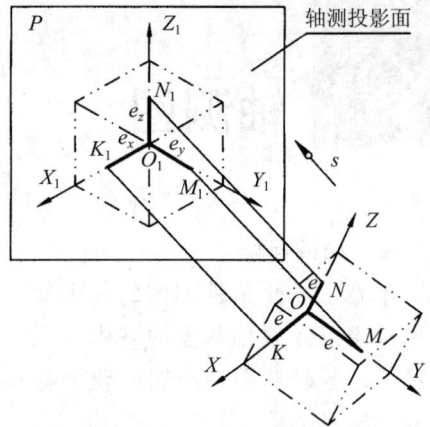

图 6-2　轴间角和轴向伸缩系数

三、轴测图的基本性质

轴测投影图是用平行投影法获得的，其基本性质为：

①物体上平行于某一坐标轴的线段，其轴测投影必与相应的轴测轴平行；物体上相互平行的线段，其轴测投影也相互平行。

②物体上与坐标轴方向相同的线段（轴向线段），它的轴测投影长度等于其实长乘以相应的轴向伸缩系数。

性质②可以理解为轴向线段的轴测投影长度可以沿轴测轴测量。"轴测"的概念由此而来。

在画轴测图时，应该遵守和善于应用这些性质，以使作图快捷准确。

四、轴测图的分类

按投射方向与轴测投影面相对位置的不同，轴测图可分为两类：

◁　正轴测图——投影方向垂直于轴测投影面的轴测图；

◁　斜轴测图——投影方向倾斜于轴测投影面的轴测图。

根据轴向伸缩系数的不同，每类轴测图又可分为三种：

◁　正（或斜）等轴测图——$p = q = r$；

◁　正（或斜）二等轴测图——$p = r \neq q$；

◁　正（或斜）三等轴测图——$p \neq r \neq q$。

本章仅介绍常用的正等轴测图和斜二等轴测图的画法。

第二节 正等轴测图

使直角坐标系的三根坐标轴对轴测投影面的倾角都相等，并用正投影法将物体向轴测投影面投射，所得图形就是正等轴测图，正等轴测图简称为正等测图。

一、正等轴测图的轴间角和轴向伸缩系数

正等轴测图的各轴间角均为 $120°$，各轴向伸缩系数都相等，均为 0.82。在实际画正等轴测图时，为了避免计算，简化作图，以简化伸缩系数 1 代替理论伸缩系数 0.82。这样，平行于各坐标轴的线段其轴测投影长度就等于其实长，整个物体的投影沿各轴向都放大了 $1/0.82≈1.22$ 倍，但形状并不改变。图 6-3 表明了二者的差别，图 6-3（a）中取理论伸缩系数 0.82，图 6-3（b）中取简化伸缩系数 1。

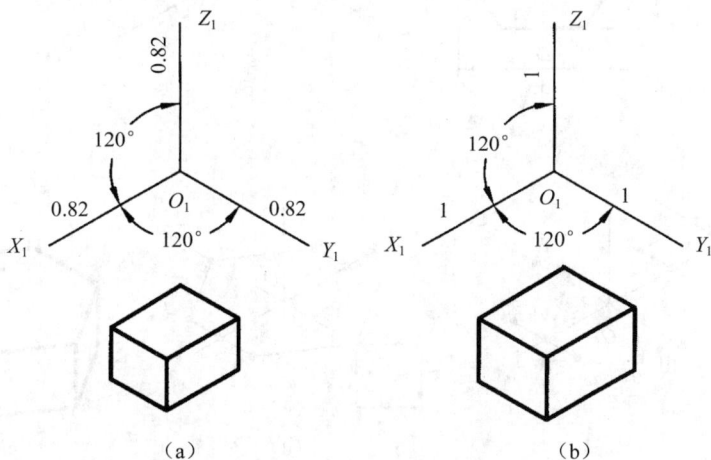

图 6-3 正等轴测图的轴间角和轴向伸缩系数

二、画轴测图的基本方法——坐标法

画轴测图的基本方法是坐标法。其步骤一般为：先根据物体形状的特点，选定适当的坐标轴；再根据物体的尺寸坐标关系，画出物体上某些点的轴测投影；最后通过连接点的轴测投影作出物体上某些线和面的轴测投影，从而逐步完成物体的轴测投影。

【例 6-1】用坐标法画图 6-4（a）所示六棱柱的正等轴测图。

作图步骤：

①确定坐标轴和坐标原点，如图 6-4（a）所示；

②画轴测轴，根据尺寸确定 I、II、III、IV 点，如图 6-4（b）所示；

③作 X 轴的平行线，根据尺寸确定六棱柱顶面的顶点，如图 6-4（c）所示；

④连接六棱柱顶面的顶点，作出六棱柱的棱，如图 6-4（d）所示；

⑤完成全图，擦去多余的作图线，加深图线，如图 6-4（e）所示。

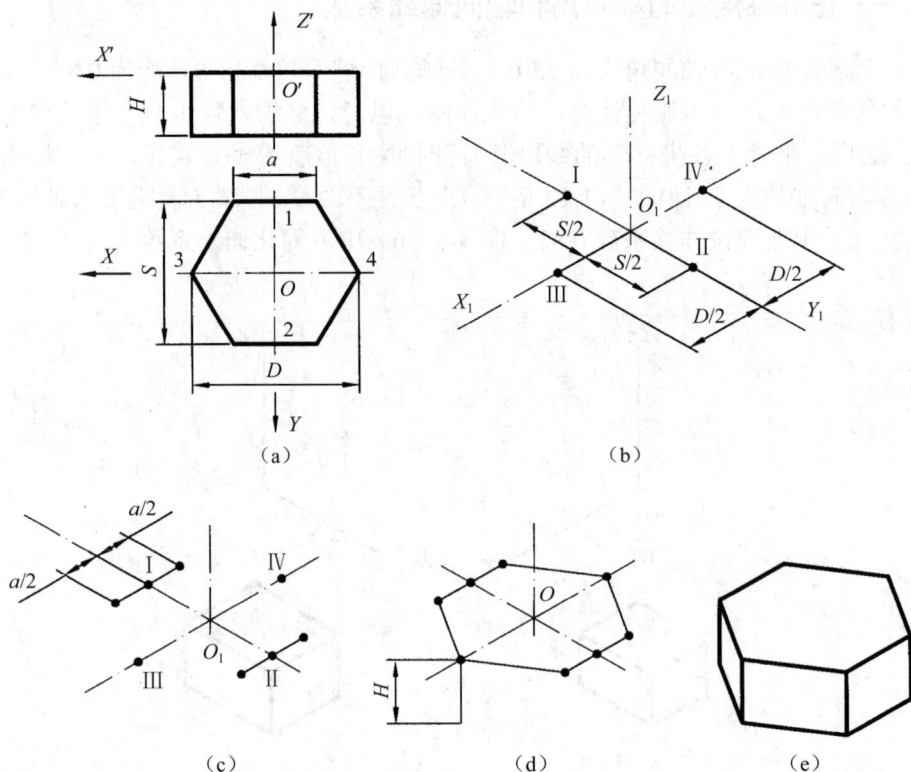

图 6-4　六棱柱的正等轴测图

【例 6-2】用坐标法画图 6-5（a）所示三棱锥的正等轴测图。

作图步骤如图 6-5 所示。

注意：一般在轴测图中不画虚线，这里为了增强三棱锥轴测图的立体感，用虚线画出底面不可见的一个边。

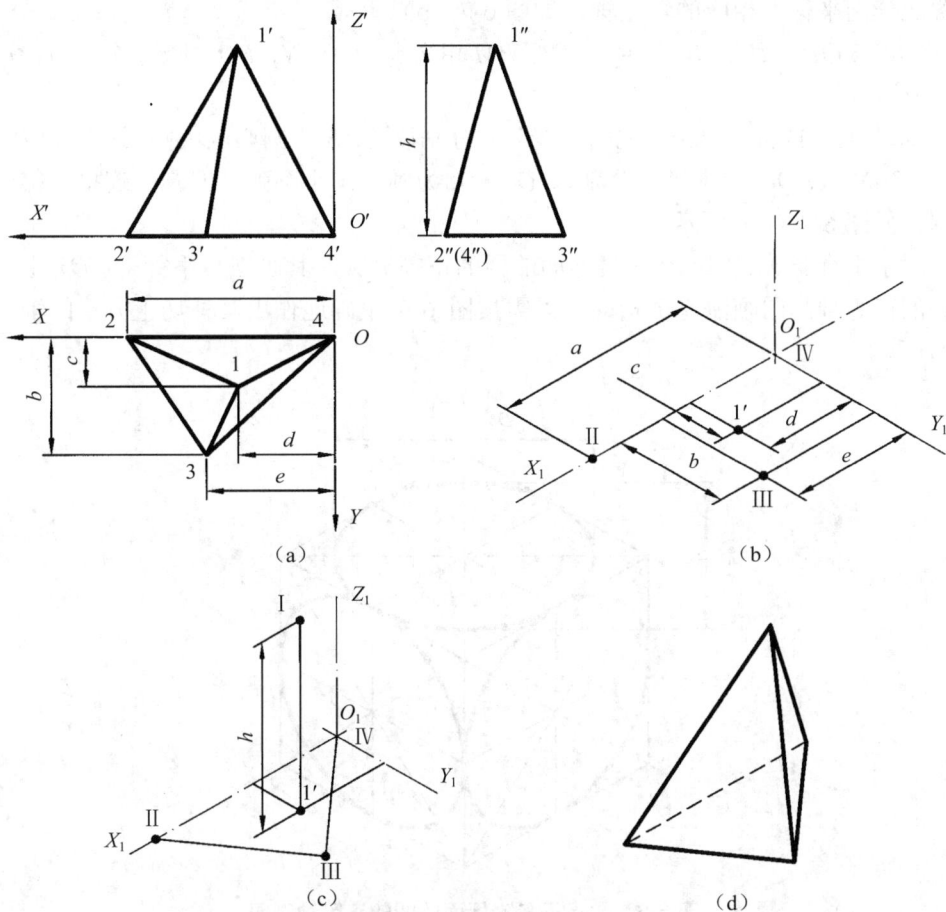

图 6-5　三棱锥的正等轴测图

三、平行于坐标面的圆的正等轴测图

与各坐标面平行的圆的正等测投影均为椭圆（图 6-6）。椭圆的长轴方向垂直于一根坐标轴的投影，这根坐标轴与圆所在坐标面垂直。椭圆的短轴与长轴垂直，椭圆的长轴长度仍等于圆的直径 D，短轴则为 $0.58D$。如用简化伸缩系数画椭圆时，长、短轴的长度都应增大 1.22 倍，即椭圆的长轴长度等于 $1.22D$，短轴则为 $0.7D$（注：以下图形均按简化伸缩系数画出）。

了解了椭圆的长、短轴方向和大小，就可以画椭圆了。为简化作图，一般常用"四心法"近似画椭圆。图 6-7 是用四心近似法作出的平行于 XOY 坐标面的圆的正等轴测图，其作图步骤为：

①画轴测轴，据圆的直径作出圆的外切正方形的轴测投影——菱形，注意菱形

的各边分别平行于相应的轴测轴，如图 6-7（b）所示；

②连接 AP、AN、BM、BQ，AP、BM 相交于 O_2，AN、BQ 相交于 O_3，如图 6-7（c）所示；

③以 AP（或 AN、BM、BQ）为半径，分别以 A、B 为圆心画大圆弧；以 O_2P（或 O_2M、O_3N、O_3Q）为半径，分别以 O_2、O_3 为圆心画小圆弧；四圆弧连接即得近似椭圆，如图 6-7（d）所示。

对于平行于 XOZ 和 ZOY 坐标面的圆的正等测圆，其画法与平行于 XOY 坐标面的圆的正等轴测图画法完全相同，只需按图 6-6 正确地作出其外切正方形的轴测投影即可。

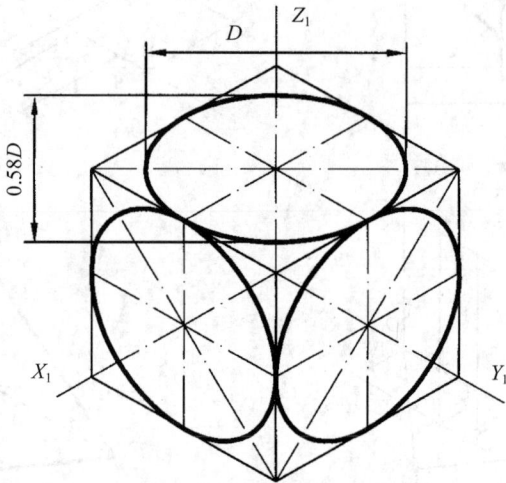

图 6-6　平行于各坐标面的圆的正等轴测图

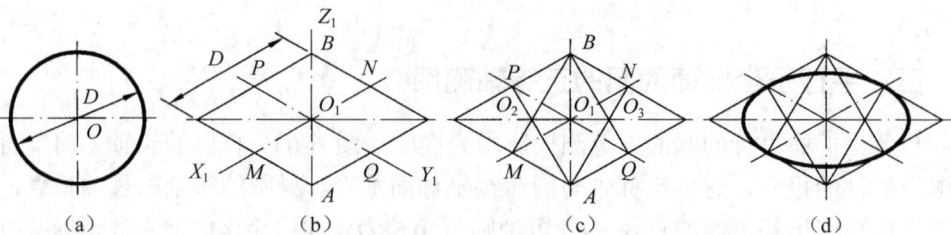

图 6-7　平行于 XOY 坐标面的圆的正等轴测图的近似画法

【例 6-3】画如图 6-8（a）所示圆柱的正等轴测图。

作图步骤：

①用四心近似法画圆柱顶面的轴测图，如图 5-8（b）所示；

②从 O_2、O_3、O_4 向下作垂线，得 O_6、O_7、O_8，分别以 O_6、O_7、O_8 为圆心画圆

柱底面椭圆，如图 6-8（c）所示（这种方法叫"移心法"）；

③作两椭圆的公切线（上下小半径圆弧的公切线），擦去多余的作图线，加深图线，完成全图，如图 6-8（d）所示。

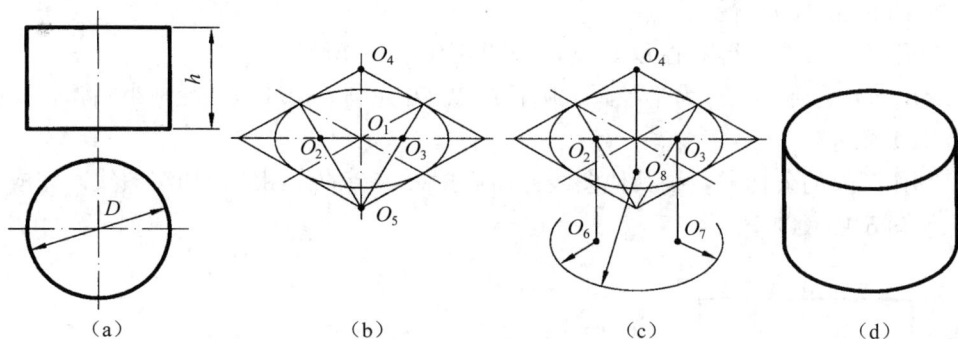

（a）　　　　　（b）　　　　　（c）　　　　　（d）

图 6-8　圆柱的画法

【例 6-4】画如图 6-9（a）所示圆台的正等轴测图。

作图步骤如图 6-9 所示（图形是按简化伸缩系数画出的）。

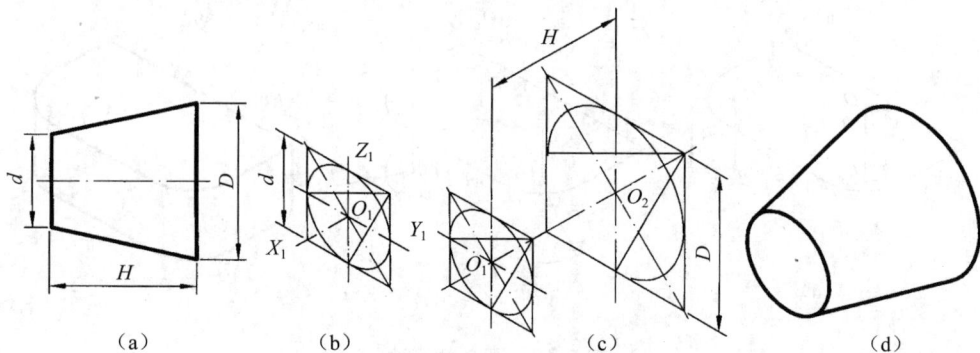

（a）　　　　　（b）　　　　　（c）　　　　　（d）

图 6-9　圆锥的画法

为确保画图正确，画图时要注意分析圆所在平面与哪一个坐标面平行。

四、正等轴测图中圆角的画法

物体上的圆角轮廓（1/4 圆柱），其轴测投影是四分之一的椭圆弧，可采用如图 6-10 所示的简化画法作图。

【例 6-5】画如图 6-10（a）所示形体的正等轴测图。

作图步骤：

①根据形体顶面画平行四边形，从前部的两个角沿两边量取距离 R，得 M、N、

P、Q 四点，分别过各点作各边的垂线，过 M、N 的垂线交于 O_1，过 P、Q 的垂线交于 O_2，如图 6-10（b）所示。

②以 O_1 为圆心，$O_1M=r_1$ 为半径画大圆弧；以 O_2 为圆心，$O_2P=r_2$ 为半径画小圆弧；如图 6-10（c）所示。

③用"移心法"得圆心 O_3、O_4，如图 6-10（d）所示。

④以 O_3 为圆心，r_1 为半径画大圆弧；以 O_4 为圆心，r_2 为半径画小圆弧，如图 6-10（e）所示。

⑤作圆弧的公切线，画其他图线；而后擦去多余的作图线，加深图线，完成全图，如图 6-10（f）所示。

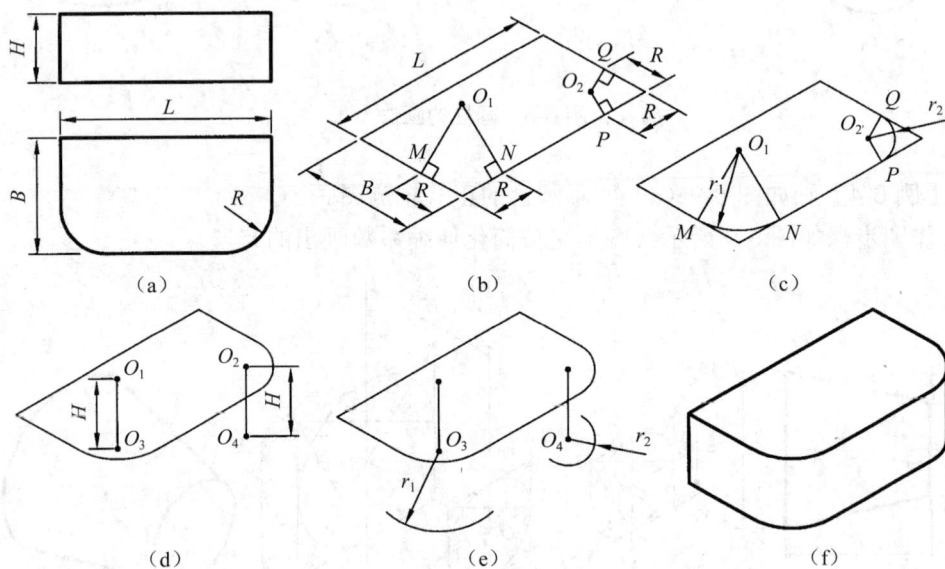

图 6-10　圆角的画法

五、组合体的正等轴测图画法

画组合体的轴测图时，应先进行形体分析，弄清形体的结构特点，按组合体是切割型还是叠加型，画法也不同。

1. 切割型组合体的正等轴测图画法

对于切割型的组合体，可先按完整的形体画出其轴测图，再用切割的方法切去不完整的部分，从而完成形体的轴测图，这种画法称为切割法（或方箱法）。

【例 6-6】画如图 6-11（a）所示形体的正等轴测图。

作图步骤：

①根据形体的长、宽、高画长方体的正等轴测图，如图 6-11（b）所示；

②根据图中尺寸，作轴测轴的平行线，切去左前角，如图 6-11（c）所示；

③切斜面，如图 6-11（d）所示；

④切右前角，加深图线，完成全图，如图 6-11（e）所示。

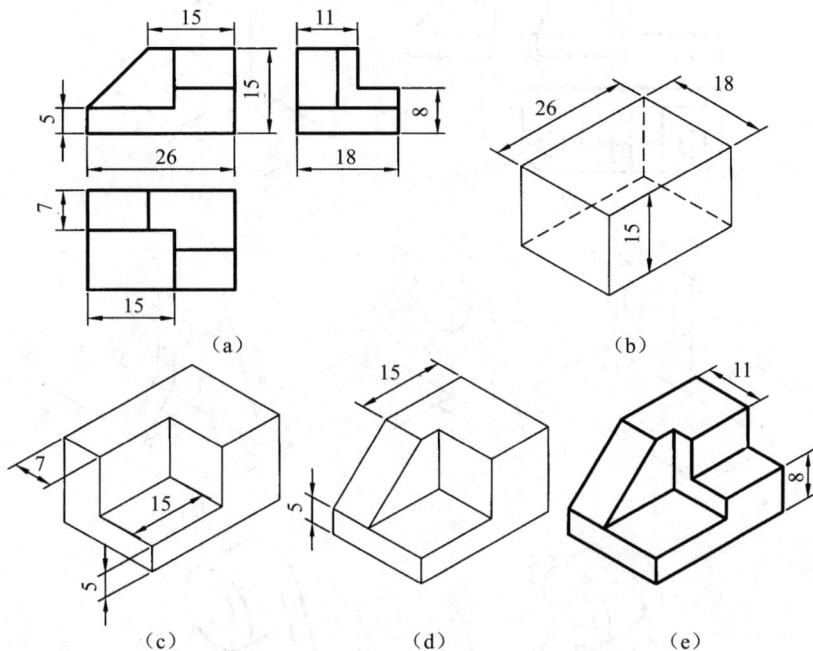

图 6-11　切割型组合体的正等轴测图

2．叠加型组合体的正等轴测图画法

对于叠加型的组合体，要把组合体分解为若干基本形体，弄清各基本体结构特点和它们之间的相互位置及表面连接方式。在画图时，先对主要结构定位，再用逐个往上叠加的方法画出各基本体的轴测图和连接处的分界线，最终完成组合体的轴测图。

【例 6-7】画如图 6-12（a）所示轴承座的正等轴测图。

作图步骤：

①画轴承座底板顶面，以底板顶面为基准，确定圆筒的轴线及前端面和后端面，如图 6-12（b）所示；

②根据圆筒尺寸，画圆筒，如图 6-12（c）所示；

③画支撑板，注意支撑板前端面与圆筒交线的画法，如图 6-12（d）所示；

④画肋板，如图 6-12（e）所示；

⑤按照画圆角的方法画底板，再画圆孔，如图 6-12（f）所示；

⑥擦去多余图线，加深图线，完成全图，如图 6-12（g）所示。

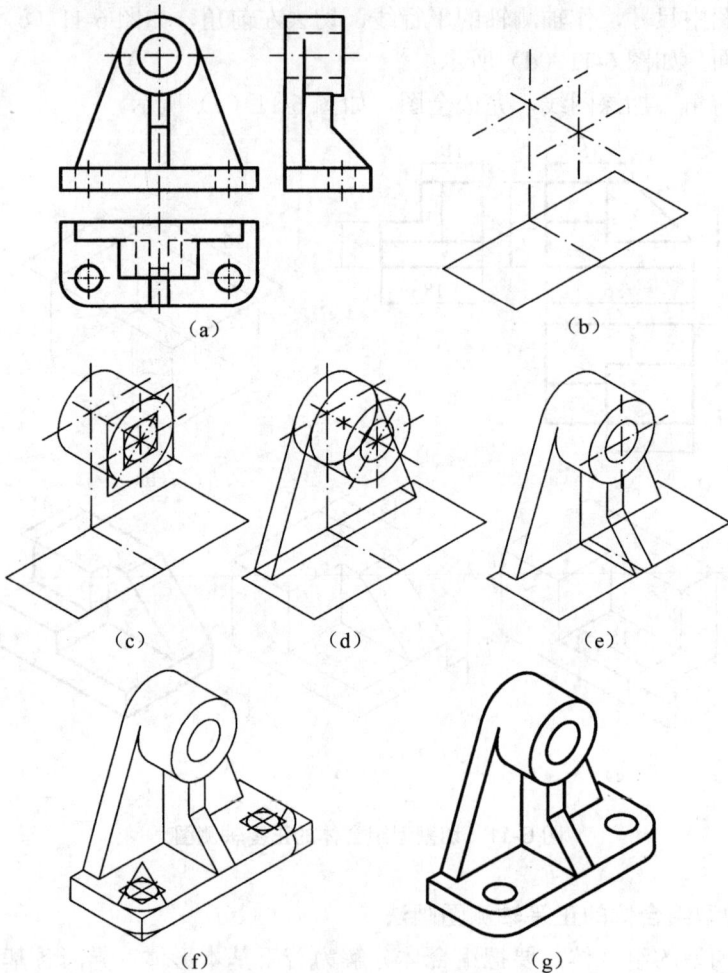

（a）

（b）

（c）　　　　　　（d）　　　　　　（e）

（f）　　　　　　（g）

图 6-12　轴承座的正等轴测图

第三节　斜二等轴测图

一、斜二等轴测图

两根坐标轴上的轴向伸缩系数相等的斜轴测投影图称为斜二等轴测图，简称斜二测。在斜二测中，若 OX、OZ 两坐标轴平行于轴测投影面，则轴测轴 O_1X_1、O_1Z_1 的轴向伸缩系数相等，即 $p = r = 1$，轴间角 $\angle X_1O_1Z_1 = 90°$；轴测轴 O_1Y_1 的方向和轴向伸缩系数可以随投影方向的改变而变化，但为实际作图时方便且图形明显，通常取 O_1Y_1 轴的轴向伸缩系数为 $q = 0.5$，轴间角 $\angle X_1O_1Y_1 = \angle Y_1O_1Z_1 = 135°$，如图 6-13 所示。这种斜二测图也称为正面斜二测。

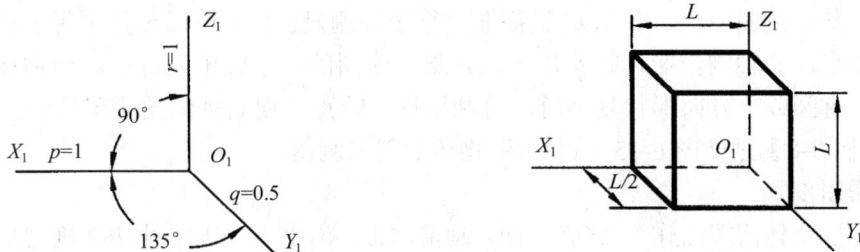

（a）斜二测图的轴间角和轴向伸缩系数　　　　　（b）正方体的斜二测图

图 6-13　斜二测图的轴间角和轴向伸缩系数

二、平行于各坐标面的圆的斜二测图

图 6-14 是平行于各坐标面的圆的斜二测投影图。从图中可以看出，平行于 XOZ 坐标面的圆的斜二测投影仍是圆，且直径不变。平行于 XOY 和 YOZ 坐标面的圆的斜二测投影均为椭圆，它们的长轴都与圆所在坐标面内某一坐标轴成 $7°10'$ 的角度。长、短轴的长度分别为 $1.06D$ 和 $0.33D$。

平行于 XOY、YOZ 坐标面的圆的斜二测投影——椭圆的画法比较烦琐，所以，当物体上除与 XOZ 坐标面平行的圆，还有其他圆时，应避免选用斜二测图。

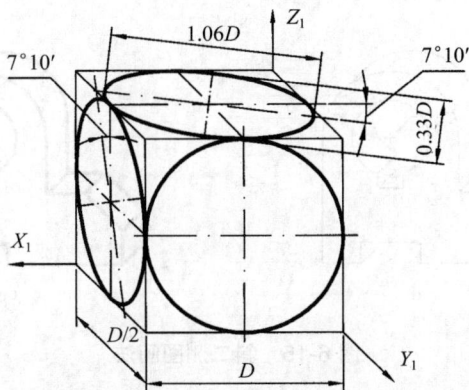

图 6-14　平行于各坐标面的圆的斜二测图

三、斜二测图的画法

斜二测图的基本画法仍然是坐标法，利用坐标法画斜二测图的方法与正轴测图相似。

在斜二测图中，由于 XOZ 坐标面平行于轴测投影面，所以凡是平行于这个坐标面的图形，其轴测投影反映实形，这是斜二测图的一个突出的特点。当物体只有一个方向有圆或单方向形状复杂时，可利用这一特点，使其轴测图简单易画。

【例 6-8】画如图 6-15（a）所示物体的斜二测图。

作图步骤：

①以物体前端面作为 XOZ 平面，画前端面；沿 Y_1 轴方向，由 $B/2$ 确定后端面的圆弧圆心 O_1 的位置，如图 6-15（b）所示。

②画后端面的圆弧等，如图 6-15（c）所示。

③从前端面的各顶点画 Y_1 轴的平行线，如图 6-15（d）所示。

④连接各顶点，作圆弧的切线；擦去多余图线，加深图线，完成全图，如图 6-15（e）所示。

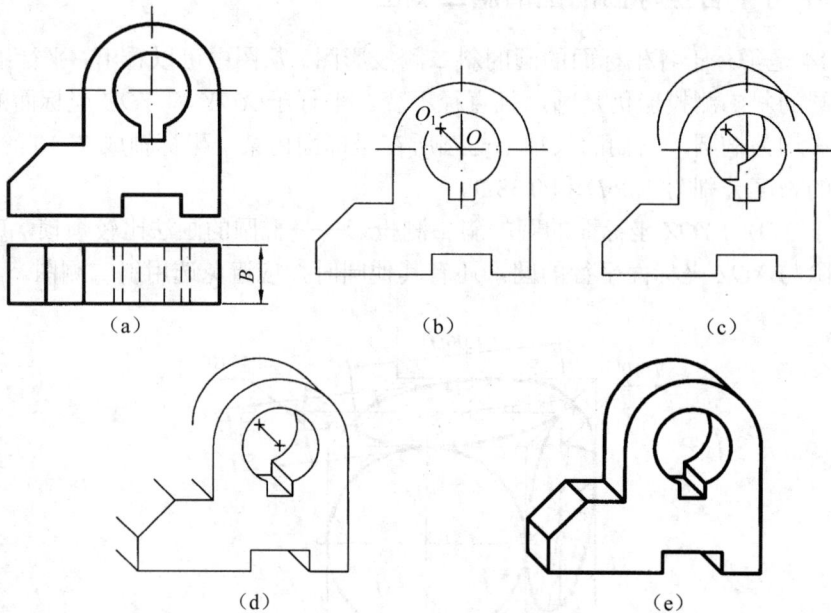

图 6-15　斜二测图画法

物体的表达方法

● **知识目标**

本章主要介绍几种国家标准规定的表达方法。要求理解视图、剖视图、断面图的概念及标注；掌握各种视图及剖视图、断面图的识读方法及基本画法；学会应用适当的表达方法表达物体。

工程实践中，对于一些简单的物体，用前面学习的三视图就可以表达清楚。但对于一些复杂的物体，简单地用三个视图就难以表达清楚。要想把物体的结构形状表达正确、完整、清晰、简练，必须根据物体的结构特点以及复杂程度，采用适当的表达方法。国家标准《技术制图》（GB/T 17451—1998，GB/T 17452—1998，GB/T 17453—1998，GB/T 16675—1996）规定了视图、剖视图、断面图等的表达方法，可以用于复杂形体的描述。

第一节　视　图

视图是物体向投影面投影所得的图形。视图主要用于表达物体的外部形状，一般只画其外部可见部分，必要时才用虚线画出其不可见部分。视图分为基本视图、向视图、局部视图、斜视图四种。

一、基本视图

基本视图是形体向基本投影面投射所得的图形。国家标准规定，用正六面体的六个面作为基本投影面，将物体放置在六面体中，按照观察者—物体—投影面这样的相对关系，向六个基本投影面作正投影，得到的六个视图称为基本视图。

基本视图的名称分别是：

◄　主视图（正立面图）——从前面向后投射所得的视图；

◄　俯视图（平面图）——从上面向下投射所得的视图；

◄　左视图（左侧立面图）——从左面向右投射所得的视图；

◄　右视图（右侧立面图）——从右面向左投射所得的视图；

◄　仰视图（底面图）——从下面向上投射所得的视图；

◄ 后视图（背立面图）——从后面向前投射所得的视图。

六个基本视图的展开如图 7-1 所示。所得视图的配置关系如图 7-2 所示。视图之间的投影关系要满足"长对正、高平齐、宽相等"的原则。一般每个图形均应标注图名，图名标注在图形下方，并在名下绘一粗实线，长度与图名所占长度一致。但在同一张图纸内按图 7-2 所示位置配置时，一律不注视图名称。

同一物体，并非要同时选用六个基本视图，至于选取哪几个视图，要根据它的形状特征而定。选用基本视图时一般优先选用主、俯、左三个基本视图。

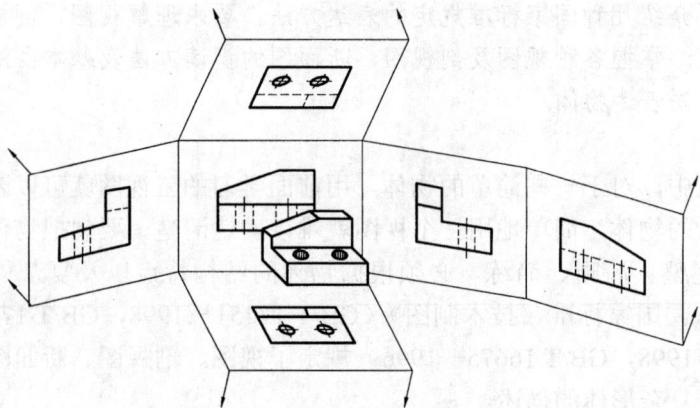

图 7-1　基本视图的展开

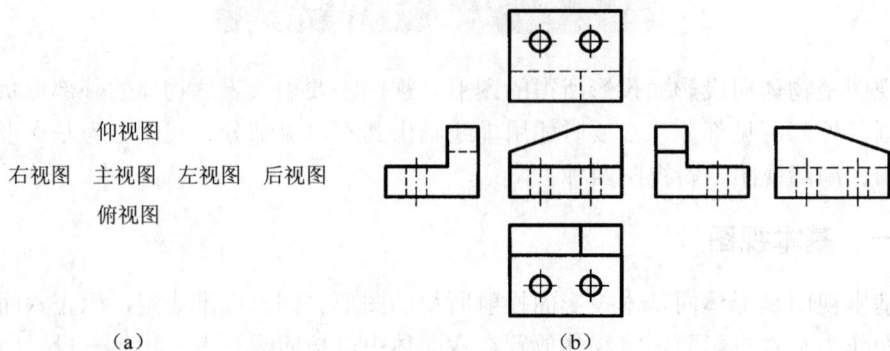

仰视图

右视图　主视图　左视图　后视图

俯视图

（a）　　　　　　　　　　　　　　（b）

图 7-2　六个基本视图的配置

二、向视图

实际制图时，由于考虑到视图在图纸中的布局问题，视图可能不按照图 7-2 所示的位置配置，此时应在视图上方标出视图名称"x"（x 是 A、B 等大写拉丁字母），并用箭头在相应视图附近指明投影方向，注写同样的字母，则得 X 向视图（图 7-3）。

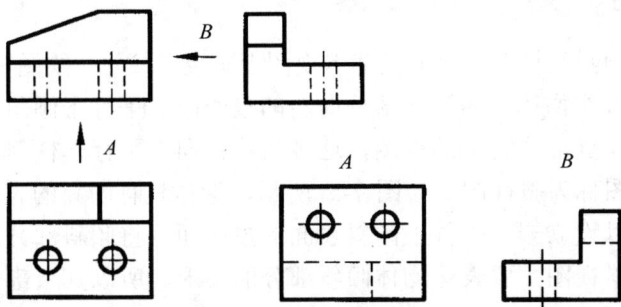

图 7-3　向视图

三、局部视图

图 7-4 所示形体左右各有一个法兰，它是物体上的局部结构，在表达时，如果选用完整的右视图表现它的形状，势必增加绘图的工作量，而且主体部分也没有必要画出，可以只画出法兰部分，其余省略。这种只将物体的某一部分向基本投影面投射所得到的视图称为局部视图。

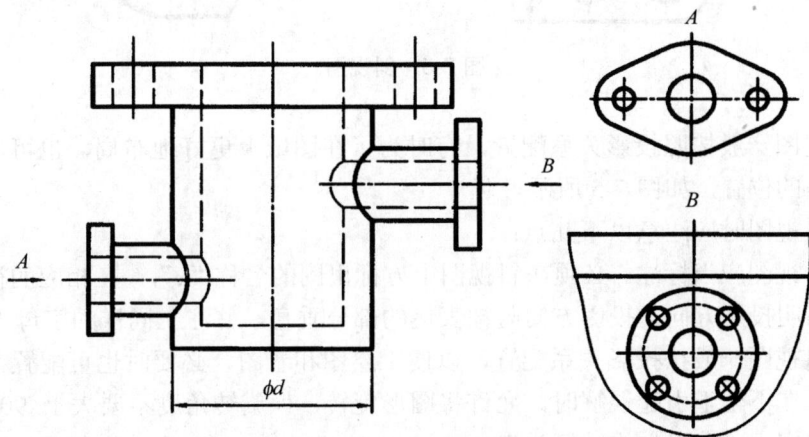

图 7-4　局部视图

画局部视图时应注意以下两点：

①一般应在局部视图上方标出视图的名称"x"，在相应的视图附近用箭头指明投影方向，并注上同样的字母；

②局部视图的断裂边界用波浪线表示。但当所表示的局部结构是完整的，其外轮廓线又成封闭，波浪线可省略不画。

四、斜视图

当物体上有倾斜结构时，由于在基本视图上不反映实形，绘图和标注都有困难，看图也不方便，若将物体上的倾斜部分向新的投影面（平行于倾斜部分的平面）投影，便可得到反映这部分实形的视图，这种将物体向不平行于任何基本投影面的平面投射所得的视图称为斜视图。如图 7-5 所示，形体具有倾斜的表面，为了表达该部分的实形，可以设立一个平行于倾斜表面的投影面，将倾斜部分的结构投射到该投影面上。由于斜视图主要表达物体倾斜部分的实形，所以其余部分不必全部画出来，使用波浪线断开。

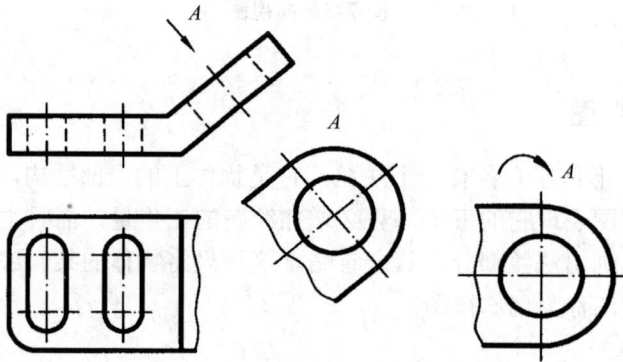

图 7-5 斜视图

斜视图一般按照投影关系配置，有时为了在图纸上更好地布局，也可以配置在其他适当的位置，如图 7-5 所示。

画斜视图时应注意以下几点：

①斜视图应当标注。必须在斜视图上方标出图的名称"x"，在相应的视图附近用箭头指明投影方向，投影方向与被表达的部分垂直，并注上同样的字母"x"。

②斜视图一般按投影关系配置，以便于绘图和看图，必要时也可配置在其他适当位置，在不至于引起误解时，允许将图形旋转，但旋转角度不要大于 90°，此时标注形式应为"字母加旋转箭头"。

③画斜视图时，可将物体上不反映实形的部分用波浪线断开而省略不画。同样在相应的基本视图中也可省去倾斜部分的投影。

第二节 剖视图

工程中，有些物体的外部及内部结构形状都较简单，而另一些物体却很复杂。

前一种类型的物体用视图的方法来表达是可行的。但后一种类型的物体如果采用视图来表达则不太合适，因为物体的不可见结构在图样中用虚线表示，大量虚线的存在使图形变得繁杂，给读图带来了很大的困难。为了能清晰地表现物体内部的不可见特征，可以用一个假想的平面，将物体剖开，让内部的结构成为可见，然后再投影表达，这就是下面介绍的剖视方法。

一、剖视图的概念

1. 剖视图的获得

如图 7-6 所示，当用一假想正平面沿图示构件的前后对称面将其剖开，移去前面部分，则内部孔的轮廓便显露出来，再按正投影法画出未移去部分的投影，就得到内部孔的轮廓投影。这种假想用剖切平面把构件剖开，将处在观察者与剖切平面之间的部分移去，然后把其余部分向投影面投影，这种表达方法称为剖视，所得的图形称为剖视图。

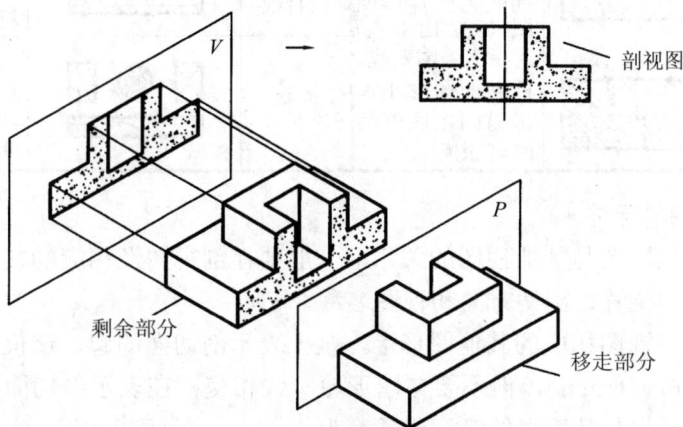

图 7-6 剖视图的获得

画剖视图的步骤：

①确定剖切面的位置，为了能确切地表达物体内部的真实形状，所选剖切平面一般应与某投影面平行，并应通过物体内部要表达的孔、槽等结构的轴线或对称面；

②画剖切面和立体表面的交线，立体表面包括内表面和外表面；

③画剖切面后方可见轮廓线；

④在截断面上画上剖面符号。为了区分物体上的实体和空心部分，在物体的截断面上应画上其相应的剖面符号。依据不同的材料，剖面符号按表 7-1 所示选取。

表 7-1　常用的剖面符号（摘自 GB/T 50001—2001）

名称	图例	说明	名称	图例	说明
自然土壤		包括各种自然土壤	砂、灰土		靠近轮廓线绘较密的点
夯实土壤			毛石		
普通砖		实心砖、多孔砖、砌块等砌体，断面较窄不易绘出图例线时，可涂红	玻璃		包括各种玻璃
			金属		图形较小时可以涂黑
空心砖		指非承重砖砌体	防水材料		构造层次多或比例较大时，采用上面图例
混凝土		本图例指能承重的混凝土、钢筋混凝土。在剖面图上画出钢筋时，不画图例线，档断面图形小，不易画出图例线时可涂黑	胶合板		应注明为 x 层胶合板
钢筋混凝土			木材		上图为横断面，上左图为垫木、木砖或龙骨，下图为纵断面

2. 剖视图的标注

为了明确剖视图与其他视图的关系，一般要在剖视图及相应的其他视图上进行标注，注明剖切位置、剖切方向和视图名称。

（1）在与剖视图相应的其他图形上，画上表示剖切面的起、迄位置和转折位置的短粗实线（6~10 mm），但不要与图形轮廓线相交；在表示剖切面起、迄位置的短粗实线外侧画出与其垂直的箭头或长度为 4~6 mm 的短粗实线，表示剖切后的投射方向（图 7-7）。

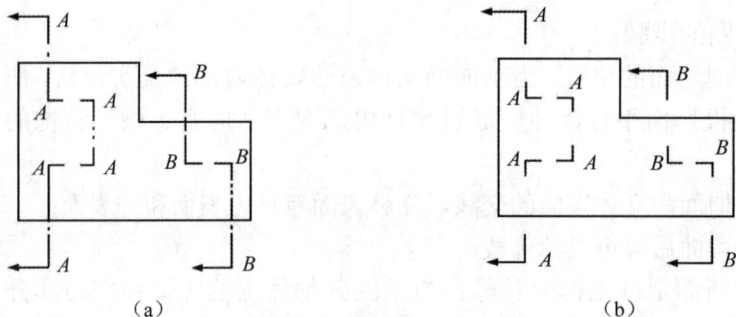

（a）　　　　　　　　　　　　　　　　（b）

图 7-7　剖视图的标注

（2）在表示剖切面的起、迄位置和转折位置的短粗实线外侧注写上同一大写字母。并在剖视图上方中间位置用相同字母标注出该剖视图的名称"×-×"。字母一律水平书写，字头向上。建筑图中，常用"×-×剖面"作为剖视图的名称。

在下列情况下，剖视图的标注可以简化或省略：

↰ 剖视图按投影关系配置，中间又没有其他图形隔开时，可以省略箭头；

↰ 单一剖切平面与机件的对称平面完全重合，且剖视图按投影关系配置，中间又没有其他图形隔开时，可以不必标注。

3．画剖视图时要注意的问题

（1）画几个剖视图表达同一个构筑物时，剖面线方向应相同，间隔要相等。

（2）剖视图中，剖切面以后的可见轮廓线都应画出，不可见轮廓线（虚线）一般省略不画，如果尚有未表达清楚的结构或使用少量虚线可使图更易于理解时，才将虚线画出（图 7-8）。

（3）剖视图既可以按照基本视图的投影关系配置，也可以放置于其他适当的位置。若布置在其他位置，则一定要加以标注。

（4）由于剖切是假想的，因而某一视图画成剖视后，其余视图仍需按完整的形体进行投影绘制。

二、剖视图的种类

画剖视图时，根据表达的需要，既可以将物体完全切开后按照剖视绘制，也可只将它的一部分画成剖视图，而另一部分保留外形，因而得到三种剖视图：全剖视图、半剖视图、局部剖视图。

1．全剖视图

图 7-6 所示的构件经完全剖开后，得到的剖视图如图 7-9 所示。这种用剖切平面完全地剖开物体所得的视图称为全剖视图。全剖视图主要用于表达外形简单，内部结构较复杂的物体。

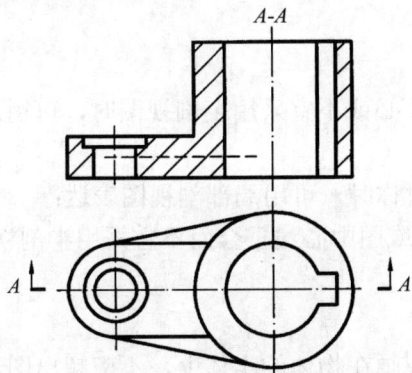

图 7-8　剖视图中的虚线

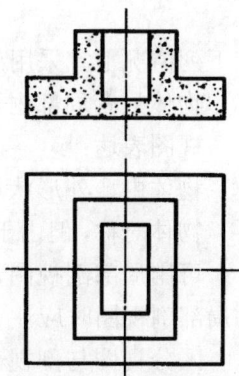

图 7-9　全剖视图

2. 半剖视图

当物体具有对称平面时，在对称平面相垂直的投影面上所得的投影，可以对称线为界，一半画成剖视图，另一半画成视图，这种组合成的图形称为半剖视图。图 7-10 所示正锥壳基础的主视图和左视图就采用了半剖视图，这样可以同时表达物体的内外结构。

画半剖视图时应注意以下几点：

①半剖视图是由半个外形视图和半个剖视图组成的，而不是假想将物体剖去 1/4，因此视图和剖视图之间的分界线一定是点画线而不是粗实线，也不可能为其他线型；

②由于半剖视图的对称性，在表达外形的视图中的虚线应省略不画；

③半剖视图的标注规则与全剖视图相同。

3. 局部剖视图

用剖切平面局部地剖开物体，所得的剖视图称为局部剖视图。局部剖视图是一种很灵活的表达方法，在同一视图上既可以表现物体的外形，也可将物体某些局部结构剖开来表达，局部剖视图用波浪线作为分界线。如图 7-11 所示的形体，为表达孔的结构，仅在主视图和俯视图中将孔剖开就可以了，其余部分全部画成外形视图，如果主、俯视图均用全剖视，则位于形体前面、上面的孔，其形状将无法表达清楚。

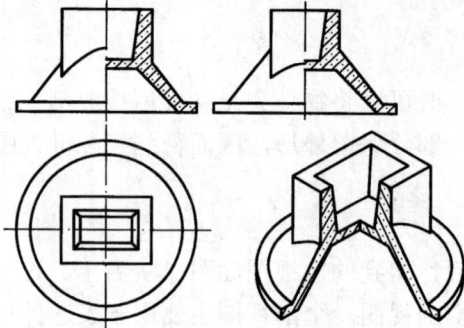

图 7-10　正锥壳基础的半剖视图　　　　　图 7-11　局部剖视图

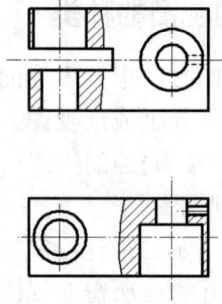

在下列情况下宜采用局部剖视图：

◁　物体只有局部内形需要表达，而不必或不宜采用全剖视图时，可用局部剖视图表达；

◁　物体内、外形状均需表达而又不对称时，可用局部剖视图表达；

◁　物体对称，但由于轮廓线与对称线或图中心线重合而不宜采用半剖视图时，可用局部剖视图表达。

画局部剖视图时应注意以下几点：

◁　区分视图与剖视部分的波浪线，应画在物体的实体上，不应超出图形轮廓之外，也不应画入孔槽之内，而且不能与图形上的轮廓线重合（图 7-12）；

◁ 当被剖切的局部结构为回转体时，允许将该结构的轴线作为剖视与视图的分界线（图7-13）；

◁ 局部剖视图的标注方法与全剖视图相同，对于剖切位置明显的局部剖视图，一般可省略标注。

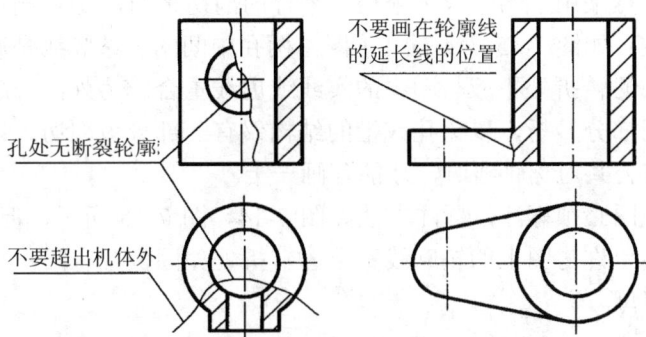

图 7-12 局部剖视图中波浪线画法

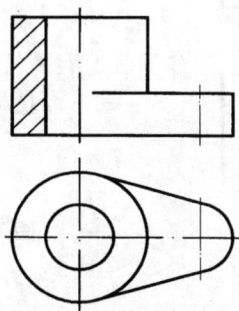

图 7-13 回转体局部剖的分界线

三、常用的剖切方法

对于一些结构复杂的物体，往往需要多个剖切平面进行剖切以表达其内部结构，剖切位置可以相互平行、相交或是其他组合形式，这就形成了不同的剖切方法，具体如下。

1. 单一剖

采用一个剖切平面将物体剖开称为单一剖，如图7-8、图7-9所示。 物体的外部形状不复杂，采用一个剖切平面将形体全部切开，清楚地表现内部的结构形状。

2. 阶梯剖

如果物体内部的结构形状较多，而它们又分布在几个平行的平面内，可用几个相互平行的剖切面将物体不同位置的内部结构剖开，这样就可以在同一个视图上表达出平行剖切面剖切到的所有结构。这种用几个相互平行的剖切平面剖开物体的方法称为阶梯剖（图 7-14）。

采用阶梯剖要注意以下几点：

①阶梯剖虽然采用了两个或多个相互平行的剖切平面，但在剖切平面的分界处不能画出分界线，如图 7-15 所示的 1-1 图中两孔中间的一条竖线是错误的。

②剖切平面的转折处不应与图中的实线或虚线重合。另外，一般情况下也不要在孔或槽的中间部分转折，以免孔或槽的结构仅有一部分被剖切。只有当两个要素在剖视图中具有公共对称轴线时，才能各画一半。

③阶梯剖视图必须标注，标注方法如图 7-14、图 7-15 所示，但应注意， 剖切符号在转折处不允许与图上的轮廓线重合，转折处如因位置有限，且不致引起误解时，可以不注字母。

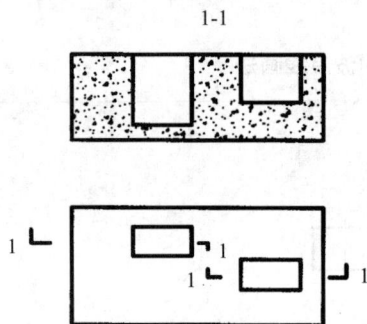

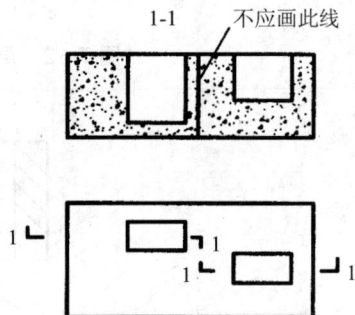

图 7-14　阶梯剖　　　　　　　图 7-15　剖切面转折处不应画线

3．旋转剖

有些物体的内部结构有回转轴线，并与基本投影面倾斜，如图 7-16 所示的检查井。可用两个相交的剖切平面将其剖开，为使被剖开的倾斜结构在剖视图上反映实际尺寸，则将倾斜剖切面剖开的部分旋转到与基本投影面平行后再进行投影。这种用两个相交的剖切平面剖开物体的方法称为旋转剖。

画旋转剖视图时应注意以下几点：

①必须标注出剖切位置，在它的起点和转折处标注字母或数字×，在剖切符号两端画出表示剖切后的投影方向的短线，并在剖视图上方注明剖视图的名称×-×，但当转折处位置有限又不致引起误解时，允许省略标注转折处的字母或数字；

②处在剖切平面后面的其他结构要素，一般仍按原来的位置投影；

③当剖切后物体上产生不完整的要素时，应将此部分按不剖绘制；

④旋转剖强调的是"先剖开后旋转"，而不是将要表达的结构先旋转，然后再切开。

四、剖视图的绘图、识读举例

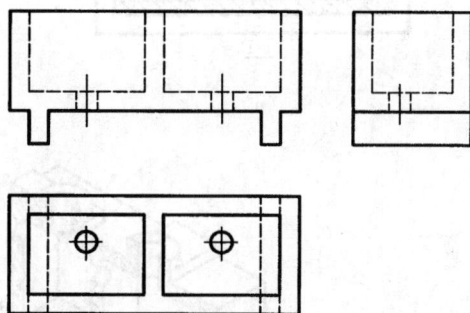

【例 7-1】读懂图 7-17 所示物体的三个基本视图，选用适当表达方法表达物体的内外结构。

读图：①由主视图中的可见轮廓线，对照俯视图、左视图中的对应投影，可知物体的主体部分是长方体，在长方体下部有左右两个小长方体，并且它们前后表面平齐；②由主视图中的虚线框，对照俯视图、左视图中的对应投影，可知在长方体上左、右各挖切一个四棱柱，并在空腔底部挖出圆孔。

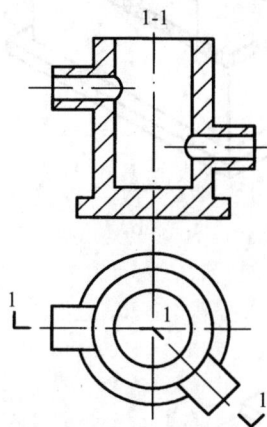

图 7-16　检查井的旋转剖　　　　　图 7-17　物体的三个基本视图

表达方法：将主视图改画成 1-1 全剖视，以表达物体各部分高度、相对位置及内部挖切部分的轮廓，选用俯视图表达主体部分、挖切部分的形状及相对位置；选择全剖视的左视图 2-2 辅助表达（图 7-18）。

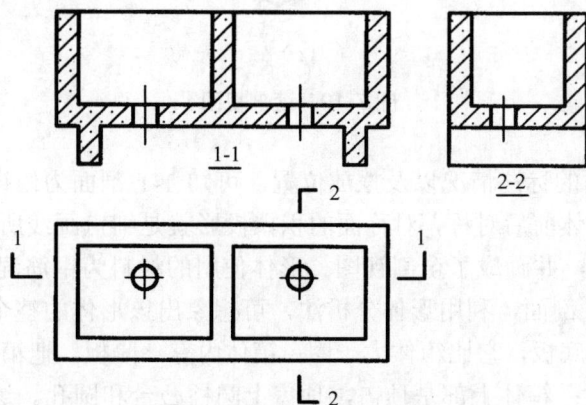

图 7-18　物体的表达方案

【例7-2】根据7-19（a）所绘剖视图，想象其空间形状。

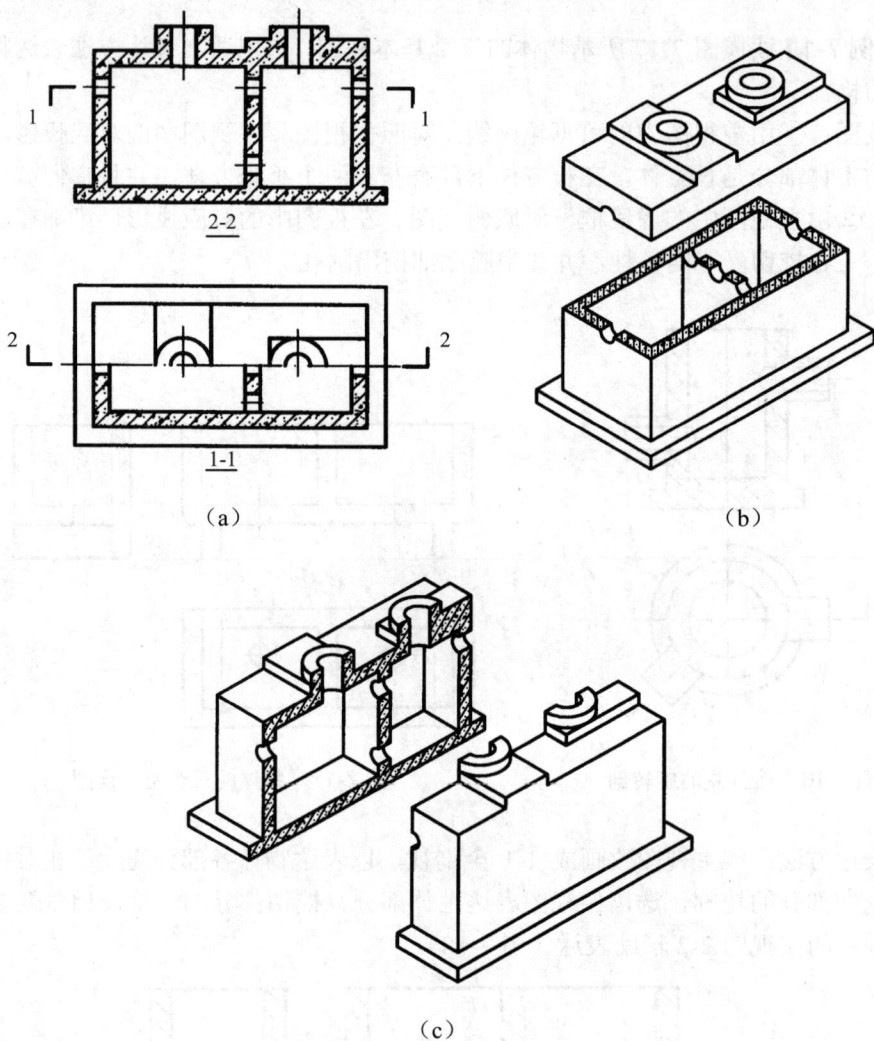

（a）

（b）

（c）

图 7-19　读剖视图

根据 1-1 剖面的标注情况以及摆放位置，可知 1-1 剖面为俯视图，并画成了半剖视图，因而该形体前后对称，对称面的积聚投影就是细点画线所在的位置。同理，可知 2-2 为左视图，并画成了全剖视图。形体使用的材料为钢筋混凝土。

结合 1-1、2-2 剖面，利用形体分析法，可想象出该形体的整个形状是一长方形箱体。箱体下部是底板，它比箱体大一圈；箱体内有一隔板，把箱体分成两个空间，隔板上有一些圆孔；箱体上部是顶盖，顶盖上圆柱凸台和圆孔。这是一个化粪池的空间形状，其立体分解图如图 7-19（b）、图 7-19（c）所示。

第三节　断面图

一、断面图的概念

假想用剖切面将物体的某处切断，仅画出断面部分的图形，称为断面图。如图 7-20 所示构件，如用视图来表达，图形不够清晰，虽然也可用剖视图来表达，但没有断面图简便。

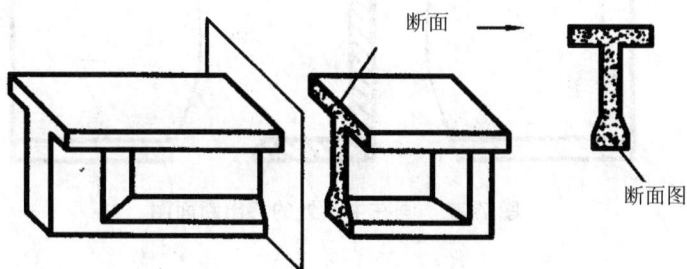

图 7-20　断面图的获得

断面图与剖视图的区别在于：断面图仅画出物体被切断的截面图形，而剖视图则还要画出剖切平面以后的所有可见部分的投影（图 7-21）。

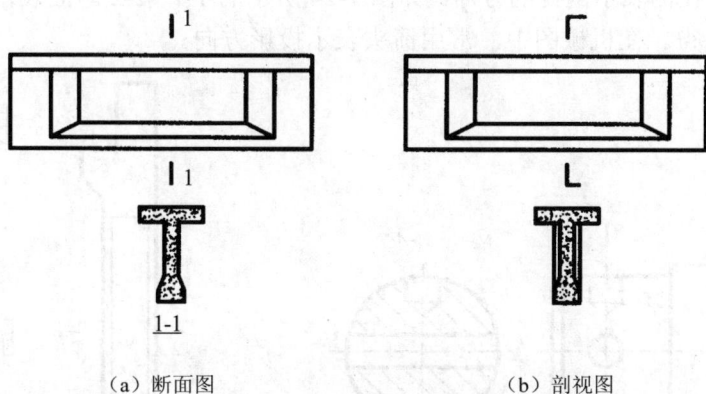

（a）断面图　　　　　　　　　　（b）剖视图

图 7-21　断面图与剖视图的区别

断面图常用于表达长条形物体上某处的断面结构形状，如肋、辐、槽等以及各种型材的断面。

二、断面图的种类

断面图按其配置的位置不同，可分为移出断面和重合断面两种。

1．移出断面

画在视图外面的断面图，称为移出断面图。

移出断面图的轮廓线用粗实线画出，应尽量配置在剖切符号或剖切平面迹线（剖切平面与投影面的交线，用细点画线表示）的延长线上，如图 7-21（a）所示。

移出断面图也可画在视图的中断处，如图 7-22 所示。

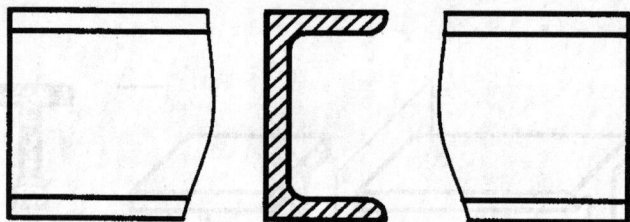

图 7-22　画在中断处的移出断面图

当剖切平面通过回转面形成的孔或凹坑的轴线时，这些结构按剖视图绘制（图7-23）。

当剖切平面通过非圆孔，会导致出现完全分离的两个断面时，也应按剖视绘制。

移出断面图一般应在下方用大写拉丁字母或数字标出断面的名称"×-×"，在相应的视图上，用剖切符号表示剖切平面的位置，在剖切符号旁边注写上相同的字母，字母所在侧表示剖视的方向。如图 7-24 所示的 1-1、2-2 断面表示相应的断面处向下投影所得。在机械图中，常用箭头表示投影方向。

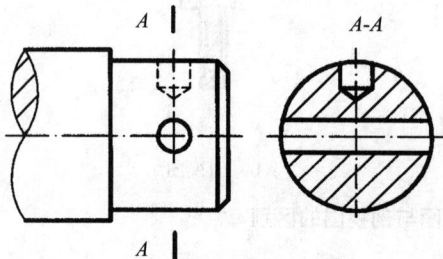

图 7-23　按剖视绘制的移出断面图

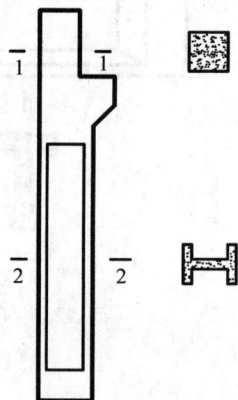

图 7-24　移出断面图的标注

配置在视图中断处的移出断面图可不必标注。

2．重合断面

画在视图轮廓线内的断面图，称为重合断面图。

在建筑图中。重合断面的轮廓线一般采用比视图轮廓线粗的实线画出，如图7-25（a）所示。在机械图中，重合断面的轮廓线规定用细实线绘制，当视图中的轮廓线与重合断面中的图形重叠时，视图中的轮廓线仍应连续画出，不可断开。如图7-25（b）所示。

重合断面图一般不必标注。

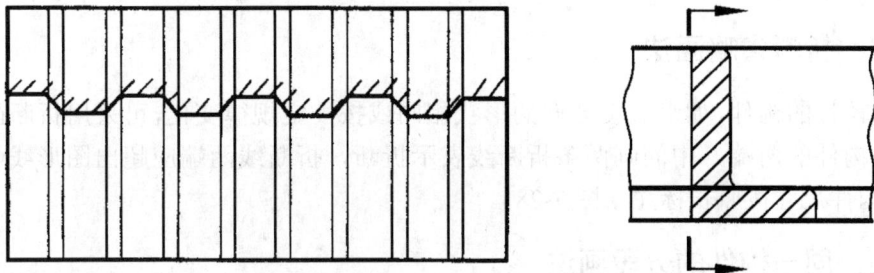

（a）墙面装饰花纹　　　　　　　　　　（b）弯角断面图

图 7-25　重合断面图

第四节　投影图的简化画法

在不影响生产和表达形体完整性的前提下，为了节省绘图时间，提高绘图效率，制图国家标准（GB/T 50001—2001）规定了一些简化画法。

一、对称图形的画法

1．用对称符号

在不引起误解时，对于对称物体的视图可只画一半或四分之一，并在对称中心线的两端画出两条与其垂直的平行细实线（图7-26）。

2．不用对称符号

当视图对称时，图形也可画成稍超过其对称线，即略大于对称图形的一半，此时可不画对称符号，如图7-27所示，这种表示方法必须画出对称线，并在折断处画出折断线或波浪线（适用于连续介质）。

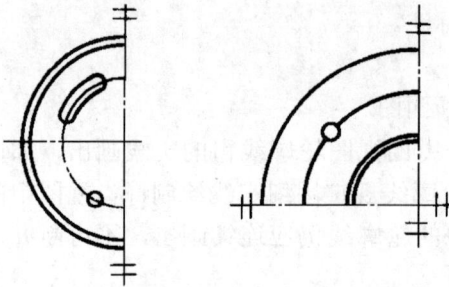

图 7-26　画出对称符号的对称图形简化画法　　图 7-27　不画对称符号的对称图形简化画法

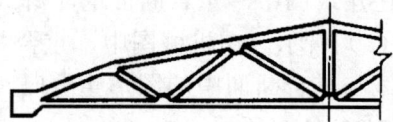

二、折断省略画法

对较长的构件，如沿长度方向的形状相同或按一定规律变化，可采用折断画法，即只画构件的两端，中间画两条折断线表示折断，折断线两端应超出图形线 2～3 mm，构件尺寸按原长标注（图 7-28）。

三、同一构件的分段画法

同一构配件，如绘制位置不够分段绘制时，应以连接符号表示连接。连接符号由折断线及折断线两端靠图样一侧的大写拉丁字母组成。两个被连接的图样，连接字母必须相同（图 7-29）。

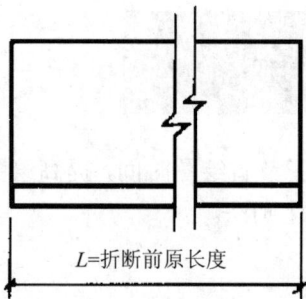

图 7-28　折断省略画法　　　　　　图 7-29　同一构件的分段画法

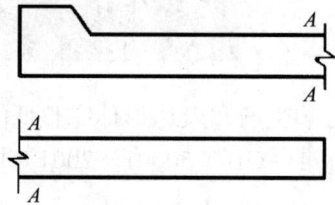

四、相同结构要素的画法

形体内有多个相同而连续排列的构造要素，可仅在两端或适当位置画出其完整图形，其余部分以中心线或中心线交点表示（图 7-30）。

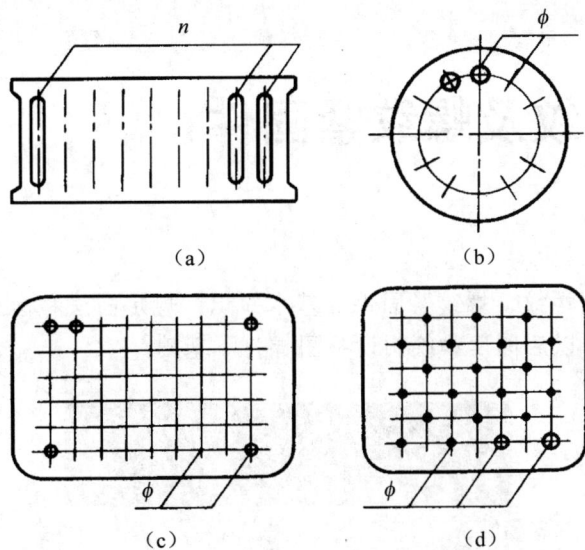

图 7-30　相同结构要素的简化画法

第八章 螺纹及螺纹紧固件

● 知识目标

本章主要介绍螺纹、螺纹紧固件的基本知识、规定画法和标注方法以及有关标准的查表方法。为以后阅读和绘制设备图样打下基础。

第一节 螺 纹

一、螺纹的基本知识

1. 螺纹的形成

在圆柱表面或圆锥表面上，沿着螺旋线形成的、具有相同剖面的连续凸起和沟槽，称为螺纹。在圆柱面上形成的螺纹为圆柱螺纹；在圆锥面上形成的螺纹为圆锥螺纹。在工件外表面上加工出的螺纹称为外螺纹；在工件内表面上加工螺纹称为内螺纹。

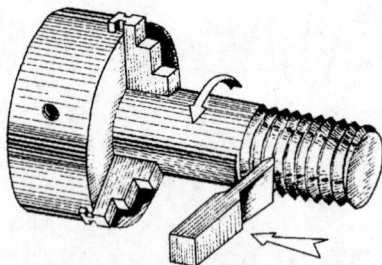

图 8-1 外螺纹加工

螺纹的加工方法很多，在车床上车削螺纹时，工件被夹紧在车床的卡盘中，并绕其轴线作匀速转动，车刀沿工件轴线方向作匀速直线运动，当车刀切入工件到一定深度时，工件表面便车出了螺纹。车刀刀尖的形状不同，车削出的螺纹形状也不同。图 8-1 为在车床上车削螺纹的情况。加工内螺纹时，一般是先用钻头在机件上钻出光孔，再用丝锥攻出螺纹。因而，小直径螺纹盲孔底部一般有钻削孔时留下的120°锥面。图 8-2 为小直径内螺纹的加工示意图。

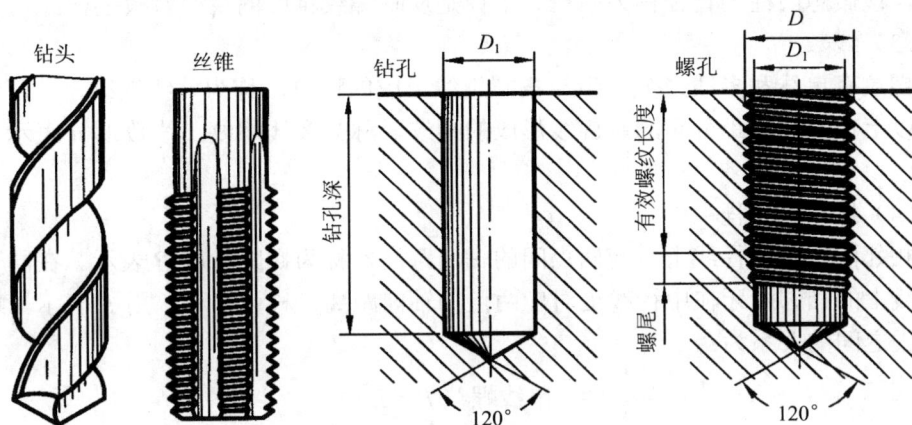

图 8-2 内螺纹加工

2．螺纹的结构要素

（1）牙型

在通过螺纹轴线的剖面上，螺纹的轮廓形状称为螺纹牙型。常见的螺纹牙型有三角形、梯形和锯齿形等。

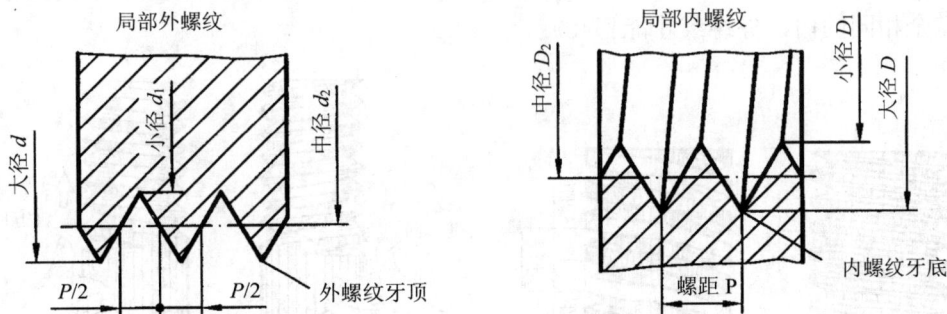

图 8-3 螺纹的直径和螺距

（2）螺纹直径

螺纹的直径有大径、小径和中径。直径符号小写字母表示外螺纹，大写字母表示内螺纹（图 8-3）。

大径（d、D）——也称公称直径，即与外螺纹牙顶（螺纹凸起部分的顶端）或内螺纹牙底（螺纹沟槽部分的底部）相重合的假想圆柱面的直径。

小径（d_1、D_1）——与外螺纹牙底或内螺纹牙顶相重合的假想圆柱面的直径。

中径（d_2、D_2）——假想有一圆柱，其母线通过牙型上沟槽和凸起宽度相等的地方，该假想圆柱的直径称为中径。中径是反映螺纹精度的主要参数之一。

（3）线数

螺纹有单线和多线之分。沿一条螺旋线形成的螺纹，称为单线螺纹。沿两条或两条以上在轴向等距分布的螺旋线形成的螺纹，称为多线螺纹，线数以 n 表示（图8-4）。

（4）螺距与导程

相邻两牙在中径线上对应两点间的轴向距离，称为螺距，用 P 表示。在同一条螺旋线上的相邻两牙在中径线上对应两点的轴向距离，称为导程，用 L 表示。螺距与导程之间的关系为：

$$单线螺纹\ P = L$$

$$多线螺纹\ P = L/n\ （n\ 为线数）$$

如图8-4所示。

（5）旋向

螺纹有左旋和右旋之分。顺时针旋入的螺纹称右旋，反之为左旋。常用的是右旋螺纹。判断螺纹旋向时，可将轴线竖起，螺纹可见部分由左向右上升的为右旋，反之为左旋（图8-5）。

内、外螺纹是配对使用的。只有牙型、大径、小径、导程、线数、旋向六个要素完全相同的内、外螺纹才能相互旋合。

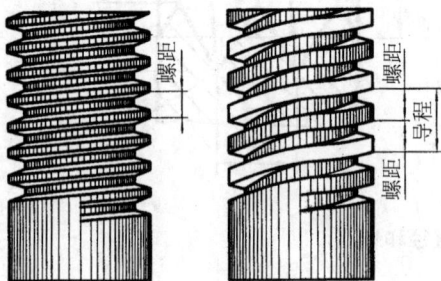

图8-4　螺纹的线数

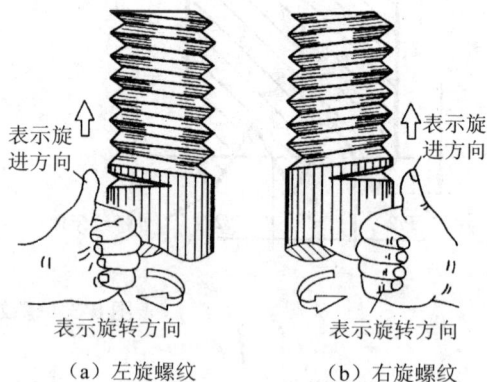

图8-5　螺纹的旋向

（a）左旋螺纹　　　　（b）右旋螺纹

3．螺纹的分类

螺纹按牙型、直径、螺距三要素是否符合国家标准，可分为三类：

≺　标准螺纹——牙型、直径、螺距三要素符合标准的螺纹；

≺　特殊螺纹——牙型符合标准，直径或螺距不符合标准的螺纹；

◄ 非标准螺纹——牙型不符合标准的螺纹。

按螺纹的用途又可分为联接螺纹和传动螺纹两类。常用的标准螺纹牙型及种类（或特征）代号见表 8-1。

二、螺纹的规定画法

螺纹通常采用专用刀具或专用机床制造，没有必要画出螺纹的真实投影，为简化作图，国家标准制定了螺纹的规定画法。

1. 外螺纹的画法

如图 8-6 所示。外螺纹的牙顶（大径）和螺纹终止线用粗实线表示，牙底（小径）用细实线表示（小径近似画成 0.85 倍大径）。

在与轴线平行的视图上，表示牙底的细实线画进倒角。

在与轴线垂直的视图上，表示牙底的细实线圆画大约 3/4 圈，且螺纹的倒角省略不画。

如需要表示螺纹收尾时，尾部牙底用与轴线成 30° 的细实线绘制。

外螺纹需要剖切的画法如图 8-7 所示。

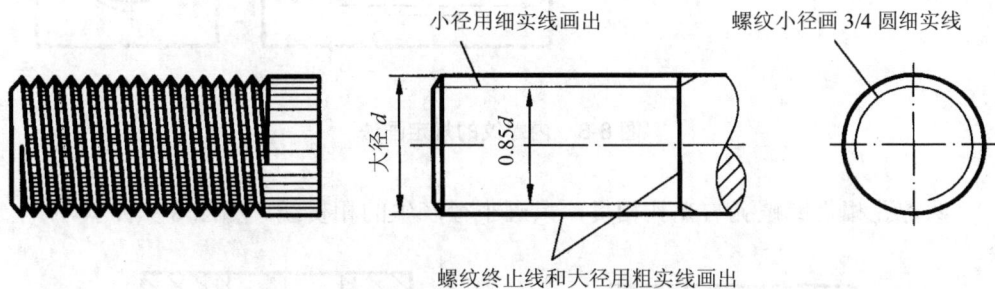

图 8-6　外螺纹的规定画法

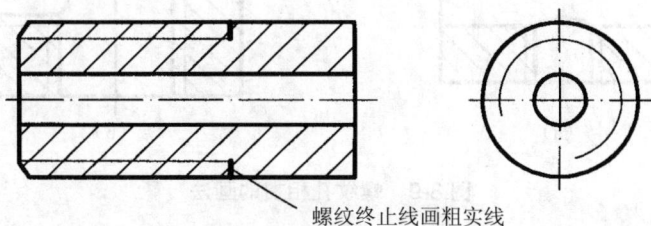

图 8-7　外螺纹剖切的画法

2. 内螺纹的画法

如图 8-8 所示。画内螺纹通常采用剖视图。内螺纹的牙顶（小径）和螺纹终止线用粗实线表示，牙底（大径）用细实线表示（小径近似画成 0.85 倍大径）。

在与轴线垂直的视图上，若螺孔可见，牙顶用粗实线，表示牙底的细实线圆画大约 3/4 圈，且孔口倒角省略不画。

绘制不通孔的内螺纹，应将钻孔深度和螺纹深度分别画出。孔底由钻头钻成的 120°的锥面要画出。若螺纹采用不剖画法，牙底、牙顶及螺纹终止线均用虚线表示。

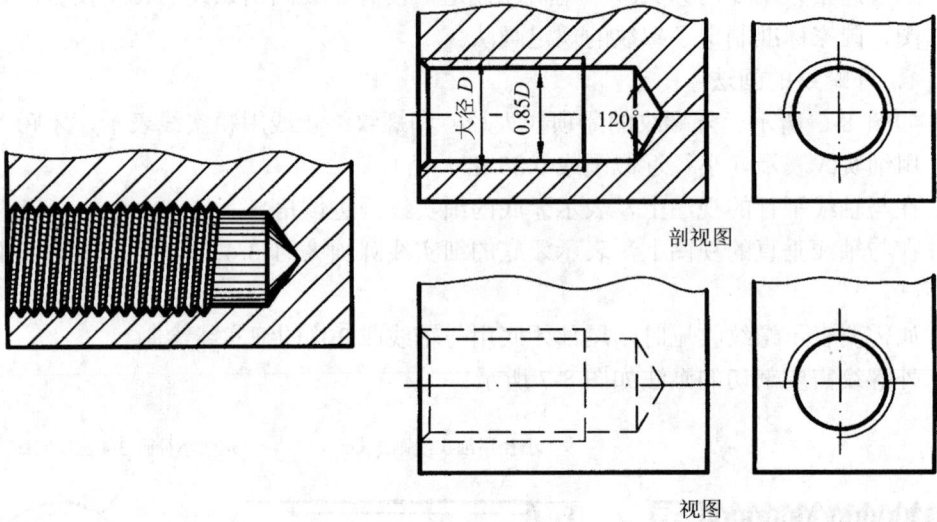

剖视图

视图

图 8-8　内螺纹的规定画法

两螺孔相贯或螺孔与光孔相贯，只画小径产生的相贯线。如图 8-9 所示。

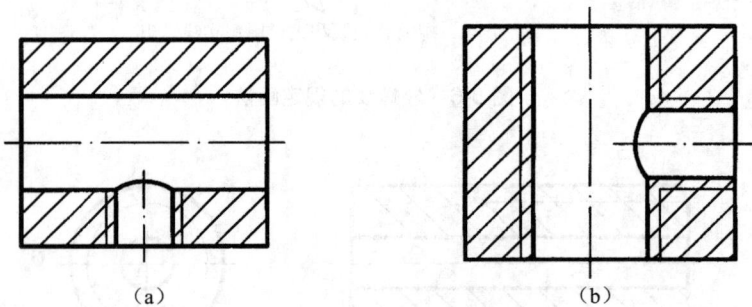

（a）　　　　　　　　　　（b）

图 8-9　螺纹孔相贯的画法

3. 螺纹联接画法

螺纹联接通常采用剖视图。内、外螺纹旋合部分按外螺纹画出，未旋合部分按各自的规定画法画出。如图 8-10 所示。

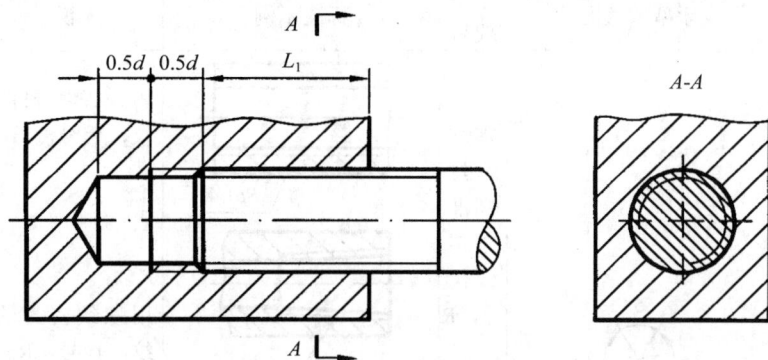

图 8-10　螺纹联接的规定画法

三、螺纹的标注

由于螺纹的规定画法不能清楚表达螺纹的种类、要素及其他要求，因此，需要用规定的代号加以说明。

螺纹代号一般标注在螺纹的大径上，各种螺纹的标注示例见表 8-1。

表 8-1　螺纹的牙型、代号和标注

螺纹种类		牙型放大图	牙型代号	标注示例	说　　明
联接螺纹	普通螺纹　粗牙		M	M16-5g6g-S	粗牙普通螺纹，公称直径16，螺距查表 P=2，右旋，中径公差带 5 g，顶径公差带 6 g，短的旋合长度
	普通螺纹　细牙	60°	M	M16×1LH-6H	细牙普通螺纹，公称直径16，螺距 1，左旋，中径和顶径公差带均为 6 H，中等旋合长度

螺纹种类		牙型放大图	牙型代号	标注示例	说　明
联接螺纹	管螺纹 螺纹密封	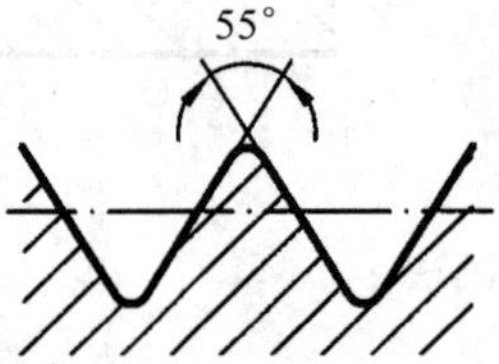 55°	螺纹密封圆柱外螺纹代号，R	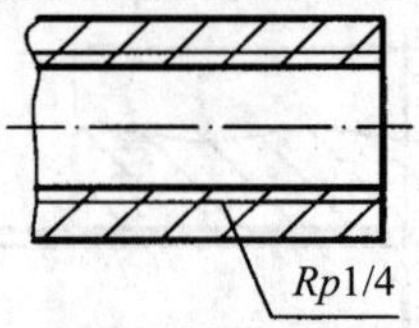 Rp1/4	用螺纹密封的圆柱内螺纹，代号，Rp
				Rc1/4	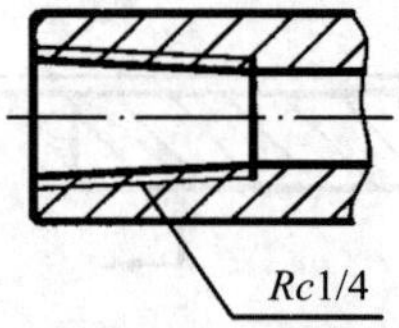 用螺纹密封的圆锥内螺纹，代号，Rc
	非螺纹密封		G	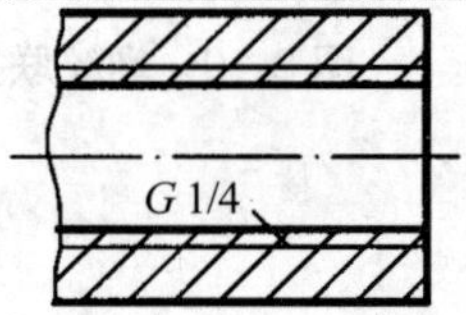 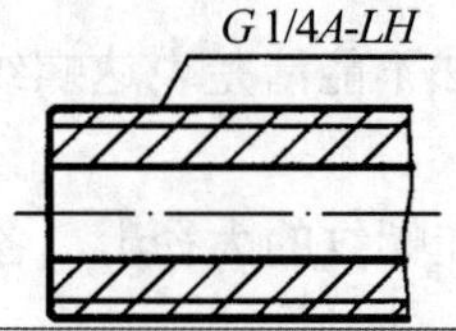 G 1/4 G 1/4A-LH	下图说明，非螺纹密封的管螺纹，管子的孔径 1/4 吋，外螺纹中径 A 级，左旋
传动螺纹	梯形螺纹	30°	Tr	Tr30×14(p7)LH-8e	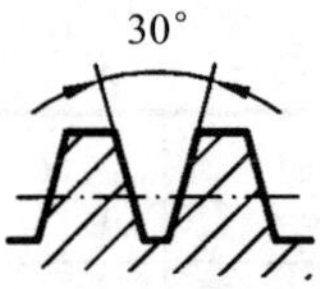 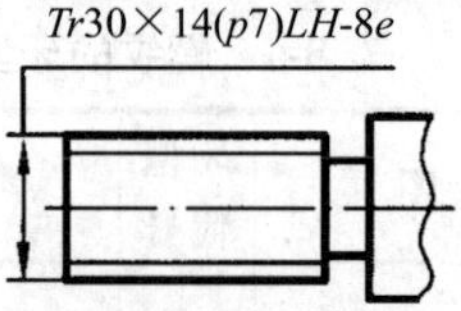 梯形螺纹，公称直径 30 mm，导程 14 mm（螺距 7 mm），左旋，中径公差带 8e，中等旋合长度
	锯齿形螺纹	3° 30°	B	B32×6-7E	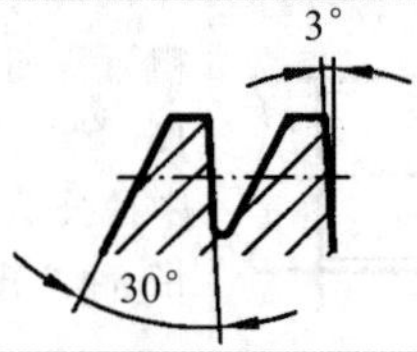 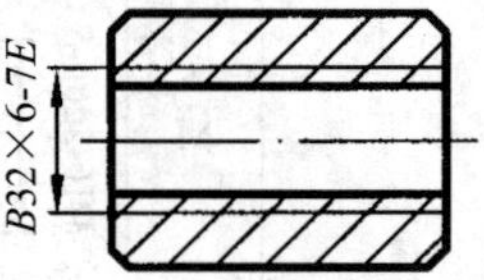 锯齿形螺纹，大径 32 mm，螺距 6 mm，右旋，中径公差带 7e，中等旋合长度
	矩形螺纹	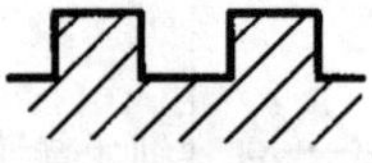	非标准螺纹	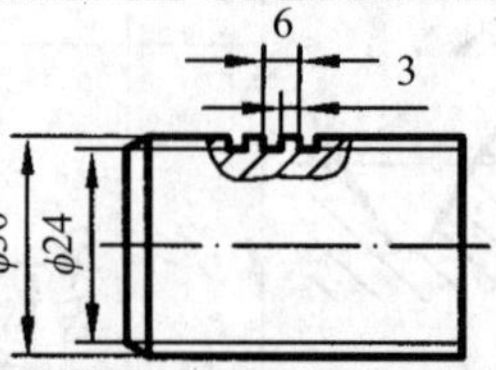 6 3 φ30 φ24	非标准螺纹必须画出牙型和注出有关螺纹结构的全部尺寸

1. 标准螺纹的标注

（1）普通螺纹的标注

普通螺纹的标注项目和格式为：

螺纹牙型代号　公称直径×螺距（导程/线数）旋向－中径公差带代号　顶径公差

带代号－旋合长度代号

普通螺纹代号为 M。普通粗牙螺纹不注螺距，细牙螺纹注螺距；右旋螺纹不注旋向，左旋注"左"字或"LH"；中径公差带代号和顶径公差带代号相同时，可只注一个公差代号；旋合长度分短、中、长三组，代号分别为"S、N、L"，中等旋合长度不必标注，长或短旋合长度必须标注；特殊的旋合长度可直接注出长度数值。

（2）梯形和锯齿形螺纹的标注

标注项目和格式为：

螺纹牙型代号 公称直径×导程（P 螺距）旋向－公差－旋合长度代号

右旋螺纹不注，左旋注"左"字或"LH"。

（3）管螺纹的标注

①螺纹密封的管螺纹标注格式：

螺纹特征代号 尺寸代号－旋向代号

②非螺纹密封的管螺纹标注格式：

螺纹特征代号 尺寸代号 公差等级代号－旋向代号

管螺纹尺寸代号指管子孔径英寸的近似值，不是管子的外径，也不是螺纹的大径，螺纹公差等级代号对外螺纹分 A、B 两级，对内螺纹则不标记，对用螺纹密封的管螺纹也不标记。

（4）在图样上的标注方法

①公称直径以毫米为单位的螺纹（如普通螺纹、梯形螺纹等），其标记应直接注在大径的尺寸线或尺寸线的引出线上。

②管螺纹的标记一律注在引出线上，引出线应指在大径上。

2．特殊螺纹与非标准螺纹的标注

（1）特殊螺纹

应在螺纹种类代号前加注"特"字。

（2）非标准螺纹

非标准螺纹可按规定画法画出，但必须画出牙型和注出有关螺纹结构的全部尺寸。

第二节　螺纹紧固件及联接画法

一、常用的螺纹紧固件及其标注

常用的螺纹紧固件有螺栓、双头螺柱、螺钉、螺母、垫圈等（图 8-11）。它们的类型和结构形式多样，但大多已标准化，通称标准件。它们的尺寸和数据可以从有关标准中查到。

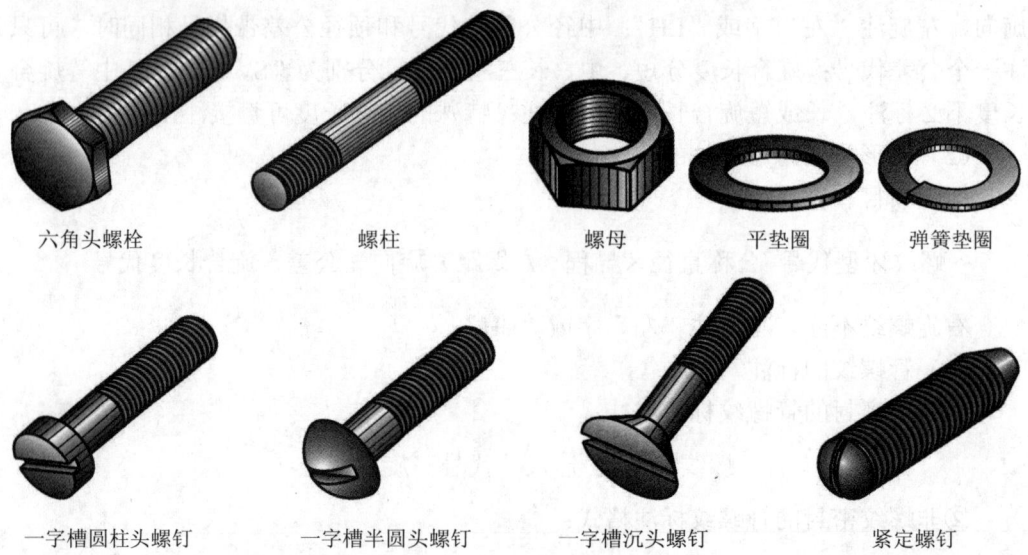

| 六角头螺栓 | 螺柱 | 螺母 | 平垫圈 | 弹簧垫圈 |

| 一字槽圆柱头螺钉 | 一字槽半圆头螺钉 | 一字槽沉头螺钉 | 紧定螺钉 |

图 8-11　常用螺纹紧固件

常用螺纹紧固件的标注见表 8-2。

表 8-2　常见螺纹紧固件的标注

名　称	图　例	标 注 示 例
六角头螺栓		螺栓 GB/T 5782　$M12\times50$
开槽沉头螺钉		螺钉 GB/T 68　$M10\times45$
双头螺柱		螺柱 GB/T 899　$M12\times50$

名　称	图　例	标 注 示 例
六角螺母	$M16$	螺母 GB/T 6170　 $M16$
垫圈	$\phi17$	垫圈 GB/T 97.1　16　140HV （力学性能等级为 140 HV 级）

$D=2d$（d 为螺纹公称直径）
H（螺栓取 $0.7d$，螺母取 $0.8d$）
$R=1.5d$
r（由作图定，圆心在 AB 中点）
$R_1=d$

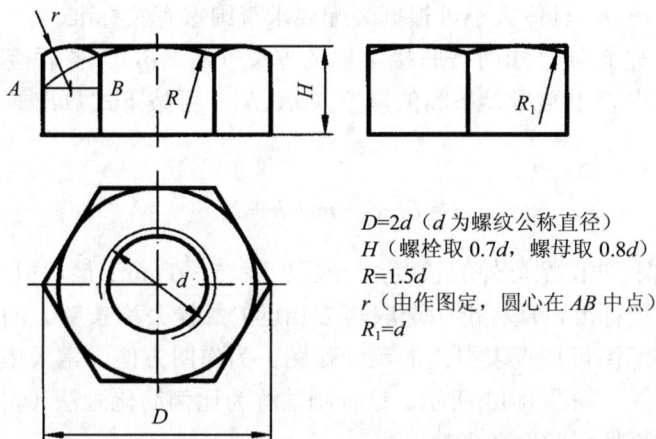

图 8-12　螺母（螺栓头部）的比例画法

　　绘制螺纹联接件，一般只需根据螺纹的公称直径，按比例近似地画出，也可以从相应的标准中查出各部分尺寸画出。

　　螺栓头部及螺母外形的比例画法，如图 8-12 所示。

二、螺纹联接装配图的画法

　　已经标准化了的螺纹紧固件，一般由专门生产标准件的厂家制造。设计时无需画出它们的零件图，但应在装配图上表达其连接方式和注写规定的标记。

1．装配图的一般规定画法

　　（1）相邻零件的表面接触时，画一条粗实线作为分界线；不接触时按各自的尺寸画出，间隙过小时，应夸大画出；

（2）在剖视图中，相邻两金属零件的剖面线方向应相反，或方向相同，但间距不同或错开；在同一张图上，同一零件在各个剖视图中的剖面线方向、间距应一致。

（3）当剖切平面通过联接件的轴线时，紧固件按不剖法画出；

（4）装配图中绘制螺栓和螺母时，六角头头部曲线可以省略，螺钉头部的一字槽可以画成一条特粗线（约 2 d）。

利用螺纹紧固件连接两零件的形式有三种：螺栓联接、双头螺柱联接和螺钉联接。无论哪一种联接，其画法均应符合上述装配图画法的一般规定。

2. 螺栓联接

螺栓联接适用于联接不太厚的并且能钻成通孔的两个零件。

联接时螺栓穿过两零件上的光孔，加上垫圈，最后用螺母紧固。垫圈是用来增加支承面积和防止拧紧螺母时损伤被连接零件表面的。被连接零件的通孔直径应略大于螺纹公称直径 d，具体大小可根据装配要求查国家有关标准。

画图时，首先必须已知两被联接零件的厚度（δ_1、δ_2）、各联接件的型式、规格；然后从标准中查出螺母、垫圈的厚度（m、h）；再按下式算出螺栓的参考长度（L'）。

$$L' = \delta_1 + \delta_2 + m + h + b_1$$

式中 b_1 为螺栓伸出螺母外的长度，一般取 $b_1 \approx 5\sim6$ mm；最后根据螺栓的型式、规格查相应的螺栓标准，从标准中选取与 L' 相近的螺栓公称长度 L 的数值。

螺栓联接装配图可按查表得出的尺寸作图。为作图方便，常采用以公称直径 d 为比例值画装配图，如图 8-13 所示。这种画法称为比例简化画法（将螺母和螺栓头部的曲线以及螺栓杆尾的倒角省略）。

3. 螺柱联接

双头螺柱联接多用于被联接件之一太厚或由于结构上的原因不能用螺栓联接，以及因拆卸频繁不宜使用螺钉连接的场合。双头螺柱一端全部旋入被联接件的螺孔内，且一般不再旋出。另一端穿过被联接件的光孔，加上垫圈，以螺母紧固。为了防松可加弹簧垫圈。

双头螺柱联接的比例画法如图 8-14 所示。其中旋入端 bm 的长度与制有螺孔零件的材料有关，一般是：钢、青铜：$bm = d$（GB 887—88）；铸铁：$bm = 1.25 d$（GB 888—88）；铝：$bm = 2 d$（GB 800—88）。双头螺柱的参考长度 $L' = \delta + s + m + b_1$，一般取 $b_1 \approx 5\sim6$ mm；最后查标准选定与参考长度相近的公称长度 L。

$e=2d$
$m=0.8d$
$k=0.7d$
$d_1=0.85d$
$c=0.12d$
$d_0=1.1d$
$b=1.5\sim2d$
$D=2.2d$
$h=0.15d$
$b_1=0.3d$

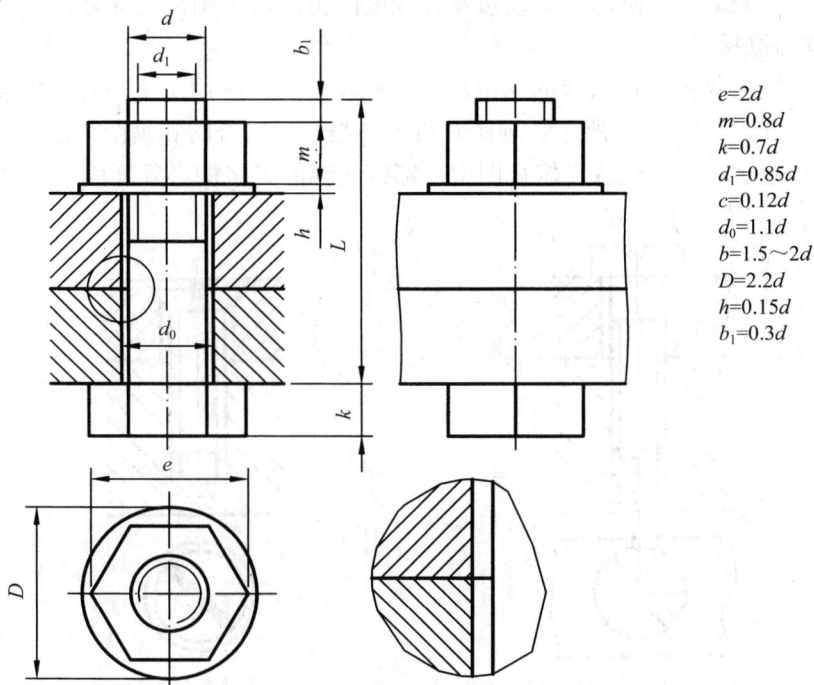

图 8-13　螺栓联接的比例画法

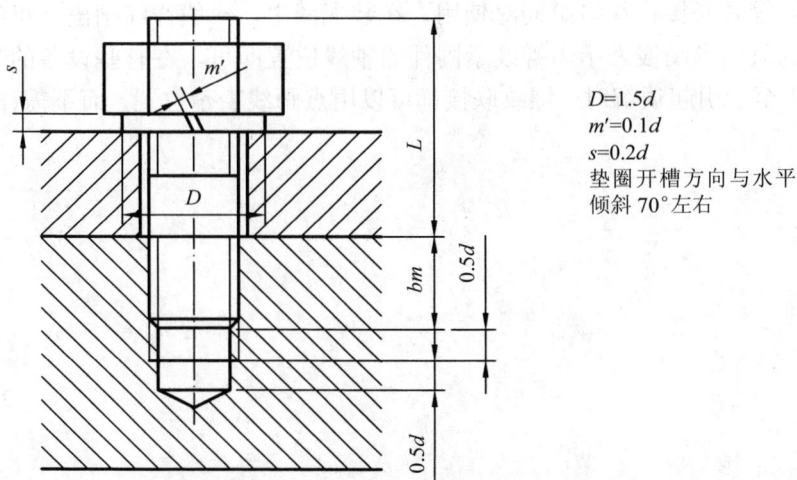

$D=1.5d$
$m'=0.1d$
$s=0.2d$
垫圈开槽方向与水平
倾斜 70°左右

图 8-14　双头螺柱联接装配图的画法

画螺柱联接图应注意：
①旋入端的螺纹终止线应与结合面平齐，以示拧紧；

②螺孔可采用简化画法，即仅按螺孔深度画出，而不画钻孔深度。

4．螺钉联接

螺钉联接与双头螺柱联接的运用场合有些相似，但多用于不需经常拆装、且受力不大的地方。如图 8-15 所示。画图时所需参数、数据查阅和画图方法等，与双头螺栓联接基本相同。但注意在俯视图中，螺钉头部的一字槽必须画成与水平线成 45°角，自左下向右上的斜线。

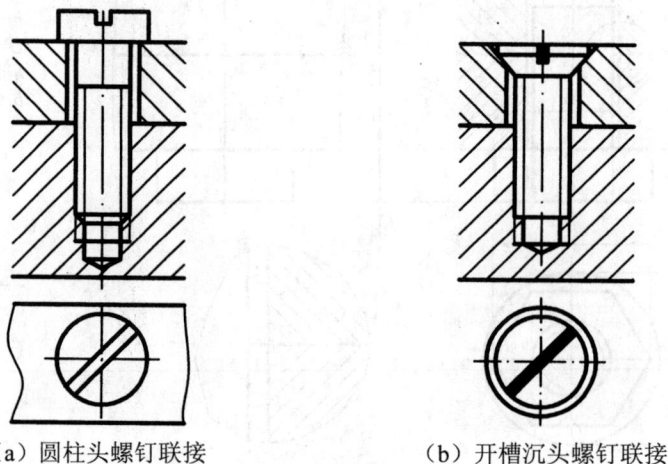

（a）圆柱头螺钉联接　　　　　（b）开槽沉头螺钉联接

图 8-15　螺钉联接

注意：螺纹联接往往多组同时使用，在装配图中，一般详细画出一组的联接情况，其他的只用点画线表示出螺纹紧固件的轴线位置即可。在有些设备的装配示意图中，在不至于引起误解时，螺纹联接都可以用点画线表示位置，而不需详细画出。

第九章 展开图与焊接图

在生产中，经常用到各种薄板制件，如管道、容器等。如图 9-1 所示的集粉筒即为其实例之一。制造这类制件时，一般先在薄板上画出表面展开图，即放样，然后下料成型，再用咬缝或焊接的形式制作完成。本章主要介绍常见薄板制件的展开图画法以及焊接图中焊缝的表示方法。

第一节　展开图

将立体的表面，按其实际大小，依次摊平在同一平面上，称为立体表面的展开，展开后得到的图形，称为展开图。为了绘制展开图，需要摊平立体表面，也就需要准确求出立体轮廓线或表面素线的实际长度（简称实长）。

图 9-1　集粉筒

一、求直线实长的方法——垂直轴旋转法

如图 9-2（a）所示，将一般位置直线 AB 绕铅垂线 Aa 旋转为正平线 AB_0，AB_0 的正面上投影 $a'b_0'$ 即反映 AB 的实长。因为 AB 在绕铅垂线旋转的过程中，其空间轨迹为一正圆锥面，$AB=AB_0$，均为正圆锥的素线。水平投影 ab 绕 a 旋转为一圆平面，$ab=ab_0$，当 ab_0 平行于 X 轴时，AB 即为正平线 AB_0。具体作图如下：

①过点 a 作 X 轴的平行线；

②以 a 为圆心，以 ab 为半径画圆弧交于该平行线得 b_0 点，ab_0 即为 AB_0 的水平投影；

③过 b_0 作 X 轴的垂线，过 b' 作 X 轴的平行线，两线交于 b_0' 点；

④连接 $a'b_0'$ 即为 AB 的实长，如图 9-2（b）所示。

试想若 AB 绕过 A 点或 B 点的正垂线旋转，也可以求得 AB 的实长，读者可自行分析其作图过程。需注意的是，求一般位置直线实长的方法还有很多，如直角三角形法、换面法等，在此不再赘述。

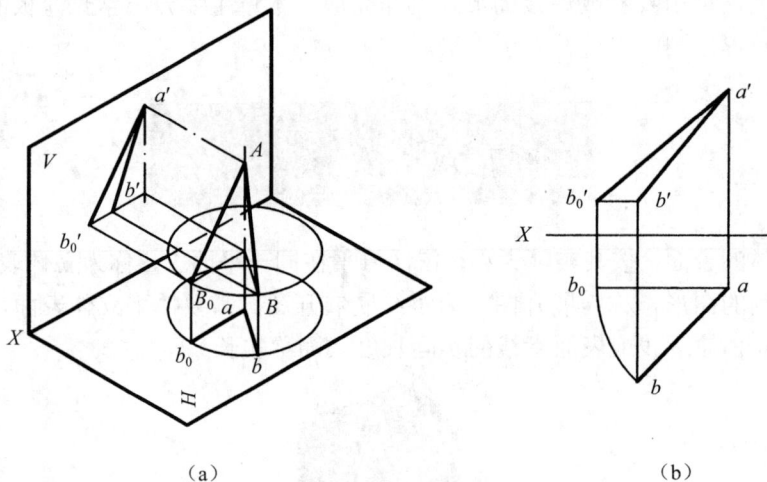

（a）　　　　　　　　　　（b）

图 9-2　垂直轴旋转法求实长

二、平面立体制件的展开图画法

因为平面立体的表面都是平面，所以分别作出立体各个表面的实形，依次排列画在一个平面上，就是该立体表面的展开图。

1. 棱柱管的展开

图 9-3（a）、图 9-3（b）所示为斜口四棱柱管的立体图和主、俯视图。展开图的作图步骤如下：

①按俯视图反映的各底边实长，将各底边展开成一条水平直线，标出 A、B、C、D、A 各点。

②过这些点作铅垂线，并在铅垂线上量取主视图所反映的各棱线的实长，即得各端点 E、F、G、H、E。

③用直线依次连接各端点，就画出了斜口四棱柱管的展开图。

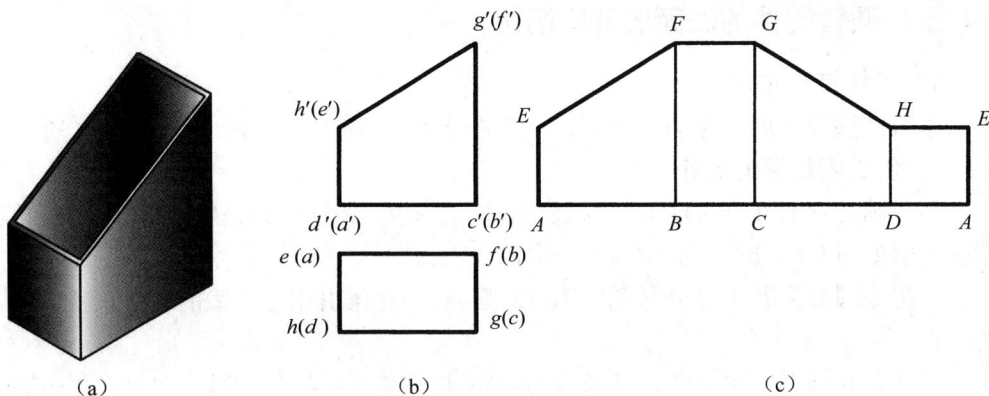

图 9-3　斜口四棱柱管的展开

2．棱台管的展开

图 9-4（a）、图 9-4（b）所示为四棱台管（吸气罩）的立体图和主、俯视图。四棱台管表面为四个梯形平面，要依次画出四个梯形的实形，可先求出四棱锥管棱线的实长，以此长为半径画出扇形，再在扇形内作出四个等腰梯形即可。具体作法如下：

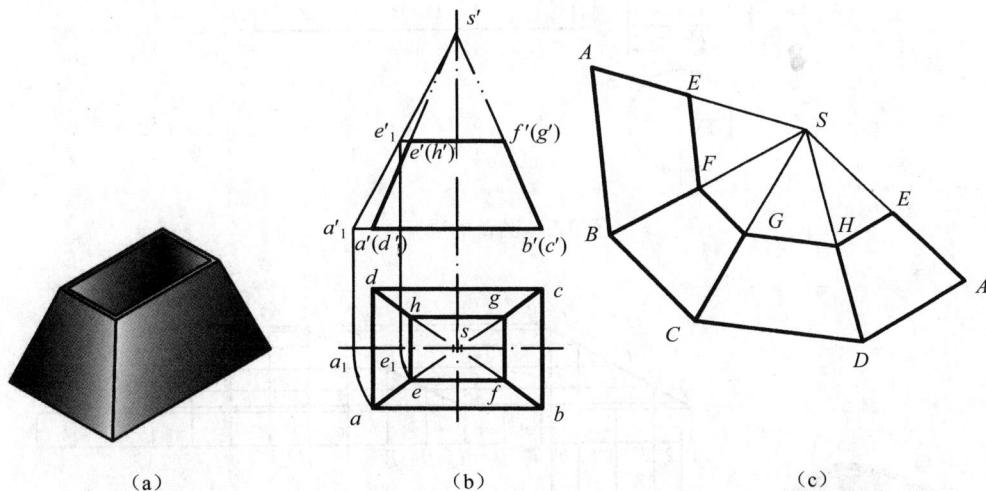

图 9-4　四棱台管（吸气罩）的展开

①将主视图中的棱线延长得交点 s'，用旋转法求出棱线 SA、SE 的实长为 $s'a_1'$、$s'e_1'$。

②以 $s'a_1'$ 为半径画圆弧，在圆弧上依次截取 $AB=ab$、$BC=bc$、$CD=cd$、$DA=da$，并过 A、B、C、D、A 各点向 S 连线，在 SA 上截取 $SE=s'e_1'$，再过点 E 依次作底边的平行线，即为四棱台管（吸气罩）的表面展开图。如图 9-4（c）所示。

三、圆管制件的表面展开图画法

1. 圆柱管的展开

平口圆柱管的展开图为一矩形，展开图高为管高 H，长为 πD，如图 9-5 所示。

2. 斜口圆柱管的展开

斜口圆柱管的展开方法与平口圆柱管的展开基本相同，只是斜口部分展成曲线，作图步骤如图 9-6（b）、图 9-6（c）所示：

①将底圆分为若干等分（图中为 12 等分），并作出相应素线的正面投影 $1'a'$、$2'b'\cdots$

②展开底圆得一水平线，其长度为 πD，并将其同样等分，得 I、II、$IV\cdots$等分点，如准确程度要求不高时，各分段长度可用底圆分段各弧的弦长近似代替；

③过 I、II、$III\cdots$各分点作铅垂线，并截取相应素线长 $IA=1'a'$，$IIB=2'b'\cdots$得 A、B、$C\cdots$各点；

④光滑连接 A、B、$C\cdots$各点，即为斜口圆柱管的展开图，如图 9-6（c）所示。

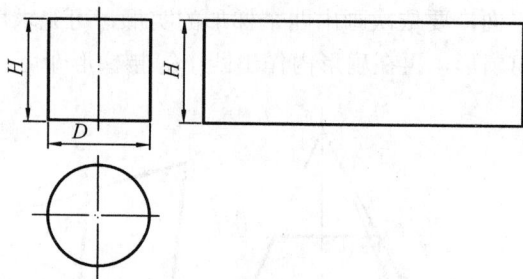

图 9-5　圆管的展开

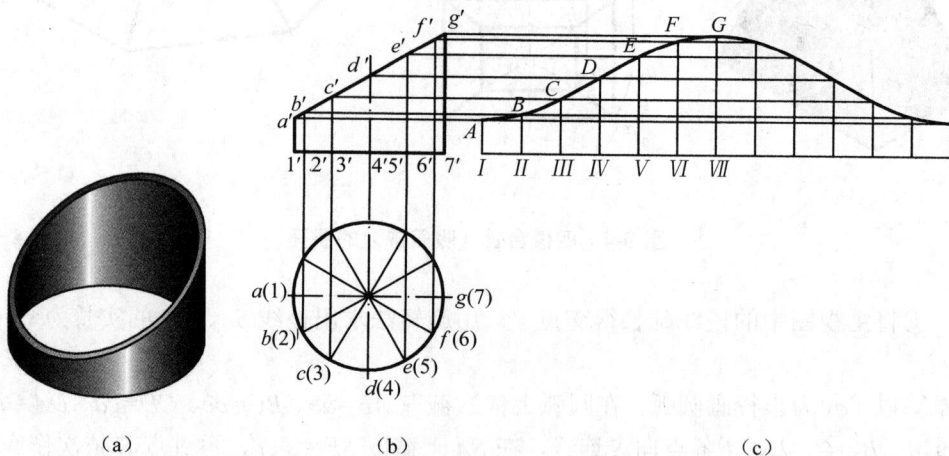

（a）　　　　　　　（b）　　　　　　　（c）

图 9-6　斜口圆管的展开

3. 等径直角弯管的展开

在通风管道中，如果要垂直地改变风道的方向，需采用直角弯管。工程上一般用多节斜口圆管拼接成直角弯管。图 9-7（a）为三节直角弯管的主视图。为了合理利用材料和提高工效，把斜口圆管拼合成一圆柱管来展开，即把中间段绕其轴线旋转 180°，再拼合上节和下节，如图 9-7（b）所示，在圆柱管展开图上绘出各节斜口展开曲线即可。如图 9-7（c）所示。上、下两节均为一端斜口圆管，其展开画法参考图 9-6 所示画法。图 9-7（c）中两曲线包围的部分恰好是中间一节的展开图。

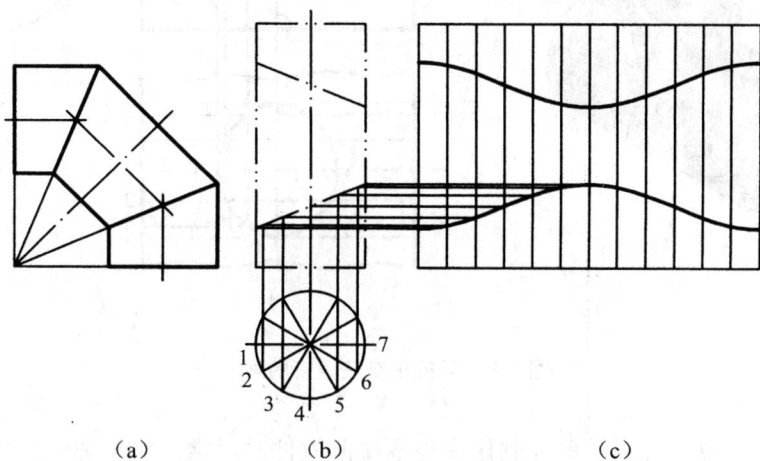

（a）　　　　　　　　（b）　　　　　　　　（c）

图 9-7　三节直角弯管的展开

4. 异径正交三通管的展开

异径三通管是由两个不等径的圆管垂直相交而成的，根据它的视图作展开图时，必须先在视图上准确地作出相贯线的投影，然后分别作出大小圆管的展开图。为了简化作图，可以不画水平投影，而将小圆管的水平投影用半个圆周画在其正面和侧面投影上，如图 9-8（b）所示。

小圆管展开图的作法与斜口圆管展开相同，如图 9-8（c）所示。大圆管展开图的作图过程，如图 9-8（d）所示：

①先将大圆管展开成一矩形（图中仅画出局部），画出对称中心线；

②根据图 9-8（b）左视图中 1、2、3、4 点所对应的大圆弧的弧长，在图 9-8（c）中截取 1、2、3、4 各点，过所得 2、3、4 点作中心线的平行线，即为大圆柱面上素线的展开位置；

③过图 9-8（b）主视图中 1′、2′、3′、4′各点向下作垂线，与图 9-8（c）中过 1、2、3、4 各点的素线对应相交，得 I、II、III、IV 点；

④光滑连接 I、II、III、IV 点，即为 1/4 切口展开线，然后根据对称关系，完成整个切口展开图。

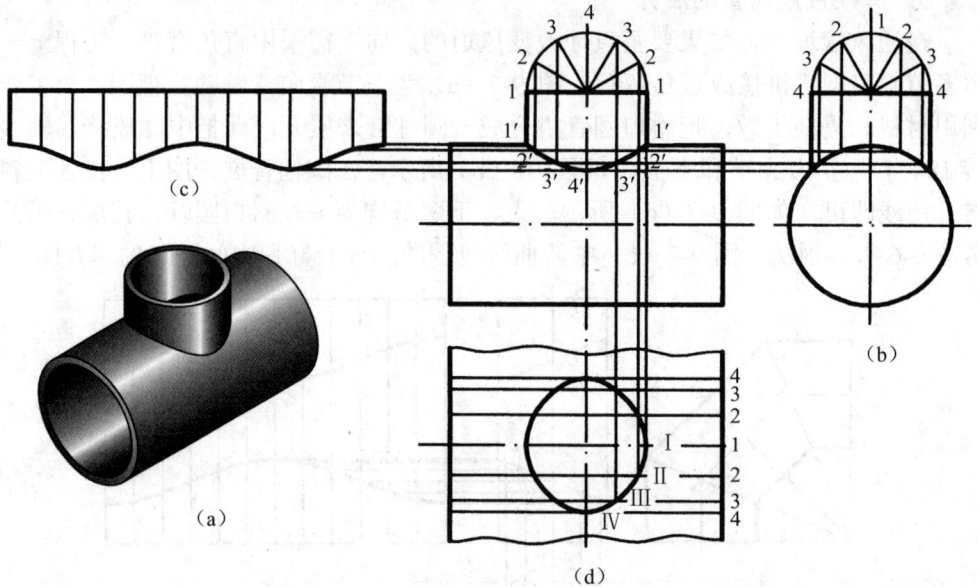

图 9-8　异径正交三通管的展开

实际生产中，特别是单件制作这种金属薄板件时通常只将小圆管放样，弯成圆管后，凑在大圆管上描画曲线形状，然后气割开口，最后把两管焊接起来。

四、圆锥管制件的展开图画法

完整的正圆锥的表面展开图为一扇形，要求准确程度高时，可以计算出相应的参数值直接作图。当准确程度要求不高时，可以用正棱锥近似代替正圆锥面，然后用展开正棱锥的方法画正圆锥的展开图。

图 9-9 所示为一斜口正圆锥管表面展开图的画法：

①在俯视图中将底圆进行八等分，得 1、2…各点；

②根据投影关系求出 $1'$、$2'$ …各点，并与锥顶 s' 相连，即得各素线的正面投影，各素线正面投影交于斜口上 a'、b' …各点；

③各素线切口点以上部分的实长可用旋转法求出，如 $SB=s'b_1'$，$SC=s'c_1'$ …

④画完整正圆锥的展开图。以 S 为圆心，$s'1'$ 为半径画圆弧，并在所画弧上截取 I、II…VIII 等点，使 $I\,II=12$，$II\,III=23$…，把所得各点与 S 点连接起来；

⑤在正圆锥展开图的每条素线上截取切口以上相应素线的实长，得 A、B、C 等点，将所得各点顺次光滑连接即得斜口正圆锥的展开图。

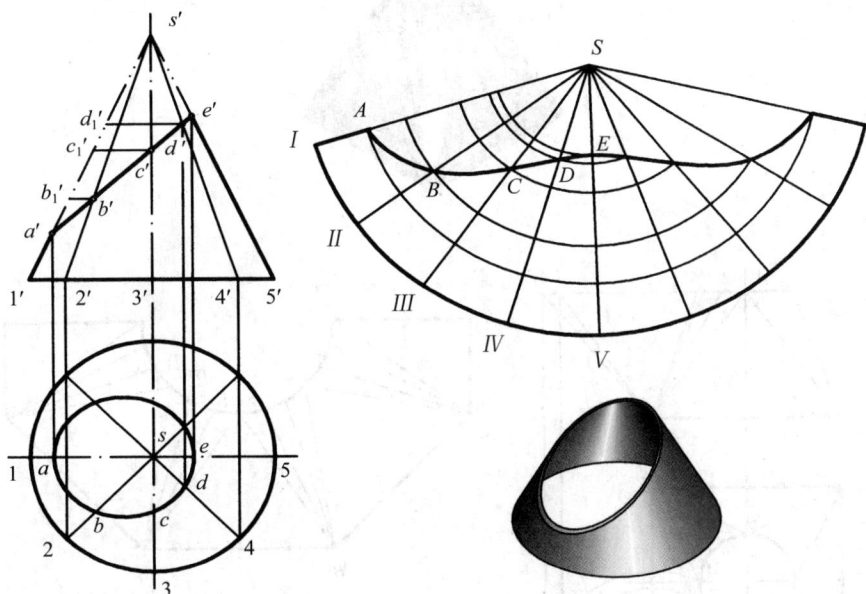

图 9-9　斜口圆锥管的展开

五、变形接头展开图画法

图 9-10（a）所示为上圆下方的变形管接头，它的表面由四个全等的等腰三角形和四个相同的局部圆锥面组成。变形接头的上口和下口的水平投影反映实形和实长；三角形的两腰 AI、BI 以及锥面上的所有素线均为一般位置直线，必须要求出它们的实长，才能画出展开图。作图步骤如下：

①将上口 1/4 圆三等分，并与下口相应锥顶连线，得锥面上四条素线得投影。用旋转法求作素线实长 $AI=AIV=a'4_1'$、$AII=AIII=a'3_1'$。如图 9-10（b）所示。

②用后面等腰三角形的中垂线为接缝展开，则展开图对前面的等腰三角形的高对称，首先作水平线 $AB=ab$ 为底、$AI=BI=a'4_1'$ 为两腰，作出等腰三角形 ABI。

③以 A 点为圆心，$a'3_1'$ 为半径画弧，再以 I 为圆心，上口等分弧的弦长为半径画弧，两弧相交得 II 点。用同样得方法作出 III、IV 点，再将 I、II、III、IV 各点光滑地连接，得锥面的展开图。

④用上述方法向两侧继续作图，最后在两侧分别作出半个等腰三角形，即得变形管接头得展开图，如图 9-10（c）所示。

（a）

（b）

（c）

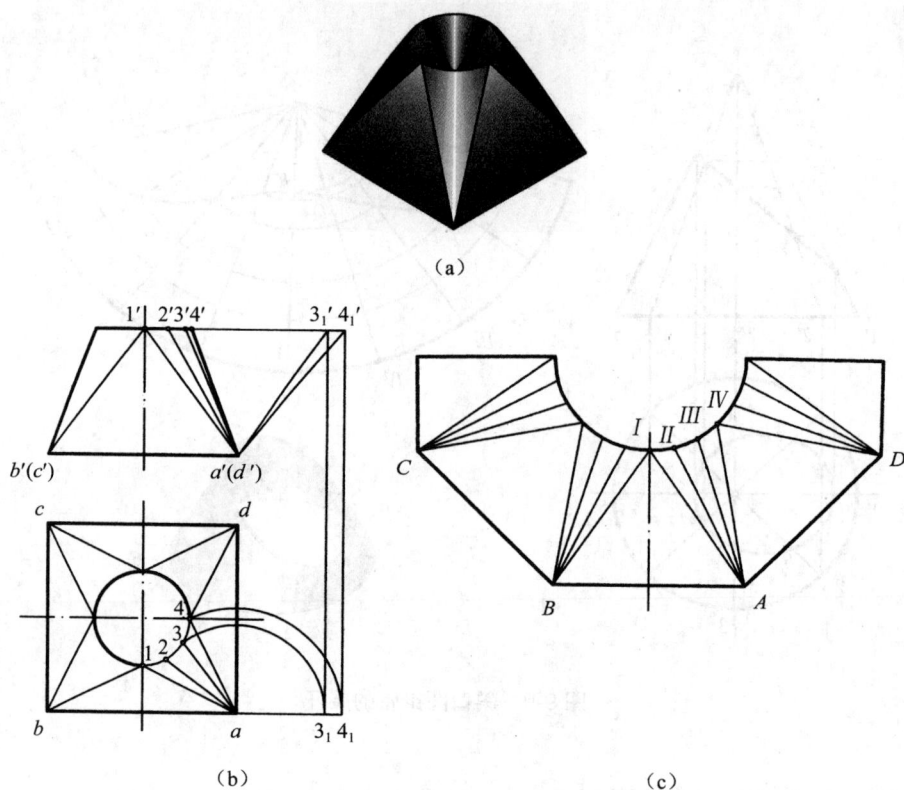

图 9-10 变形管接头的展开

第二节 焊接图

　　焊接是把需要连接的两个金属工件在连接的地方局部加热并填充熔化金属，或用加压等方法使之熔合在一起的一种加工方法。焊接图是对焊接件进行焊接加工时所用的图样。焊接熔合处称为焊缝，焊缝形式主要有：对接焊缝、角焊缝和点焊缝等。如图 9-11 所示。

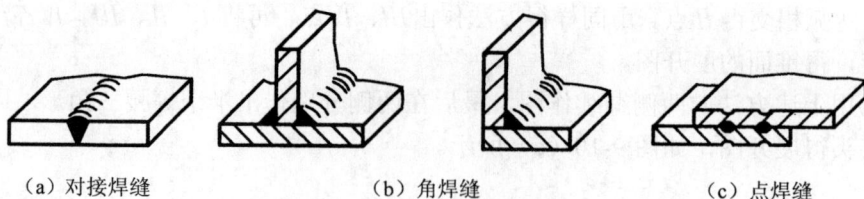

（a）对接焊缝   （b）角焊缝   （c）点焊缝

图 9-11 常见的焊缝形式

在图样上表达焊接要求时，一般需要将焊缝的形式、尺寸表示清楚，有时还要说明焊接方法和要求。根据国家标准的有关规定，工程图样中表示焊缝有两种：图示法和标注法。

一、焊缝的图示法

当需要在图样中简易地绘制焊缝时，可用视图、剖视图或剖面图表示，也可用轴测图示意表示，如表 9-1 所示。

表 9-1　常见焊缝的基本符号、图示法及标注方法示例

名称	符号	示意图	图示法		标注法	
I 形焊缝	‖					
V 形焊缝	∨					
单面角焊缝	◹					
双面角焊缝	▷					

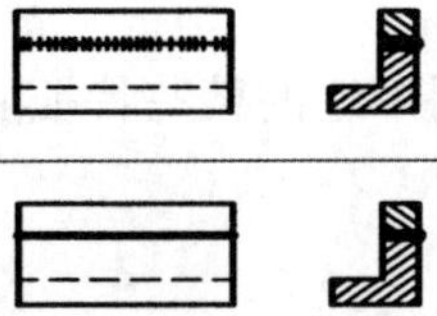

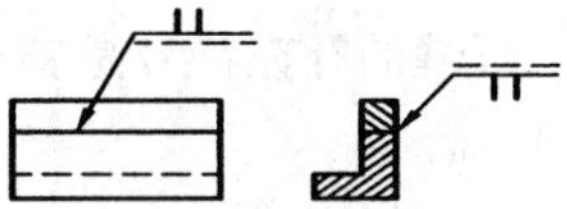

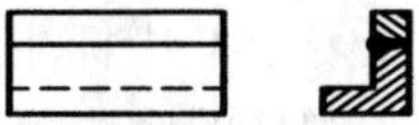

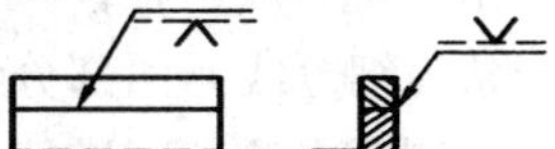

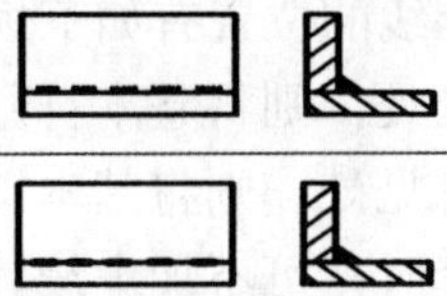

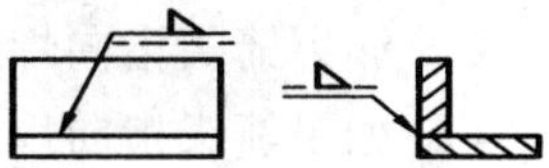

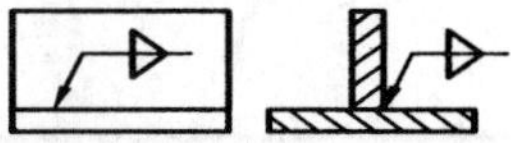

（1）在平行于焊缝方向的视图中，可用栅线表示可见焊缝，栅线段为细实线，允许徒手绘制，此时应保留表示两个被焊接件相接的轮廓线；也可以用加粗线段（宽度为粗实线的 2～3 倍）表示可见焊缝，但在同一张图样中，只能采用一种方法。

（2）在平行于焊缝方向的视图中，不可见焊缝处只画表示两个被焊接件相接的轮廓线。

（3）在垂直于焊缝的剖视图或剖面图中，一般应画出焊缝的形式并涂黑。

当图样中采用图示法绘出焊缝时，通常应同时标注焊缝符号。

二、焊缝的标注法

焊缝的标注法就是用国家标准《焊缝符号表示法》中规定的焊缝符号表示焊缝，

以使图样清晰和减轻绘图工作量。图中的可见焊缝只用粗实线绘制即可。

1. 焊缝符号及标注

焊缝符号由基本符号与指引线组成，必要时还可以加上辅助符号、补充符号和焊接尺寸符号。

（1）基本符号

焊缝的基本符号是表示焊缝横截面形状的符号，用粗实线绘。表 9-1 是几种常见焊缝的基本符号、图示法和标注法示例，其他焊缝的基本符号可查阅 CB/T 324—1988。

（2）辅助符号

焊缝的辅助符号是表示焊缝表面形状特征的符号，用粗实线绘制（表 9-2）。不需确切说明焊缝的表面形状时，可以不用辅助符号。

（3）补充符号

焊缝的补充符号是补充说明焊缝的某些特征而采用的符号，用粗实线绘制（表 9-3）。

（4）指引线

指引线一般由带箭头的指引线（简称箭头线）和两条基准线（一条为细实线；另一条为细虚线）两部分组成。见表 9-1 中标注。基准线的虚线可以画在基准线实线的下侧或上侧。基准线一般应与图样的底边相平行。为了在图样上确切地表示焊缝的位置，基准符号相对于基准线的位置有如下规定：

☽ 如果箭头指向焊缝可见处，则将基本符号标在基准线的实线侧；

☽ 如果箭头指向焊缝不可见处，则将基本符号标在基准线的虚线侧；

☽ 标对称焊缝及双面焊缝时，可不加虚线。

表 9-2 辅助符号及标注示例

名称	符号	形式及标注示例		说　明
平面符号	—			表示 V 形焊缝表面平齐（一般通过加工）
凹面符号	⌣			表示角焊缝表面凹陷
凸面符号	⌢			表示双面 V 形焊缝表面凸起

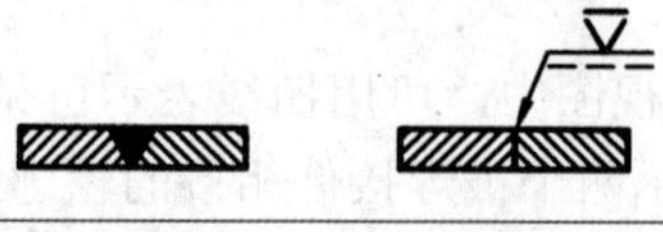

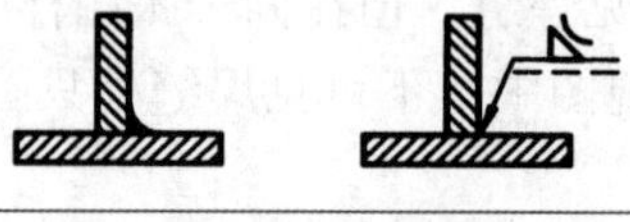

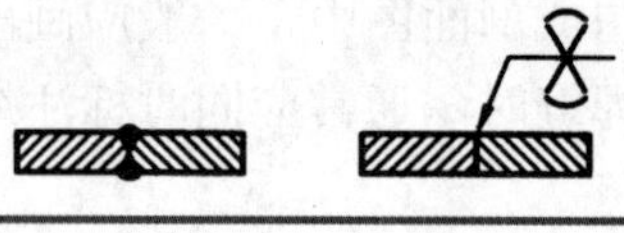

表 9-3　补充符号及标注示例

名称	符号	形式及标注示例	说　明
带垫板符号	▭		表示 V 形焊缝的背面底部有垫板
三面焊缝符号	⊏		工件三面施焊，符号开口方向与实际方向一致
周围焊缝符号	○		表示在现场焊接，并沿工件周围施焊
现场符号	⚑		
尾部符号	＜	5 ╱250╲ 111　4 条	表示用手工电弧焊，4 条相同的角焊缝

（5）焊接方法及数字代号

焊接的方法很多，常用的有电弧焊、接触焊、电渣焊、点焊、钎焊等，其中电弧焊应用最广。焊接方法可用文字在技术要求中注明，也可用数字代号直接注写在指引线的尾部。常用焊接方法的数字代号见表 9-4。

表 9-4　常用焊接方法的数字代号

焊接方法	数字代号	焊接方法	数字代号
手工电弧焊	111	氧-乙炔焊	311
埋弧焊	12	硬钎焊	91
电渣焊	72	点焊	21

2. 常用焊缝标注示例

常用的焊缝标注示例见表 9-5。

表 9-5　焊缝的标注示例

焊缝形式	标注示例	说　明
60°　10　2	60°　2　10 ╱V╲4×100 ╲12	表示板厚 10 mm，对接缝隙 2 mm，坡口角度 60°，4 条焊缝，每条焊缝长 100 mm，采用埋弧焊

焊缝形式	标注示例	说　明
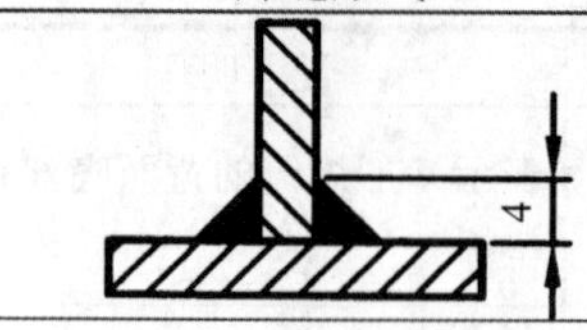	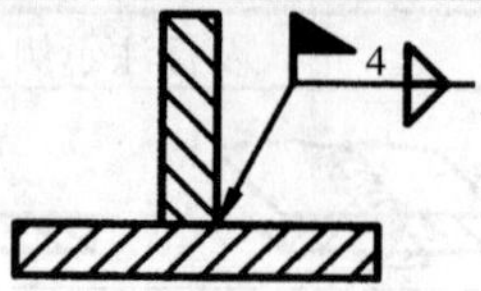	表示在现场装配时进行焊接，双面角焊，焊角尺寸为 4 mm
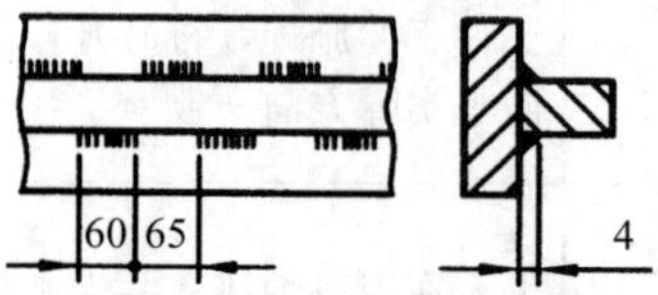	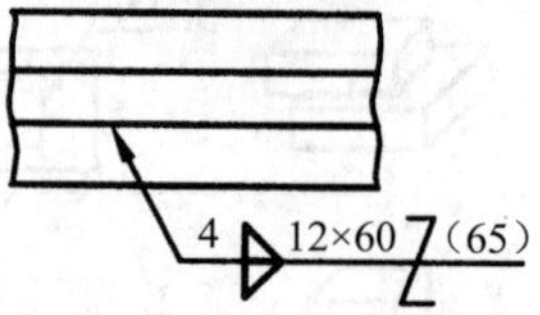	焊角尺寸为 4 mm 的双面角焊缝，有 12 条断续焊缝，每段焊缝长度为 60 mm，焊缝间隙为 65 mm，"Z"表示两面断续焊缝交错

三、读焊接图举例

图 9-12 为支座焊接图。由图中可以看出，支座由垫板、支承板、底板三部分组成。各板的厚度均为 8 mm。图中不仅表达了各板的装配和焊接要求，还表达了各板的形状、尺寸以及加工要求。

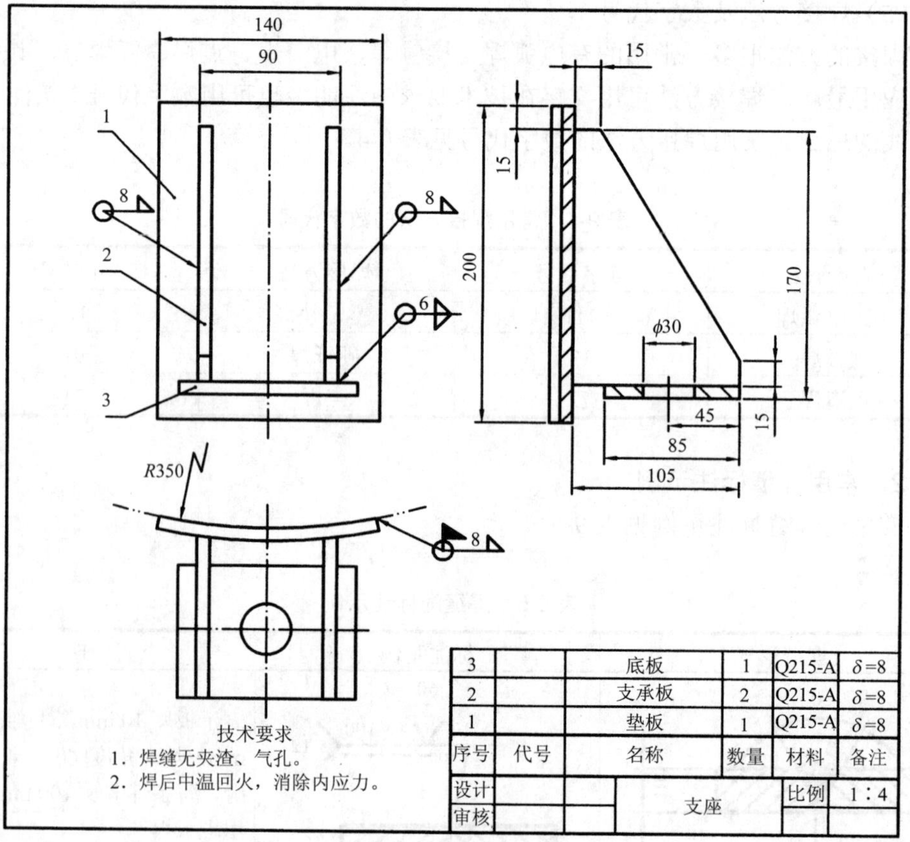

图 9-12　支座焊接

　　图中标注的焊接要求：件 1（垫板）与双点画线所示设备吻合，并与之采用现场焊接，四周全部焊接，角焊缝高度为 8 mm；件 2（支承板）与件 1（垫板）之间采用四周全部焊接，角焊缝高为 8 mm；件 3（底板）与件 2（支承板）之间采用双面角焊缝焊接，角焊缝高度为 6 mm。

第十章 房屋建筑图

● **知识目标**

本章主要介绍建筑施工图的基本要求、图示方法及阅读方法。要求理解房屋建筑图的形成与作用；了解房屋建筑图的内容和图示特点；熟悉国家标准《房屋建筑制图统一标准》、《建筑制图标准》对建筑施工图的有关规定；初步掌握阅读建筑施工图的方法。

从事环境保护工程等专业的工程技术人员，在工艺设计的过程中，应对房屋建筑设计提出工艺方面的要求。例如：环境保护建筑必须满足设备的布置和检修的要求；建筑物和道路的布置必须满足工艺流程和运输的需要；生产辅助设备（包括给排水、采暖通风、空气调节、供电等）的各种管线、地沟的敷设要求等。综上所述，环保工程设计与土建工程，特别是房屋建筑，有着密切的联系。因此，环境工程技术人员应该掌握房屋建筑图的基本知识和具备识读房屋建筑图的初步能力。

房屋建筑图是根据正投影原理及有关专业知识绘制的一种工程图样，主要用于表示房屋的总体布局、内外形状、平面布置、建筑构造及装修做法等，是指导房屋建筑工程施工的主要技术依据之一。本章重点介绍建筑平面图、立面图、剖面图、建筑详图的图示内容以及阅读方法。

第一节　房屋建筑图的表达方法

一、房屋建筑图概述

1. 房屋的分类、组成及其作用

房屋分为工业建筑、农业建筑和民用建筑三大类。虽然各种房屋的功能不同，但其基本组成部分和作用是相似的。主要分为（图10-1）：

◁　承重结构，如基础、柱、墙、梁、板等；

◁　围护结构，如屋面、外墙、雨篷等；

◁　交通结构，如门、走廊、楼梯、台阶等；

◁　通风、采光和隔热结构，如窗、天井、隔热层等；

◁　排水结构，如天沟、雨水管、勒脚、散水、明沟等；

◁　安全和装饰结构，如扶手、栏杆、女儿墙等。

如果用正投影的方法，画出房屋各个方向的视图，同时又分别假设沿水平以及侧平面或正平面将房屋剖开，画出剖视图，这样就可以表达整个房屋的内外形状和主要的结构情况。

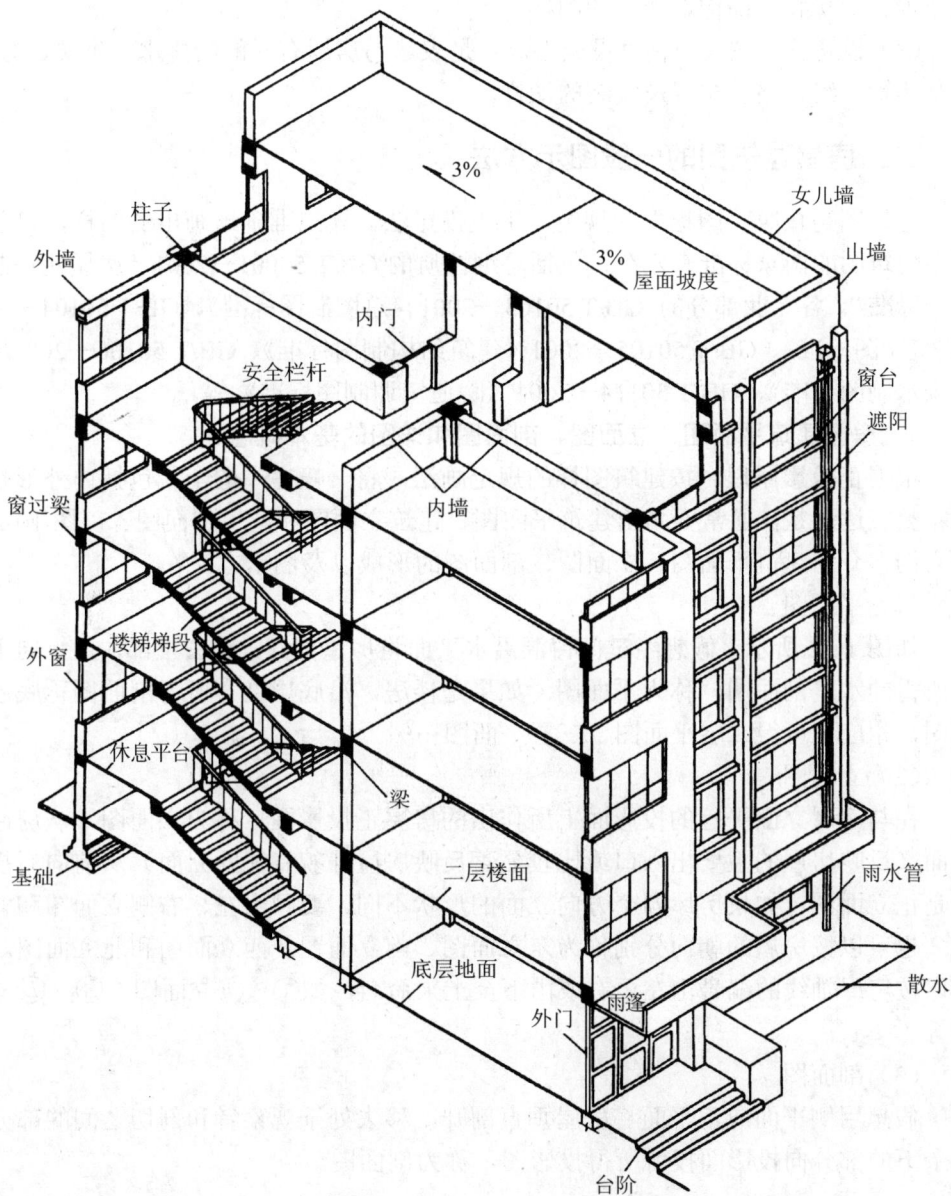

图 10-1　房屋的组成

2．房屋建筑图的分类

（1）建筑施工图（简称"建施"）。反映建筑物的内外形状、大小、布局、建筑节点的构造和所用材料等情况。它包括总平面图、建筑平面图、立面图、剖面图和构造详图。

（2）结构施工图（简称"结施"）。它是表达梁、柱、楼板、楼梯、雨篷等结构的布置、形状和内部构造做法的图样。

（3）设备施工图（简称"设施"）。它是表达与房屋有关的给排水、供暖、通风、电路等管（线）路的布置及安装的图样。

二、房屋建筑图的一般图示方法

建筑图是按照"国标"的规定，用正投影法，详细准确地画出的图样，目前，房屋建筑图的国家标准有六个，包括总纲性质的 GB/T 50001—2001《房屋建筑制图统一标准》、各专业部分的 GB/T 50103—2001《总图制图标准》、GB/T 50104—2001《建筑制图标准》、GB/T 50105—2001《建筑结构制图标准》、GB/T 50106—2001《给水排水制图标准》、GB/T 50114—2001《暖通空调制图标准》等。

1．房屋建筑平面图、立面图、剖面图和详图的基本概念

根据正投影原理，按建筑图样的规定画法，将一幢房屋的全貌包括内外形状结构完整表达清楚，通常要画出建筑平面图、建筑立面图和建筑剖面图。以图 10-2 所示为例，介绍建筑平面图、立面图、剖面图的形成以及图示方法。

（1）平面图

如图 10-2 所示，假想经过门窗洞沿水平面将房屋剖开，移去上部，由上向下投射所得的水平剖面图，称为平面图。如果是楼房，沿底层剖开所得剖面图称底层平面图，相应地可得二层平面图、三层平面图……

（2）立面图

在与房屋立面平行的投影面上所作出的房屋正投影图，称为立面图。从房屋的正面（反映房屋的主要出入口或比较显著反映房屋外貌特征的立面）从前向后投射的是正立面图。如果房屋四个方向立面的形状不同，要画出左、右侧立面图和背面图。也可以按房屋的朝向分别称为东立面图、南立面图、西立面图和北立面图。还可以按房屋轴线的编号由左至右或由下至上来命名，如①～④立面图、Ⓐ～Ⓓ立面图等。

（3）剖面图

假想用侧平面或正平面将房屋垂直剖开，移去处于观察者和剖切之间的部分，把余下的部分向投影面投射所得投影图，称为剖面图。

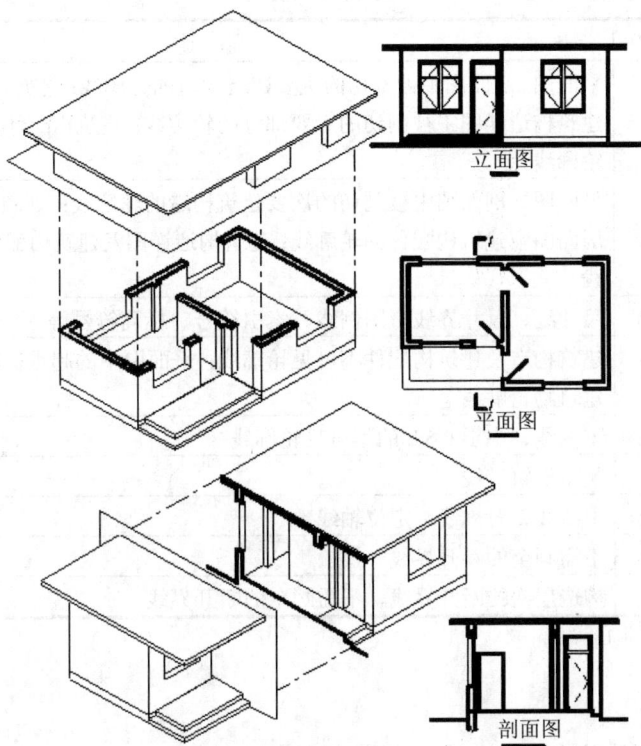

图 10-2　建筑平面图、立面图和剖面图的形成

平面图、立面图和剖面图是房屋建筑图中最基本的图样，它们各自表达了不同的内容。平面图表明房屋各部分的位置和长度、宽度的尺寸，但不能反映房屋的高度；立面图主要表明房屋外形的高度方向的尺寸，不能反映房屋的内部构造；而剖面图则能表明房屋的内部主要构件在高度方向的各部分尺寸。因此，在绘制和识读房屋建筑图时，必须通过平面图、立面图、剖面图仔细对照，才能表达或看懂一幢房屋从内到外、从水平到垂直方向各部分的全貌。

由于房屋形体庞大，而平面图、立面图、剖面图选用的比例一般比较小，很多细部构造无法表达清楚，所以还要画出这些复杂部位的详图，即选用较大的比例画出建筑局部构造及构件细部的图样，称为建筑详图。详图是平面图、立面图、剖面图的补充图样。

2．建筑施工图的一般规定

（1）图线

建筑施工图中的图线线型要按国家标准的规定使用，常用线型和应用见表 10-1。

表 10-1　线型

名　称	线 宽	用　途
粗实线	b	平面图、剖面图中被剖切的主要建筑构造的轮廓线；建筑立面图的外轮廓线；建筑构造详图中被剖切的主要部分的轮廓线；建筑构配件详图中构配件的外轮廓线
中实线	0.5 b	平面图、剖面图中被剖切的次要建筑构造的轮廓线；建筑平面图、立面图、剖面图中建筑构配件的轮廓线；建筑构造详图及建筑构配件详图中一般轮廓线
细实线	0.25 b	尺寸线、尺寸界线、图例线、索引符号、标高符号等
中虚线	0.5 b	建筑构造及建筑构配件不可见轮廓线；平面图中的起重机轮廓线；拟扩建的建筑物轮廓线
细虚线	0.25 b	图例线、小于 0.5 b 的不可见轮廓线
粗点画线	b	起重机轨道线
细点画线	0.25 b	中心线、对称线、定位轴线
折断线	0.25 b	不需画全的断开界线
波浪线	0.25 b	构造层次的断开界线、不需画全的断开界线

注：地平线的线宽可用 1.4 b

（2）比例

房屋建筑图采用的比例应符合表 10-2 的规定。

表 10-2　比例

图　名	比　例					
建筑物或构筑物的平面图、立面图、剖面图	1：50	1：100	1：200			
建筑物或构筑物的局部放大图	1：10	1：20	1：50			
配件及构件详图	1：1	1：2	1：5	1：10	1：20	1：50

（3）房屋建筑图常用符号及图例

由于建筑图采用较小的比例绘制，有些内容不可能按实际情况画出，因此常采用各种图例符号来表示建筑材料和建筑配件。画图时，要按照建筑制图国家标准的规定，正确画出这些符号。

常用的建筑材料图例，可采用第七章表 7-1 中的剖面符号图例，表 10-3 是常用符号和定位轴线的示例，表 10-4 是常用的构造及配件图例，表 10-5 是总平面图的常用图例。

表 10-3　常用符号和定位轴线示例（摘自 GB 5001—2001）

名　称	画　法	说　明
指北针		用细实线绘制，圆的直径为 24 mm，指针尾部的宽度为 3 mm，指针头部应注"北"或"N"
风向频率玫瑰图	 N	表示该地区常年的风向频率和房屋朝向。风的吹向是指从外向中心。虚线表示按 6 月、7 月、8 月统计的风向频率
定位轴线	**一般标注**　通用详图的轴线号／用于两根轴线时／用于三根或三根以上轴线时 3,6…／用于三根以上连接轴号的轴线时 ①～⑯	1. 定位轴线用细点画线绘制，编号圆用细实线绘制，直径为 8～10 mm 2. 定位轴线用来确定房屋主要承重构件位置及标注尺寸的基线 3. 平面图中横向轴线的编号，应用阿拉伯数字，从左至右顺序编写，竖向轴线的编号，应用大写拉丁字母（I、O、Z 除外），从下至上顺序编写
	附加标注　⑴/4 表示 4 号轴线后附加的第一根轴线／⑶/C 表示 C 号轴线后附加的第三根轴线 	两轴线之间。如需附加轴线时，可用分数表示；分母表示前一轴线的编号，分子表示附加轴线的编号（用阿拉伯数字顺序编写）
标高符号	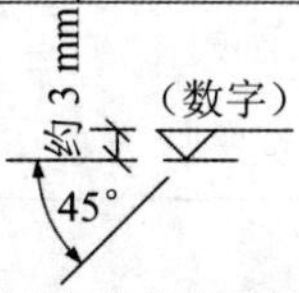 约 3 mm（数字）45° 标高符号的画法／（数字）▼ 总平面图室外地坪标高符号／±0.000 ▽　5.250 ▽／−3.600 △　−0.450 △ 标高符号的尖端，应指向被注的高度／（数字）△ 特殊情况时／（9.600）（6.400）3.200 ▽ 同一位置注写多个标高数字	1. 标高符号应以直角等腰三角形表示，用细实线绘制 2. 标高以米为单位，注写到小数点后第三位。在总平面图中，可注写到小数点后第二位 3. 零点标高应写成 ±0.000，正数标高不注"＋"，负数标高应注"—" 4. 标高符号的尖端，应指至被注高度的位置。尖端一般应向下，也可向上。标高数字应注写在标高符号的左侧或右侧 5. 同一图样上的标高符号，应大小相等、整齐划一

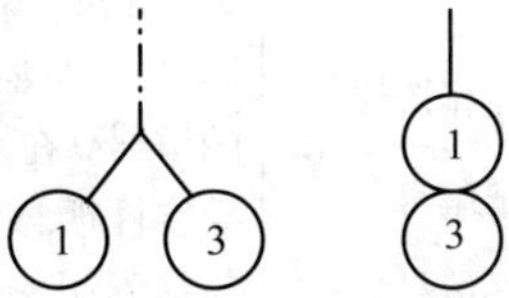

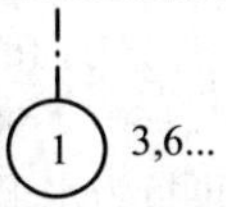

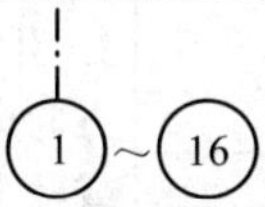

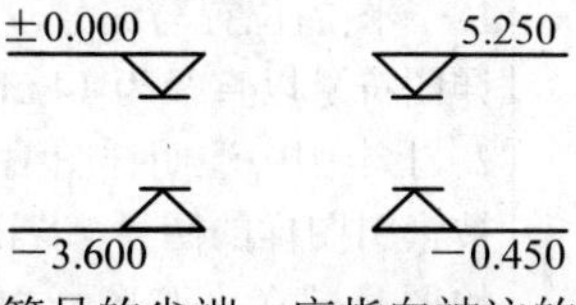

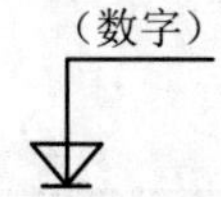

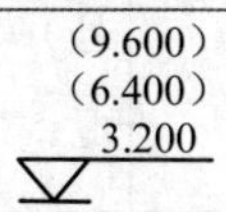

名　称	画　法	说　明
对称符号		对称符号用细实线绘制，平行线长度宜为6～10 mm，平行线间距离宜为2～3 mm，平行线在对称线两侧的长度应相等
索引符号	**直接索引** 5／2　详图编号／详图所在图样号 2／—　详图编号／详图在本张图样 J103　标准图册编号 4／6　标准详图编号／详图所在图样号 **索引剖面** 3／—　剖开后向下投射 4／6　剖开后向左投射	1. 索引符号应用细实线绘制，它是由直径为 8 mm 的圆和水平直径组成 2. 在上半圆中用阿拉伯数字注明该详图的编号，在索引符号的下半圆中用阿拉伯数字注明该详图所在图纸的编号（若详图与被索引的图例同在一张图样内，则画一段细实线） 3. 引出线宜采用水平方向的直线、与水平方向成 30°、45°、60°、90°的细实线，或经上述角度，再折为水平方向的折线，引出线应对准索引符号的圆心 4. 索引符号如用于索引剖面详图，应在被剖切的部位绘制剖切位置线，并以引出线引出索引符号，引出线所在的一侧为投射方向
详图符号	5／3　详图编号／被索引图样号 5　详图编号（详图与被索引图在同一张图样上）	1. 详图的位置与编号，以详图符号表示。详图符号以直径为 14 mm 的粗实线绘制 2. 上半圆中注明详图编号，下半圆中注明被索引图样的图号（若详图与被索引图样的图号同在一张图样内时，只注详图编号）

表 10-4　构造及配件图例（摘自 GB/T 50104—2001）

名　称	图　例	说　明	名　称	图　例	说　明
单扇门（包括平开或单面弹簧）	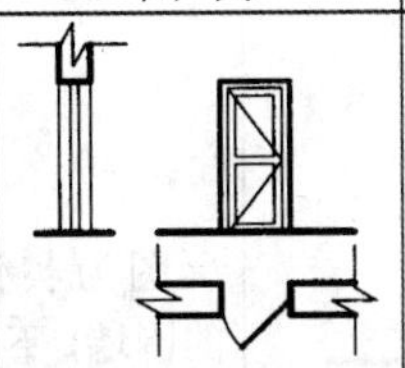	1. 门的名称代号用 M 表示 2. 剖视图上，左为外，右为内；平面图上，下为外，上为内 3. 立面图上开启方向交角的一侧为安装合页的一侧，实线为外开，虚线为内开 4. 平面图上的开启弧线及立面图上的开启方向线，在一般设计图上不需表示，仅在制作图上表示 5. 立面形式应按实际情况绘制	底层楼梯	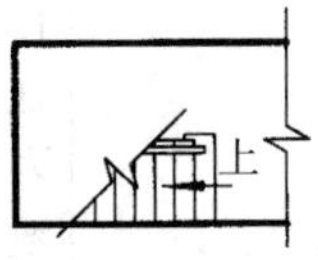	楼梯及栏杆扶手的形式和梯段踏步数应按实际情况绘制
双扇门（包括平开或单面弹簧）	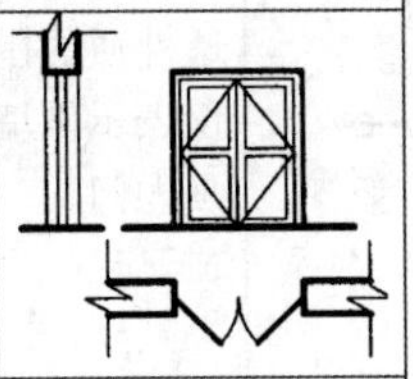		中间层楼梯	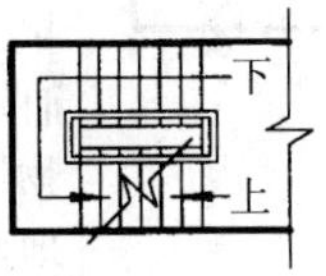	
双扇双面弹簧门	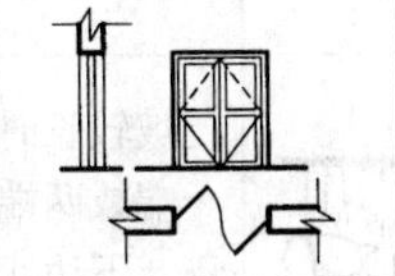		顶层楼梯	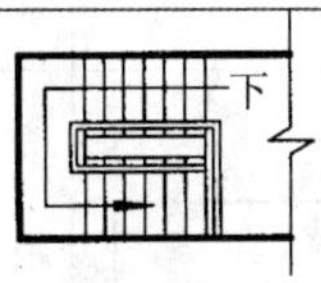	
单层外开平开窗	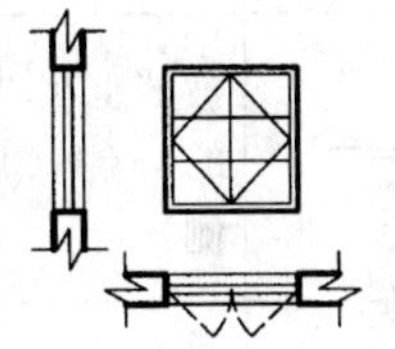	1. 窗的名称代号用 C 表示 2. 立面图中的斜线表示窗的开关方向，实线为外开，虚线为内开；开启方向线交角的一侧为安装合页的一侧，一般设计图中可不表示 3. 剖视图上，左为外，右为内；平面图上，下为外，上为内 4. 平面图、剖面图上的虚线仅说明开关方式，在设计图中不需表示 5. 窗的立面形式应按实际情况绘制	隔断		包括板条抹灰、木制、石膏板、金属材料等隔断 适用于到顶与不到顶隔断
单层中旋窗	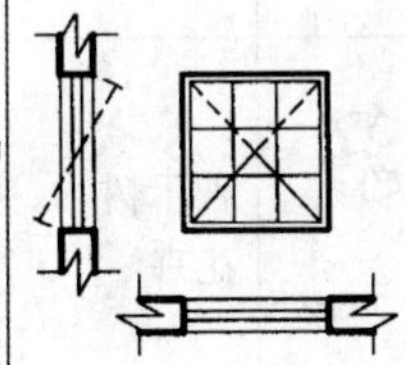		栏杆	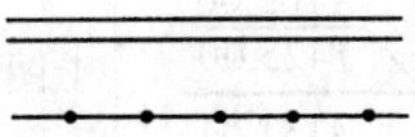	上图为非金属扶手 下图为金属扶手
墙上预留洞或槽	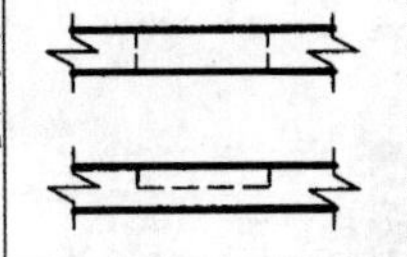	1. 以洞中心或洞边定位 2. 宜以涂色区别墙体和留洞位置	检查孔	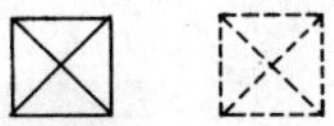	左图为可见检查孔 右图为不可见检查孔
烟道	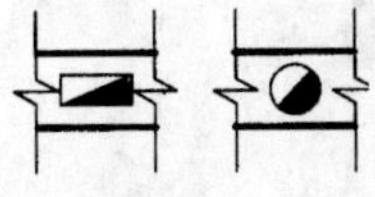	1. 阴影部分可以涂色代替 2. 烟道与墙体为同一材料，其相接处墙身线应断开	孔洞		涂色部分可以用阴影代替
通风道	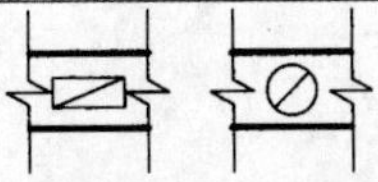		坑槽	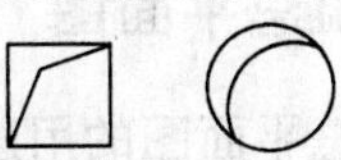	

表 10-5　总平面图常用图例

名　称	图　例	说　明	名　称	图　例	说　明
新建的建筑物	 5	1. 可用三角表示处入口，可在图形内右上角以点数或数字表示层数 2. 建筑物外形用粗实线表示。需要时，地面以上建筑物用中粗线表示，地面以下建筑物用细虚线表示	围墙及大门	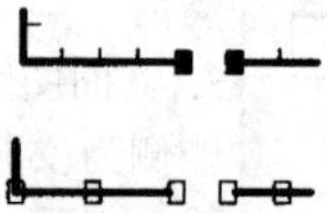	上图为实体性质的围墙，下图为通透性质的围墙，若仅表示围墙时，不画大门
原有的建筑物		用细实线表示	填挖边坡		边坡较长时，可在一端或两端局部表示。下边线为虚线时表示填方
计划扩建的预留地或建筑物		用中粗虚线表示	挡土墙		被挡土在"突出"的一侧（虚线一侧）
拆除的建筑物	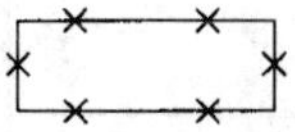	用细实线表示	人行道	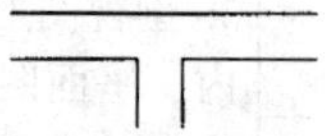	用细实线表示
坐标	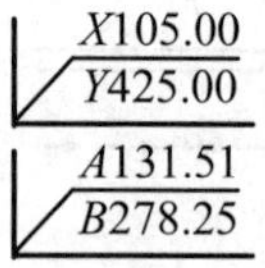 $X105.00$ $Y425.00$ $A131.51$ $B278.25$	上图表示测量坐标下图表示建筑坐标	绿化	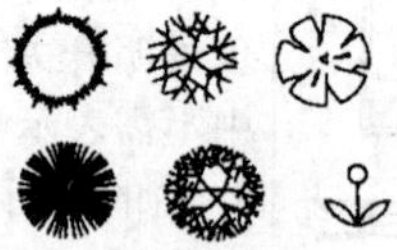	表示树木、乔木、花卉

第二节　房屋建筑图的识读

一、建筑总平面图

1. 建筑总平面图的用途

建筑总平面图是表明新建房屋基地所在范围内的总体布置，它反映新建、拟建、原有和拆除的房屋、构筑物等的位置和朝向，室外场地、道路、绿化等的平面布置，地形的地貌、标高等以及与原有环境的关系和邻界情况等。

建筑总平面图也是房屋及其他设施施工的定位、土方施工以及绘制水、暖、电等管线总平面图和施工总平面图的依据。

2．建筑总平面图的图示内容

（1）新建建筑物所处的地形。如地形变化较大，应画出相应的等高线。

（2）新建建筑物的位置，总平面图中应详细地绘出其定位方式，新建建筑物的定位方式有三种：第一种是利用新建建筑物和原有建筑物之间的距离定位。第二种是利用施工坐标确定新建建筑物的位置。第三种是利用新建建筑物与周围道路之间的距离确定新建建筑物的位置。

（3）相邻原有建筑物、拆除建筑物的位置或范围。

（4）附近的地形、地物等，如道路、河流、水沟池塘、土坡等，应注明道路的起点、变坡、转折点，以及道路中心线的标高、坡向等。

（5）指北针或风向频率玫瑰图。

（6）绿化规划和管道布置。

3．建筑总平面图的识读

以图10-3所示总平面图为例，说明总平面图的读图要点。

（1）了解图名、比例。该施工图为总平面图，比例为1∶500。

（2）了解工程性质、用地范围、地形地貌和周围环境情况。

从图中可知，本次新建17栋住宅楼（粗实线表示），均为6层，位于一住宅小区。图中标注了规划红线及道路的位置。新建建筑右面为城市道路（嵩山路），小区北面为滨江风光带。

（3）了解建筑的朝向和风向。

本图右上方，是带指北针的风玫瑰图，表示该地区全年以东北风为主导风向。从图中可知，新建建筑的方向坐北朝南。

（4）了解新建建筑的准确位置。

在总平面图上，按 X、Y 坐标作出间距为 10 m、20 m、50 m 或更大的方格网作为平面位置的控制网。建筑平面的具体位置可用 X、Y 坐标值来确定，图中标出了道路转角处的坐标值，可以用坐标网来确定新建建筑的准确位置。

（5）标高。

图中所注数值均为绝对标高（以我国青岛市外的黄海海平面作为零点而测定的高度尺寸）。总平面图中标高的数值，以米为单位，一般注至小数点后两位。

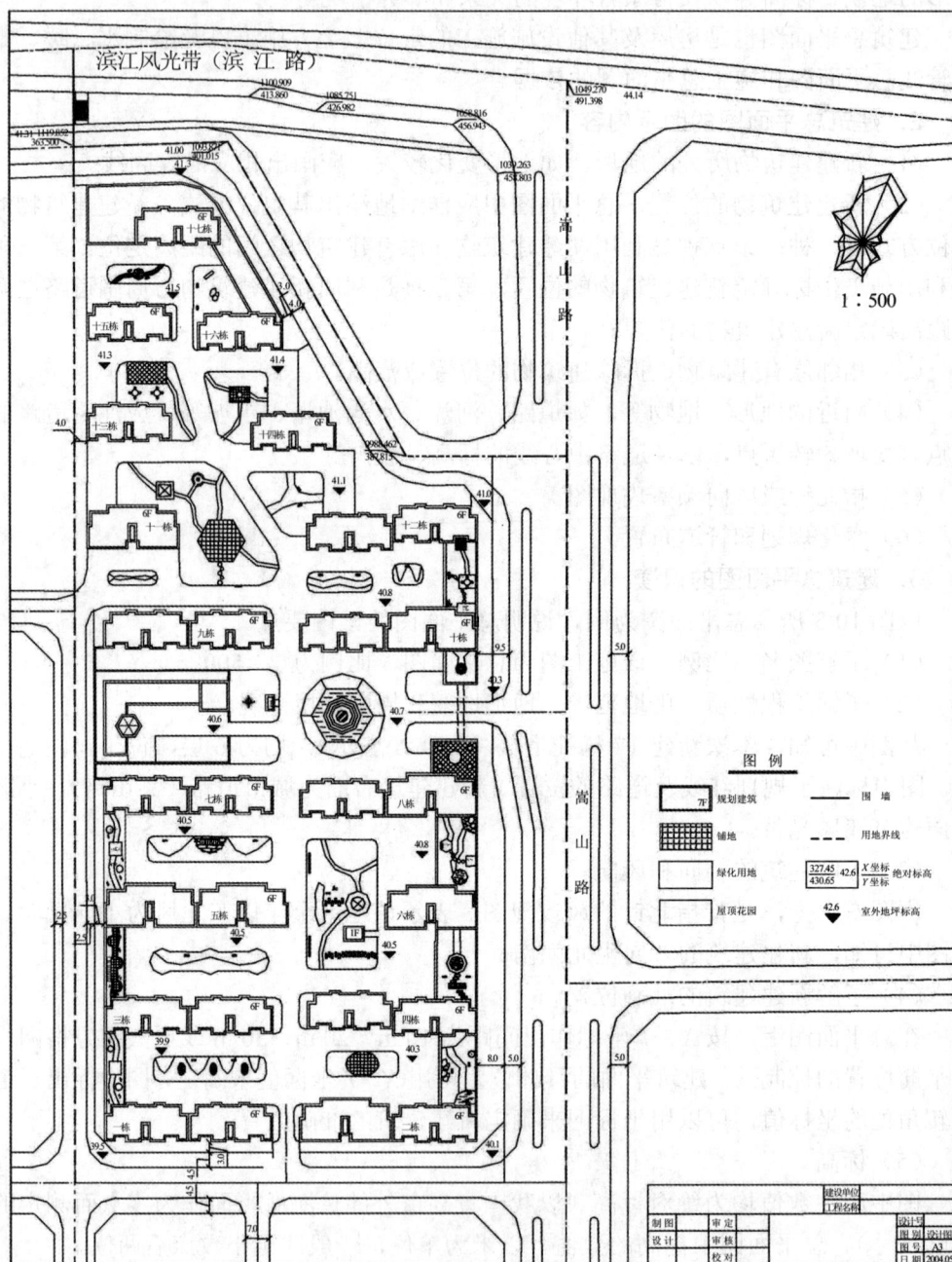

滨江风光带（滨江路）

蒿山路

嵩山路

1：500

图例

	规划建筑		围墙
	铺地		用地界线
	绿化用地	327.45 430.65 42.6 X坐标 Y坐标 绝对标高
	屋顶花园	42.6 室外地坪标高

图 10-3　总平面图

二、建筑平面图

1．建筑平面图的用途和图示要求

建筑平面图反映房屋的平面形状、房间的布置、大小、墙体的位置、厚度、材料、门窗的位置及类型，是施工时放线、砌墙、安装门窗、室内外装修及编制工程预算的重要依据，是建筑施工中的重要图纸。

建筑平面图实质上是剖面图，因此应按剖面图的图示方法绘制，即被剖切平面剖切到的墙、柱等轮廓线用粗实线表示，未被剖切到的部分如室外台阶、散水、楼梯以及尺寸线等用细实线表示，门的开启线用细实线表示。

2．建筑平面图的图示内容

（1）表示所有轴线及其编号，以及墙、柱、墩的位置、尺寸。

（2）表示出所有房间的名称及其门窗的位置、编号与大小。

（3）注出室内外的有关尺寸及室内楼地面的标高。

（4）表示电梯、楼梯的位置及楼梯上下行方向及主要尺寸。

（5）表示阳台、雨篷、台阶、斜坡、烟道、通风道、管井、消防梯、雨水管、散水、排水沟、花池等位置及尺寸。

（6）画出室内设备，如卫生器具、水池、工作台、隔断及重要设备的位置、形状。

（7）表示地下室、地坑、地沟、墙上预留洞、高窗等位置尺寸。

（8）在底层平面图上还应该画出剖面图的剖切符号及编号。

（9）标注有关部位的详图索引符号。

（10）底层平面图左下方或右下方画出指北针。

（11）屋顶平面图上一般应表示出：女儿墙、檐沟、屋面坡度、分水线与雨水口、变形缝、楼梯间、水箱间、天窗、上人孔、消防梯及其他构筑物、索引符号等。

3．建筑平面图的识读

下面以某住宅楼底层平面图为例说明平面图的读图方法，如图 10-4 所示。

（1）了解平面图的图名、比例。从图中可知该图为底层平面图，比例为 1∶100。

（2）了解建筑的朝向。从指北针得知该住宅楼是坐北朝南的方向。

（3）了解建筑的平面布置。该住宅楼横向定位轴线 13 根，纵向定位轴线 6 根，共有两个单元，每单元两户，户型相同。每户住宅有南北两个卧室、一个客厅、一间厨房、一个卫生间，一个阳台、楼梯间有两个管道井。④轴线外侧的小方格表示室外空调机的搁板。

（4）了解建筑平面图上的尺寸。

建筑平面图上标注的尺寸均为未经装饰的结构表面尺寸。了解平面图所注的各种尺寸，并通过这些尺寸了解房屋的占地面积、建筑面积、房间的使用面积。建筑占地面积为首层外墙外边线所包围的面积。如该建筑占地面积为 34.70 m×15.20 m=527.44 m²。

建筑平面图上的尺寸分为外部尺寸和内部尺寸。

①外部尺寸：为了便于施工读图，平面图下方及左侧应注写三道尺寸，如有不同时，其他方向也应标注。这三道尺寸从外向里分别是：

第一道尺寸：表示外轮廓的总尺寸，即从一端外墙边到另一端外墙边的总长和总宽。本例总长为 34.70 m、总宽为 15.20 m。

第二道尺寸：表示轴线间的距离，用以说明房间的开间（相邻横向定位轴线间距）和进深（相邻纵向定位轴线间距）的尺寸。如本例客厅的开间是 4.95 m，进深是 5.10 m。

第三道尺寸：表示各细部的位置及大小，如门窗洞宽和位置、墙柱的大小和位置等。标注这道尺寸时，应与轴线联系起来，如④轴线墙上 C-6 的洞宽是 2.80 m，Ⓑ轴线上 C-5 的洞宽是 2.10 m，两洞间距为 1.50 m。

②内部尺寸：说明房间的净空大小和室内的门窗洞、孔洞、墙厚和固定设备（如厕所、盥洗室等）的大小位置。如卫生间隔墙距离①轴线 2.40 m。

（5）了解建筑中各组成部分的标高情况。

在平面图中，对于建筑物各组成部分，如地面、楼面、楼梯平台面、室外台阶面、阳台地面等处，应分别注明标高，这些标高均采用相对标高（小数点后保留 3 位有效数字），如有坡度时，应注明坡度方向和坡度值。该建筑物室内地面标高为±0.000，厕所的地面标高为-0.020，室外地面标高为-1.200，表明了室内外地面的高度差值为 1.200 m。

（6）了解门窗的位置及编号。

图中门的代号是 M，窗的代号是 C。在代号后面写上编号，如 M1、M2…和 C1、C2…同一编号表示同一类型的门窗，它们的构造和尺寸都一样。一般情况下，在首页图或在平面图上，附有一门窗表，列出门窗的编号、名称、尺寸、数量及所选标准图集的编号等内容。

（7）了解建筑剖面图的剖切位置、索引标志。

在底层平面图中的适当位置画有建筑剖面图的剖切位置和编号，以便明确剖面图的剖切位置、剖切方法和剖视方向。图中⑤、⑥轴线间的 1-1 剖切符号，表示建筑剖面图的剖切位置，剖面图类型为全剖面图，剖视方向向左。

（8）了解各专业设备的布置情况。

从图中还可了解到其他细部（如楼板、搁板、墙洞和各种卫生设备等）的配置和位置情况。

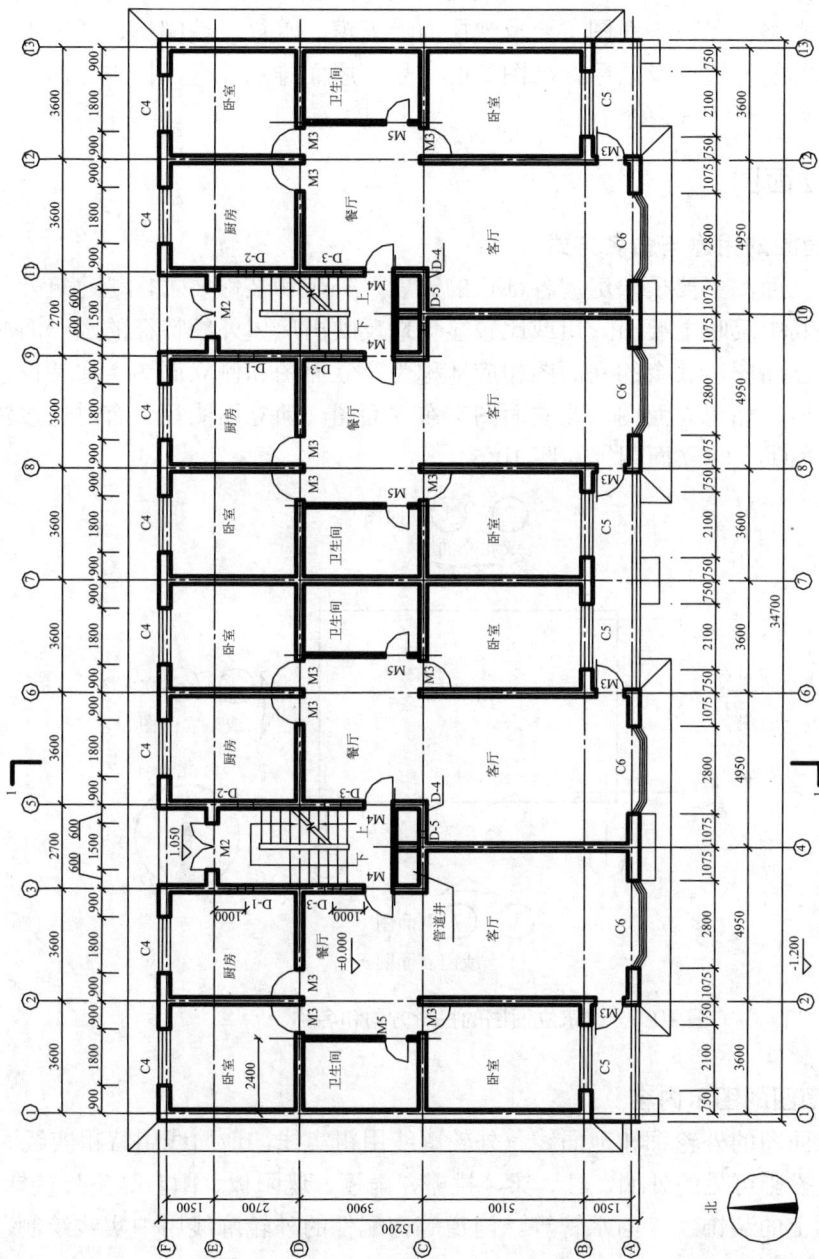

图 10-4 底层平面图

底层平面图　　1：100

其他各层平面图的尺寸，除标注出轴线间的尺寸和总尺寸外，其余与一层平面相同的尺寸均可省略。屋顶平面图主要反映屋面上天窗、水箱、铁爬梯、通风道、女儿墙、变形缝等的位置以及采用标准图集的代号、屋面排水分区、排水方向、坡度、雨水口的位置、尺寸等内容。

三、建筑立面图

1．建筑立面图的用途与命名方式

在施工图中立面图主要反映房屋各部位的高度、外貌和装修要求，是建筑外装修的主要依据。其中反映主要出入口或比较显著地反映出房屋外貌特征的那一面的立面图，称为正立面图，其余的立面图相应地称为背立面图和侧立面图。通常也按房屋的朝向来命名，如南立面图、北立面图、东立面图、西立面图等。有时也按轴线编号来命名，如①～⑨立面图等（图10-5）。

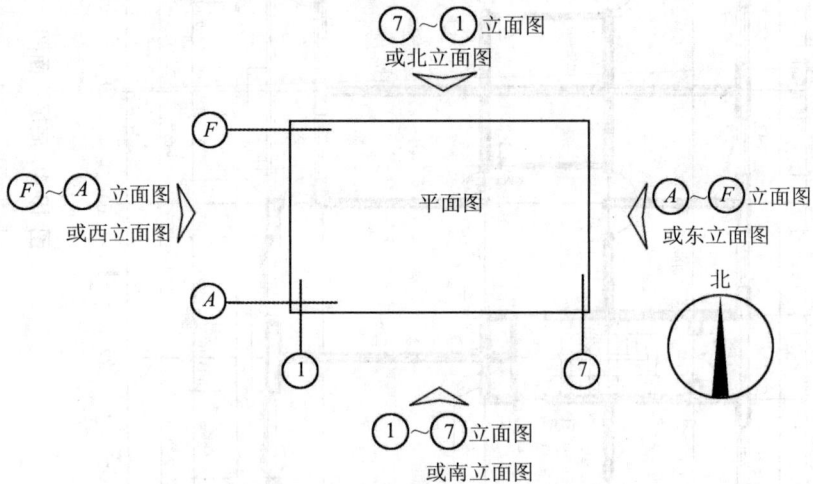

图 10-5　建筑立面图的投影方向和名称

2．建筑立面图的图示内容

（1）建筑立面图的外轮廓和地面线。外轮廓线用粗实线，地面线用特粗实线。

（2）表示出投影可见的外墙、柱、梁、挑檐、雨篷、遮阳板、阳台、室外楼梯、门、窗及外墙面上的装饰线、雨水管等。门窗等构配件的外轮廓线用中实线绘制，其他线用细实线绘制。

（3）表明外墙面装修材料和做法的文字说明及表示需另见详图的索引符号。

（4）注明各主要部位的标高，如室外地坪、台阶、窗台、门窗洞口顶面、阳台、腰线、线角、雨篷、挑檐、女儿墙等处的完成面标高。

（5）标出立面两端的轴线，并注写编号。

（6）在图的下方注写图名及比例。

3. 建筑立面图的识读

下面以图 10-6 所示某住宅楼正立面图为例说明立面图的读图方法。

（1）从图名或轴线的编号可知该图是表示房屋南向的立面图。

（2）从正立面图上了解该建筑的外貌形状，并与平面图对照深入了解屋面、名称、雨篷、台阶等细部形状及位置。从图中可知，该住宅楼为六层，客厅窗为外飘窗，窗下墙呈八字形，相邻两户客厅的窗下墙之间装有空调室外机的搁板，每两卧室窗上方也装有室外空调机搁板。屋面为平屋面。每户卧室窗与客厅窗间有一雨水管。

（3）从立面图上了解建筑的高度。从左侧标高可知室外地面标高为 -1.200，室内标高为 ±0.000，室内外高差 1.2 m。屋顶标高 18.5 m，表示该建筑的总高为（18.5+1.2）m＝19.7 m。一般标高注在图形外，并做到符号排列整齐、大小一致。若房屋立面左右对称，一般注在左侧。不对称时，左右两侧均应标注。必要时为清晰起见，可注在图内。

（4）了解建筑物的装修做法。由图可见，建筑物以绿色干黏石为主，只在飘窗下以及空调机搁板处刷白色涂料。

（5）了解立面图上的索引符号的意义。

四、建筑剖面图

1. 建筑剖面图的用途

剖面图表示房屋内部的结构或构造形式、分层情况和各部位的联系、材料及其高度等，是与平面图、立面图相互配合的重要图样。剖切面一般横向，即平行于侧面，必要时也可纵向，即平行于正面。其位置应选择能反映出房屋内部构造比较复杂与典型的部位，一般剖切位置选择房屋的主要部位或构造较为典型的部位，如楼梯间等，并应尽量使剖切平面通过门窗洞口。剖面图的名称应与平面图上所标注的一致，如 1-1 剖面图。

2. 剖面图的图示内容：

（1）表示被剖切到的墙、梁及其定位轴线。

（2）表示室内底层地面，各层楼面、屋顶、门窗、楼梯、阳台、雨篷、防潮层、踢脚板、室外地面、散水、明沟及室内外装修等剖切到和可见的内容。

（3）标注尺寸和标高。剖面图中应标注相应的标高与尺寸。

①标高。应标注被剖切到的外墙门窗口的标高，室外地面的标高，檐口、女儿墙顶的标高，以及各层楼地面的标高。

②尺寸。应标注门窗洞口高度、层间高度和建筑总高三道尺寸，室内还应注出内墙体上门窗洞口的高度以及内部设施的定位和定形尺寸。

18.500
17.700
15.900
14.700
12.900
11.700
9.900
8.700
6.900
5.700
3.900
2.700
0.900
−0.300
−0.700

13

绿色干黏石

正立面图 1:100

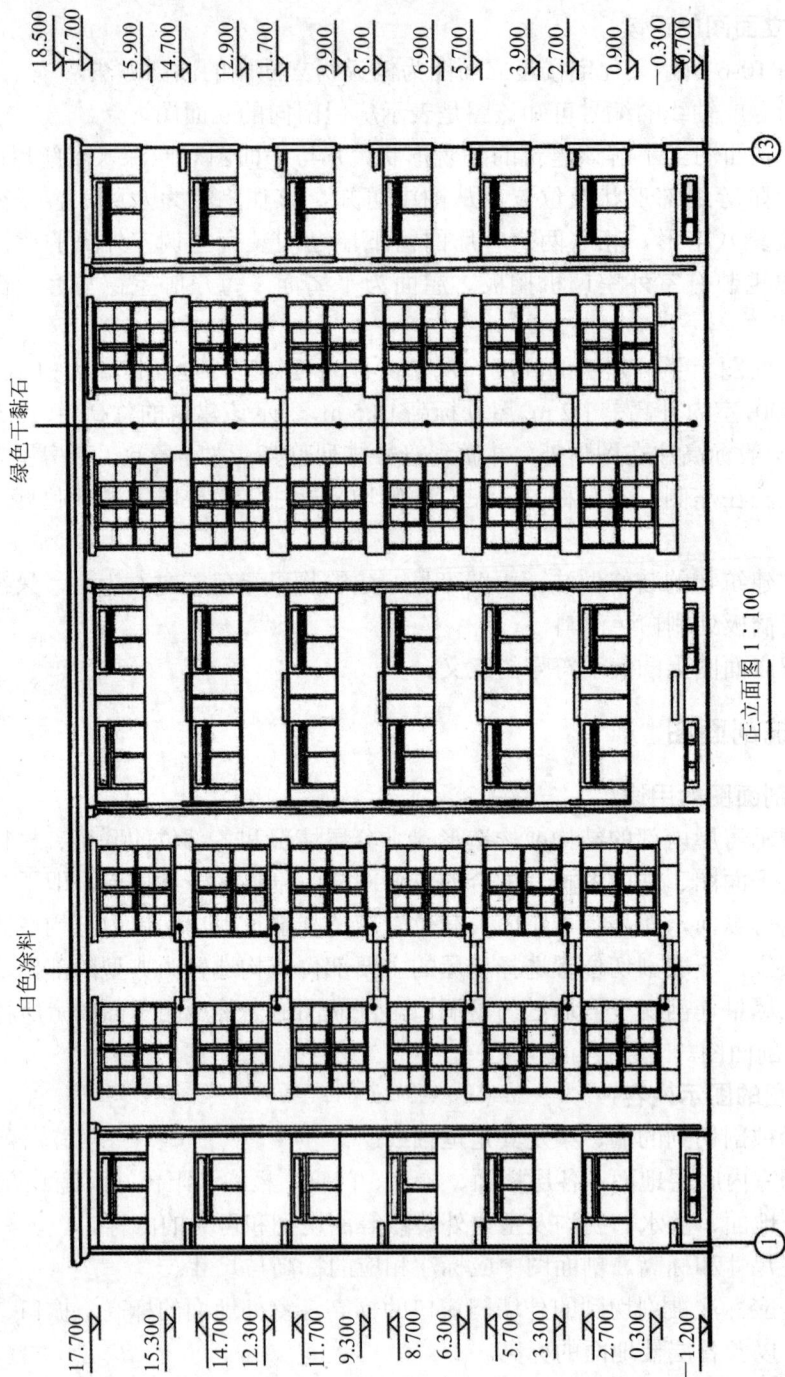

图 10-6 正立面图

白色涂料

1

17.700
15.300
14.700
12.300
11.700
9.300
8.700
6.300
5.700
3.300
2.700
0.300
−1.200

（4）表示楼地面、屋顶各层的构造，一般用引出线说明楼地面、屋顶的构造做法。如果另画详图或已有说明，则在剖面图中用索引符号引出说明。

剖面图的比例应与平面图、立面图的比例一致，因此在剖面图中一般不画材料图例符号，被剖切平面剖切到的墙、梁、板等轮廓线用粗实线表示，没有被剖切到但可见的部分用细实线表示，被剖切断的钢筋混凝土梁、板涂黑。

3．建筑剖面图的识读

如图 10-7 所示，为住宅楼的 1-1 剖面图，现以其为例说明剖面图的识读方法。

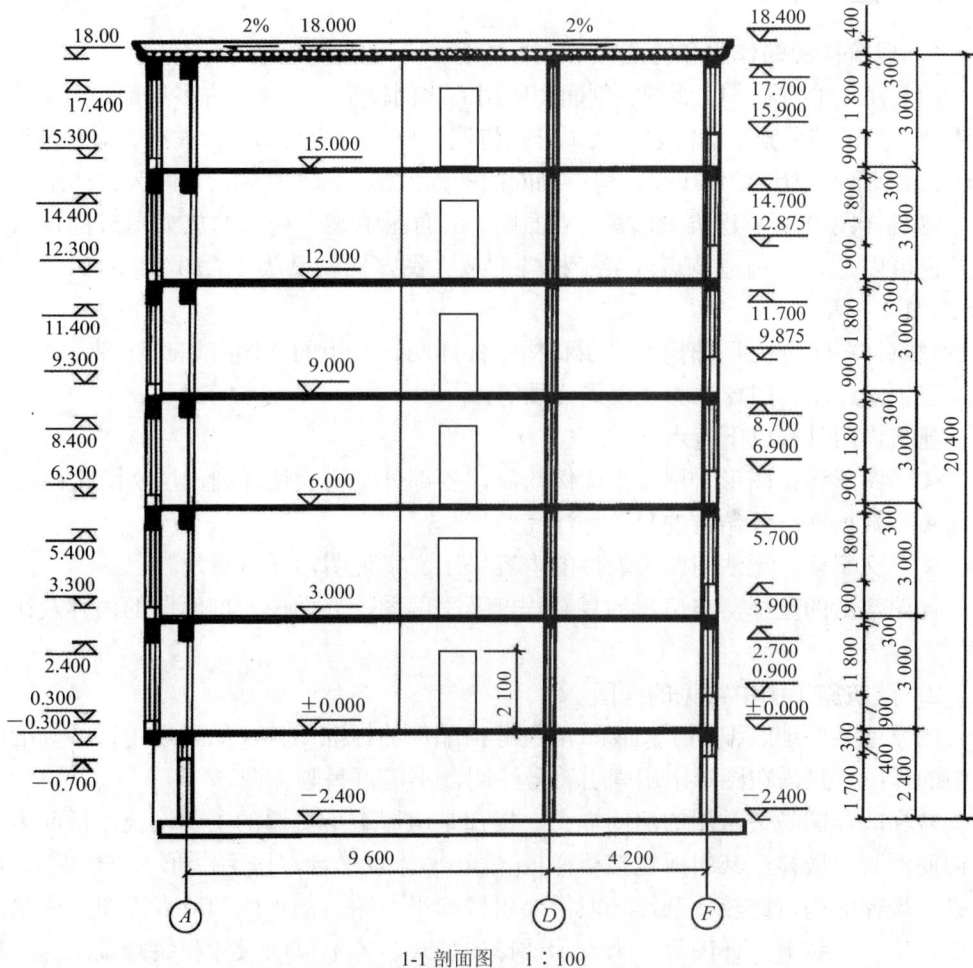

1-1 剖面图　1:100

图 10-7　剖面图

（1）从图名和轴线编号与平面图上的剖切位置和轴线对照，可知 1-1 剖面图的剖切位置在⑤～⑥轴线之间，剖切后向左进行投影所得的横剖面图。

（2）了解被剖切到的墙体、楼板和屋顶。从图中看到，被剖切到的墙体有④、⑩、⑥轴线的墙体及其上的窗洞。屋面排水坡度为 2%，以及挑檐的形状。

（3）了解可见部分。图中可见部分主要是入户门，门高 2.1 m，门宽标注在平面图中，为 0.9 m。

（4）了解剖面图上的尺寸标注。从左侧的标高可知飘窗的高度，从右侧的标高可知厨房外窗的高度。建筑物的层高为 3 m，从地下室到屋顶的高度为 20.4 m。

五、建筑详图

1. 建筑详图的作用和特点

由于建筑平面图、立面图、剖面图所用的比例较小，房屋上许多局部构造无法表示清楚。为了满足施工的需要，必须分别将这些局部构造的形式、大小、材料及做法用较大的比例详细地绘制出来，所得到的图样称为建筑施工详图，也称为大样图。

建筑详图可以是建筑平面图、立面图、剖面图中某一局部的放大图或剖视放大图，也可以是某一构造节点或某一构件的放大图。比例常为 1：20、1：10、1：5、1：2、1：1 等。

建筑详图可分为局部构造详图和构配件详图。常用的详图有墙身详图、楼梯详图、卫生间详图、门窗详图、雨篷详图等。

建筑详图具有以下特点：

◅ 图形详：图形采用较大比例绘制，各部分结构表达详细，层次清楚；

◅ 数据详：各结构的尺寸标注完整齐全；

◅ 文字详：无法用图形表达的内容采用文字说明，详尽清楚。

详图数量的选择，与房屋的复杂程度及平面图、立面图、剖面图的内容及比例有关。

2. 建筑施工图中常见的详图

国家或某些地区编制了门窗、雨篷等构配件的标准图集，如果选用这些标准图集中的详图，只需在图纸中用索引符号注明，不需再另画详图。

楼梯间详图是最常用的房间详图。楼梯是房屋上下交通的主要设施，目前多采用钢筋混凝土楼梯，其组成包括楼梯板（段）、休息平台、扶手栏杆（或栏板）、楼梯梁。楼梯的构造比较复杂，一般需要用楼梯平面图、剖视图和节点详图（如踏步节点、扶手安装节点详图等）来表示楼梯的型式、各部位的尺寸和装修做法。楼梯详图分建筑详图和结构详图。对构造和装修简单的楼梯，其建筑详图和结构详图常合并绘制，编入"建施"或"结施"。楼梯建筑详图中的平面图和剖面图，实际上就是建筑平面图和剖面图中楼梯间的放大图，一般用 1：50 或更大的比例绘制，图示和标注更加详细。在此，对楼梯详图不再详细介绍。

外墙身详图也叫外墙大样图，是建筑剖面图的局部放大图样，表达外墙与地面、楼面、屋面的构造连接情况以及檐口、门窗顶、窗台、勒脚、防潮层、散水、明沟的尺寸、材料、做法等构造情况，是砌墙、室内外装修、门窗安装、编制施工预算以及材料估算等的重要依据。

在多层房屋中，各层构造情况基本相同，可只画墙脚、檐口和中间部分三个节点。门窗一般采用标准图集，为了简化作图，通常采用省略方法画，即门窗在洞口处断开。

（1）外墙身详图的内容

①墙脚。外墙墙脚主要是指一层窗台及以下部分，包括散水（或明沟）、防潮层、勒脚、一层地面、踢脚等部分的形状、大小材料及其构造情况。

②中间部分。主要包括楼板层、门窗过梁、圈梁的形状、大小材料及其构造情况。还应表示出楼板与外墙的关系。

③檐口。应表示出屋顶、檐口、女儿墙、屋顶圈梁的形状、大小、材料及其构造情况。

墙身大样图一般用1∶20的比例绘制，由于比例较大，各部分的构造如结构层、面层的构造均应详细表达出来，并画出相应的图例符号。

（2）外墙身详图的识读

如图10-8所示，为某住宅的墙身详图，以其为例说明外墙身详图的识读过程。

①了解墙身详图的图名和比例。该图为住宅楼 F 轴线的大样图。比例1∶20。

②了解墙脚构造。

从图中看到，该楼墙脚防潮层采用 20 mm 厚 1∶2.5 水泥砂浆（质量比，余同），内掺 3%防水粉。地下室地面与外墙相交处留 10 mm 宽缝，灌防水油膏。外墙外表面的防潮做法是：先抹 20 mm 厚 1∶2.5 水泥砂浆，水泥砂浆外刷 1.0 mm 厚聚胺酯防水涂膜，在涂膜固化前黏结粗砂，再抹 20 mm 厚 1∶3 水泥砂浆。并参见 98J3（一）标准图集 19 页的 2 详图，散水留缝做法与地下室相同。地下室顶板贴聚苯保温板。窗过梁的做法如图。由于目前通用标准图集中有散水、地面、楼面的做法，因而，在墙身大样图中一般不再表示散水、楼、地面的做法。而是将这部分做法放在工程做法表中具体反映。

③了解中间节点。

可知窗台高 900 mm、120 mm 宽的暖气槽，做法见 98J3（一）标准图集的 14 页 2 详图，楼板与过梁浇注成整体。楼板标高 3.000 m、6.000 m、9.000 m、12.000 m、15.000 m 表示该节点适应于 2～6 层的相同部位。

④了解檐口部位。

从图中可知檐口的具体形状及尺寸，檐沟是由保温层形成，檐沟处附加一层防水层，檐口顶部做法见 98J5 标准图集第六页 A 图。

附加防水层

98J5 (A/6)
檐门

180
120
120

R150

18.000

80
300
250
120

98J3(一) (2/14)
暖气槽

900

15.000
12.000
9.000
6.000
3.000

120
80
350

60
40
80

900

±0.000

120
80
300
400

60
40
80

1 000

−1.200

2：8 灰土回填分层夯

留 10 mm 宽缝灌防水油膏
−2.400

60
200

抹 20 mm 1：2.5 水泥砂浆
外刷 1.0 mm 厚聚氨酯防水涂
膜固化前黏结粗砂
外抹 20 mm 1：3 水泥砂浆

20 mm 1：2.5 水泥砂浆掺 3%防水粉

120
250
500

F

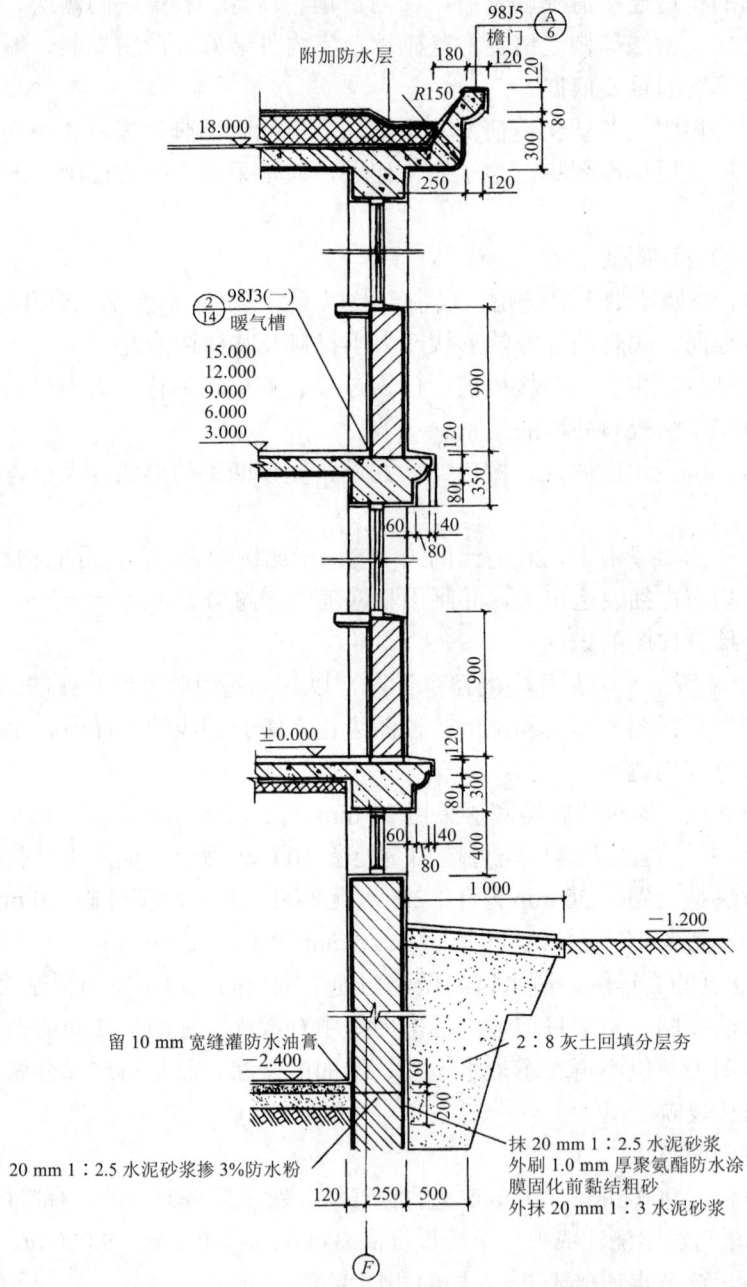

图 10-8 外墙身详图

第十一章 管道工程图

● **知识目标**

本章要求熟悉管道工程制图的各项规定，理解管道平面图、立面图、侧面图与轴测图、剖面图之间的关系。掌握管道双线图和单线图的画法及不同之处，掌握管道投影图、轴测图及剖面图的画法。能够识读管道工程图之——室内外给排水工程图。

第一节　管道投影图

管道是用来输送介质的，它与设备、容器、卫生器具或构筑物相连接。管道主要由管子、管件、紧固件和附件等组成。管子的形状有圆形（四筒形）和矩形两种，其中圆形管子使用普遍。管件的种类较多，主要有弯头，三通、四通等，其中弯头用于管道拐弯处，三通、四通用于管道分支处。附件是指在管道系统中用来调节水量、水压，控制水流方向的各类阀门（如截止阀、止回阀）、漏斗等。

一、管道的单、双线图

管道工程图从图形上可分成单线图和双线图。因为在实际施工中，要安装的管线往往很长而且很多，把这些管线画在纸上时，线条往往纵横交错密集繁多，不易分清，同时为了在图纸上能完整显示这些代表管子和管件的线条，势必要把每根管子和管件都画得很小很细才行。在这样的情况下，管子和管件的壁厚就很难再用虚线和实线表示清楚，所以在图形中仅用两根线条表示管子和管件的形状，而不再表示管子壁厚。这种方法叫做双线表示法，由它画成的图样称为双线图，如图 11-1（a）所示。双线图的管子轮廓用中实线绘制。

另外，由于管子的截面尺寸比管子的长度尺寸要小得多，所以在小比例尺的施工图中，往往把管子的壁厚和空心的管腔全部看成是一条线的投影，用粗实线绘制。这种在图形中用单根粗实线来表示管子和管件的图样，通常叫做单线表示法，由它画成的图样称为单线图。单线图中管口及断面应画成粗实线小圆。如图 11-1（b）所示。

在同一张图纸上，一般将主要的管道画成双线图，而次要的管道画成单线图。水管道常绘成单线，而空气管道则用双线表示，外网泵房位置出现双线的形式也较多。

图 11-2～图 11-4 分别是 90°弯头、正三通、四通的平面图、立面图、侧面图。在管道工程中，截止阀是使用较多的一种阀门。截止阀按其连接形式，可分为内螺纹式截止阀和法兰式截止阀两种。图 11-5 和图 11-6 是两种截止阀的单线图、双线图。

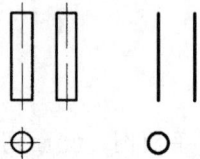

（a）双线图　（b）单线图

图 11-1　管子的单线图、双线图

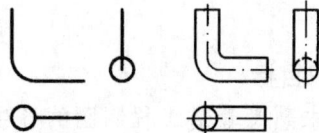

（a）单线图　　（b）双线图

图 11-2　90°弯头的单线图、双线图

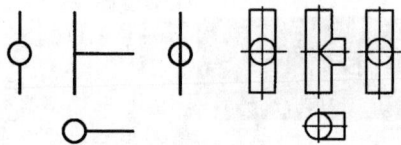

图 11-3　正三通的单线图、双线图

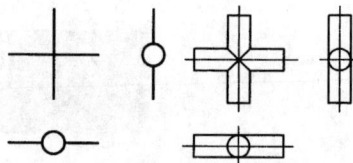

图 11-4　正四通的单线图、双线图

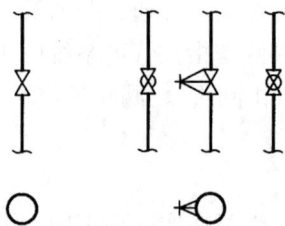

（a）为无手轮时平、正立面图　　　　（b）有手轮时平、立、侧四面投影图

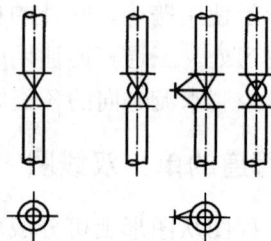

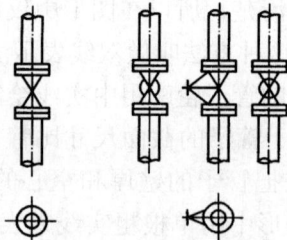

图 11-5　内螺纹截止阀单线图、双线图

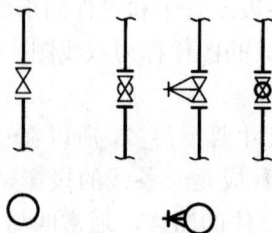

（a）为无手轮时平、正立面图　　　　（b）有手轮时平、立、侧四面投影图

图 11-6　法兰截止阀单线图、双线图

二、管道的交叉与重叠

1. 两根管道的交叉

在单线图中，两根管道交叉，在被遮挡处，断开被遮挡管。在双线图中管道交叉时，不断开，而将被遮挡的部分画成虚线。如图 11-7 所示。在一张图样中，单线管遮挡双线管时，单双线管均不断开。双线管遮挡单线管时，单双线管均不断开，只将单线管在被遮挡处画虚线。如图 11-8 所示。

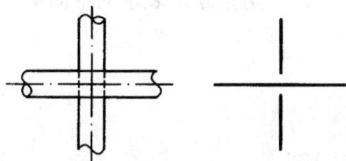

（a）双线图的交叉　（b）单线图的交叉

图 11-7　两根管线的交叉

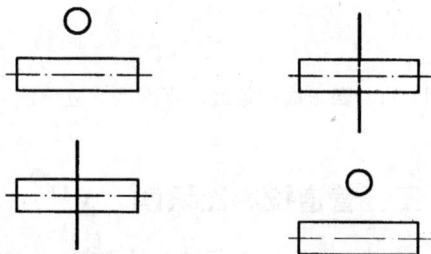

（a）在平面图上的交叉　（b）在立面图上的交叉

图 11-8　一单线图直管与一双线图直管的交叉

2. 多根管线的交叉

如图 11-9 所示，a、b、c、d 四根管线中，a 管线最高，d 管线次之，c 管线低于 a、d，b 管线最低。

3. 两根管线的重叠

当投影中出现两根管子重叠时，假想前（上）面的一根管子已经截去一段（用折断符号表示），这样便显露出后（下）面一根管子，用这样的方法就能把两根或多根重叠管线显示清楚，如图 11-10 所示。

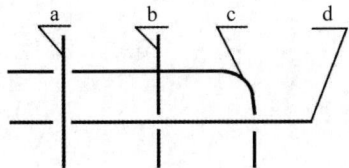

图 11-9　多根管线的交叉

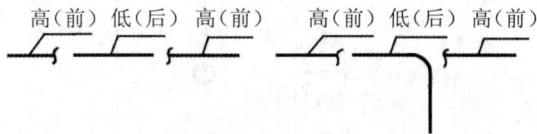

（a）两根重叠直管　　（b）直管和弯管的重叠

图 11-10　两根管线的重叠

4. 多根管线的重叠

如图 11-11 中的平面图、立面图的分析可知，这是四根管径相同，长短相等，由高向低，平行排列的管线，如果仅看平面图，不看管线编号的标注，很容易误认为是一根管线，而对照立面图就能知道是四根管线。

　　如图 11-12 所示是运用折断法所画的重叠管线，但需注意的是折断符号为对应时才能理解为原来的管线是相连通的。

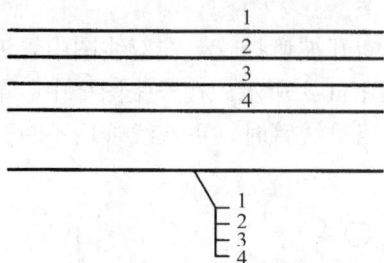

图 11-11　四根成排管线的平面图、立面图

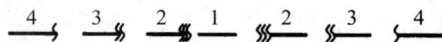

图 11-12　用折断法表示的平面图

三、管道投影图识读

　　图 11-13 是单线图软化水箱配管，图 11-14 是双线图。

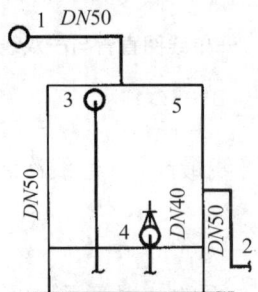

（c）单线图管道左侧立面图

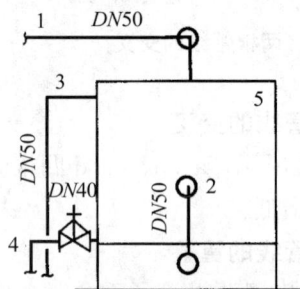

（b）单线图管道正立面图

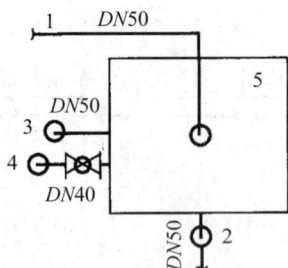

（a）单线图管道平面图

图 11-13　单线图管道投影图

（c）双线图管道左侧立面图

（b）双线图管道正立面图

（a）双线图管道平面图

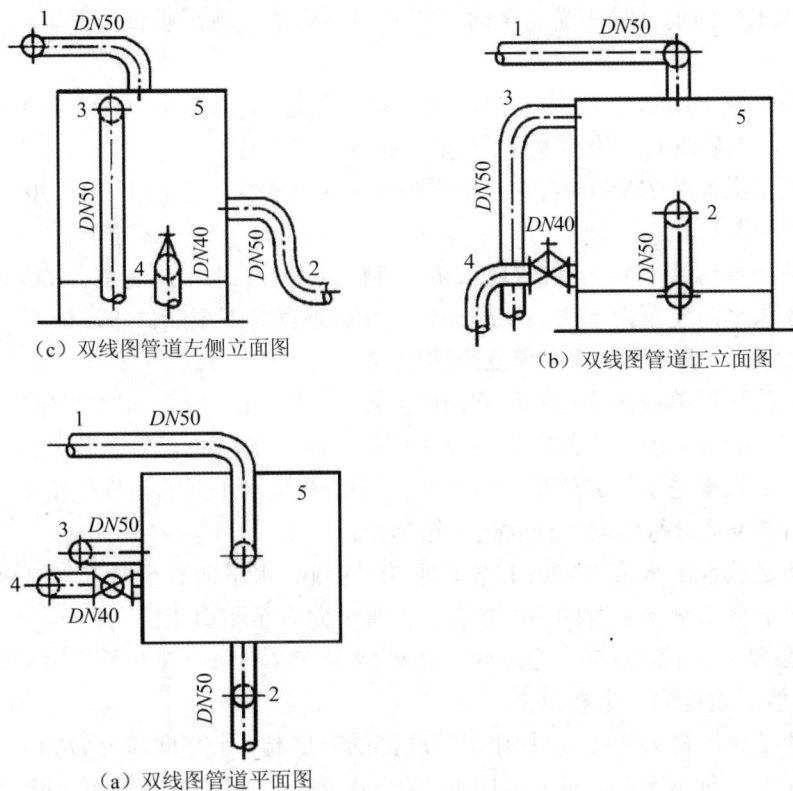

图 11-14 双线图管道投影图

1．单线图、双线图管道平面图识读

管道平面图如图 11-13（a）、图 11-14（a）所示。从图上可以看出，进出软化水箱的管道共有 4 条：

第 1 条是软水进水管 DN50：自断口起，向右至软化水箱顶部的横向中心线，然后转 90°弯向前至软化水箱中心向下的 90°弯头止；

第 2 条是软水出水管 DN50：自软化水箱外壁起，向前至向下弯的 90°弯头，然后垂直向下（看不见）至水平向前弯的 90°弯头，继续向前至断口止；

第 3 条是溢流管 DN50：自软化水箱外壁起，向左至向下弯的 90°弯头止；

第 4 条是排污管 DN40：自软化水箱外壁起，向左至 DN40 内螺纹截止阀并继续向左至向下弯的 90°弯头止。

2．单线图、双线图管道正立面图识读

软化水箱配管的单线图管道正立面图如图 11-13（b）所示，双线图管道正立面图如图 11-14（b）所示。从图上同样能看到进出软化水箱的 4 条管道：

第 1 条是软水进水管 DN50：自断口起水平向右至软化水箱的垂直中心线，在此转 90°弯水平向前（看不见）至向下弯的 90°弯头，然后垂直向下至软化水箱顶止；

第 2 条是软水出水管 *DN*50：自软化水箱外壁起，水平向前（看不见）至向下弯的 90°弯头，然后垂直向下至水平向前弯的 90°弯头止；

第 3 条是溢流管 *DN*50：自软化水箱外壁起，水平向左至向下弯的 90°弯头，然后垂直向下至断口止；

第 4 条是排污管 *DN*40：自软化水箱底部的外壁起，水平向左至 *DN*40 内螺纹截止阀并继续水平向左至向下弯的 90°弯头，然后垂直向下至断口止。

3. 单线图、双线图管道左侧立面图识读

软化水箱配管单线图管道左侧立面图如图 11-13（c）所示，双线图管道左侧立面图如图 11-14（c）所示。从图上也能看到进出软化水箱的 4 条管道：

第 1 条是软水进水管 *DN*50：自断口起，90°弯头水平向右至软化水箱的垂直中心线，然后转 90°弯垂直向下至软化水箱顶止；

第 2 条是软水出水管 *DN*50：自软化水箱外壁起，水平向右至向下弯的 90°弯头，然后垂直向下至水平向右弯的 90°弯头，再水平向右至断口止；

第 3 条是溢流管 *DN*50：自软化水箱外壁起，水平向前（看不见）至向下弯的 90°弯头，然后垂直向下至断口止；

第 4 条是排污管 *DN*40：自软化水箱底部的外壁起，水平向前至 *DN*40 内螺纹截止阀并继续水平向前（看不见）至向下弯的 90°弯头，然后垂直向下至断口止。

第二节　管道轴测图

一、管道在轴测图中的方位选定

轴测图是一种立体图，它能在一个图面上同时反映出管线的空间走向和实际位置，清晰表达出管线的布置情况。它能弥补平面图、立面图的不足之处，是管道施工图中的重要图样之一。轴测图有时也能替代立面图或剖面图。

1. 管道轴测图的分类

管道轴测图，按图形来分有正等轴测图和斜等轴测图两种，其中多用斜等轴测图。按单双线图来分有单线图管道正等轴测图、斜等轴测图和双线图管道正、斜等轴测图，其中多用单线图、双线图管道斜等轴测图。

2. 斜等轴测图的轴测轴与轴间角

斜等轴测图的轴测轴有 3 根，即 O_1Z_1、O_1X_1、O_1Y_1。其中 O_1Z_1 画成铅垂线，O_1X_1 为水平线，O_1Y_1 与水平线的夹角为 45°，O_1Y_1 的方向可向左也可向右。轴间角有 3 个，分别是 $\angle X_1O_1Y_1=45°$（或 $135°$），$\angle Y_1O_1Z_1=135°$，$\angle Z_1O_1X_1=90°$。3 根轴的轴向伸缩系数（也称变形系数）都相等，且均取 1，如图 11-15（a）、（b）所示。

3．管口在斜等轴测图中的形状

在双线图管道斜等轴测图中，当管道中心线位于 O_1Y_1 轴及其延长线或平行线上时，管道断口的形状是正圆；当管道中心线位于 O_1X_1 轴及其延长线或平行线上时，管道断口的形状是椭圆；当管道中心线位于 O_1Z_1 轴及其延长线或平行线上时，管道断口的形状也是椭圆，如图 11-15（c）所示。

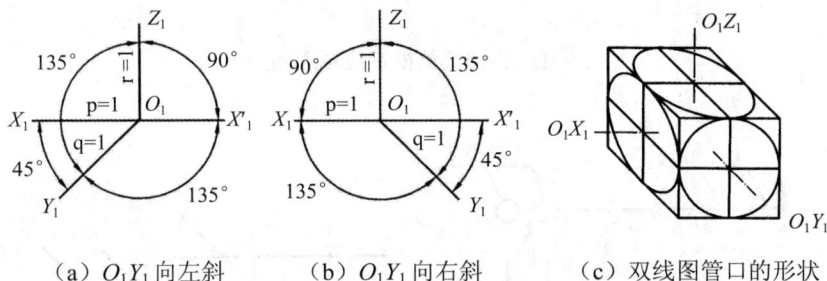

（a）O_1Y_1 向左斜　　　　（b）O_1Y_1 向右斜　　　　（c）双线图管口的形状

图 11-15　斜等轴测图的轴测轴和轴间角与双线图管口在该图的形状

4．管道在斜等轴测图中的方位选定

空间的管道错综复杂，其走向也不一致，有前后走向，有左右走向，也有的上下走向。画管道斜等轴测图时，管道方位的选定方法如下：

水平管道当左右走向时，可选在轴上 O_1X_1 或其延长线上（两条及以上管道时，为该轴的平行线上）。水平管道当前后走向时，可选在 O_1Y_1 轴上或其延长线上（两条及以上管道时，为该轴的平行线上），一般左斜 45°。立管（上下走向）时，选在 O_1Z_1 轴上或其延长线上（两条以上管道时，为该轴的平行线上）。

二、管道斜等轴测图画法

1．单根管线的轴测图

画单根管线的轴测图时，首先是分析图形，弄清这根管线在空间的实际走向和具体位置，究竟是左右走向水平放置，还是前后走向水平放置，还是上下走向垂直放置，在确定了这根管线的实际走向和具体位置后，就可以确定它在轴测图中与各轴之间的关系。

在图 11-16（a）中，通过平面图、立面图的分析可知，这是前后走向水平放置的管线。在图 11-16（b）中，是上下走向的垂直管线。在图 11-16（c）中，是左右走向的水平管线。

2．多根管线的轴测图

在图 11-17 中，通过对平面图、立面图的分析可知，1、2、3 号管线是左右走向的水平管线，4、5 号是前后走向的水平管线，而且这五根管线的标高相同，其轴测图如图所示。

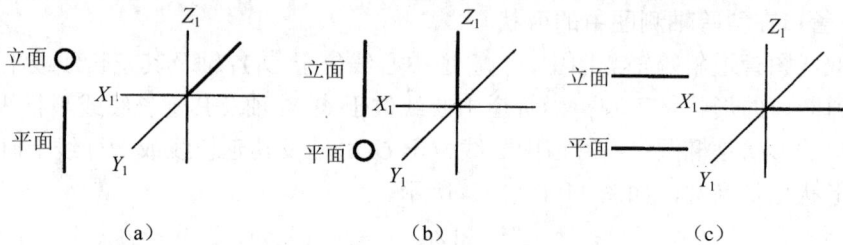

图 11-16 单根管线轴测图

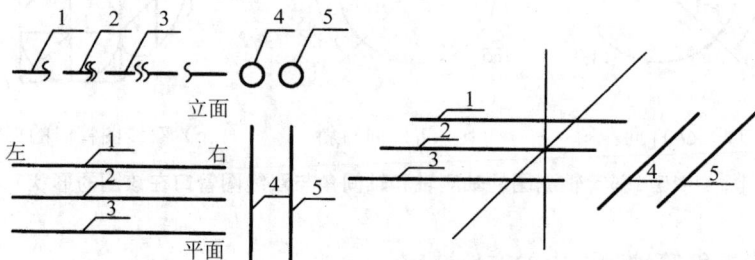

图 11-17 多根管线轴测图

3. 交叉管线的轴测图

在图 11-18 中，通过对平面图、立面图的分析可知，这两根管线，一根是左右走向，另一根是前后走向的水平管线，由于两根管线的标高不同，所以在平面图上的图形是交叉投影，其交叉角为 90°。在交叉管线的轴测图中，高的或前面的管线应显示完整，标高低的或后面的管线应用断开线的形式加以断开，这样管线才有立体感。

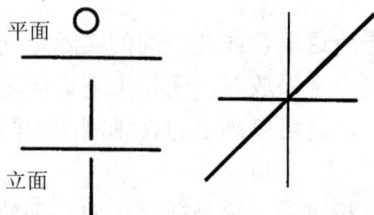

图 11-18 两根管线的交叉轴测图   图 11-19 多根管线的交叉轴测图

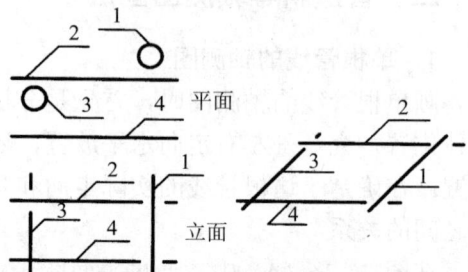

在图 11-19 中，通过对平面图、立面图的分析可知，在这四根管线中，2、4 号是左右走向，1、3 号是前后走向的水平管线，由于四根管线标高各不相同，所以在

平面图上是一组投影互相交叉的图线。

双线图直管轴测图、交叉管轴测图的画法基本与单线图管线画法一致。但要注意双线图交叉管的斜等轴测图在两管交叉处，被遮挡管的轮廓须画虚线。

三、管道斜轴测图的识读

1．单线图、双线图管道平面图

单线图、双线图管道平面图如图 11-20 所示。该图为某草坪喷灌供水平面图。从图上可以看到 3 条主要管道：

第 1 条是供水主管 $DN40$：从断口起，至三通 a 止。其上装有 $DN40$ 的内螺纹闸阀一个（设在阀门井内）；

第 2 条是左路供水干管 $DN32$：从三通 a 起，至弯头 3 止。其上装有立管三根（L_1～L_3）、水平短管 1 条（SP_1）及 $DN15$ 的内螺纹闸阀三个；

第 3 条是右路供水干管 $DN32$：从三通 a 起，至弯头 6 止。其上装有立管三根（L_4～L_6）、水平短管一条（SP_2）及 $DN15$ 的内螺纹闸阀三个。

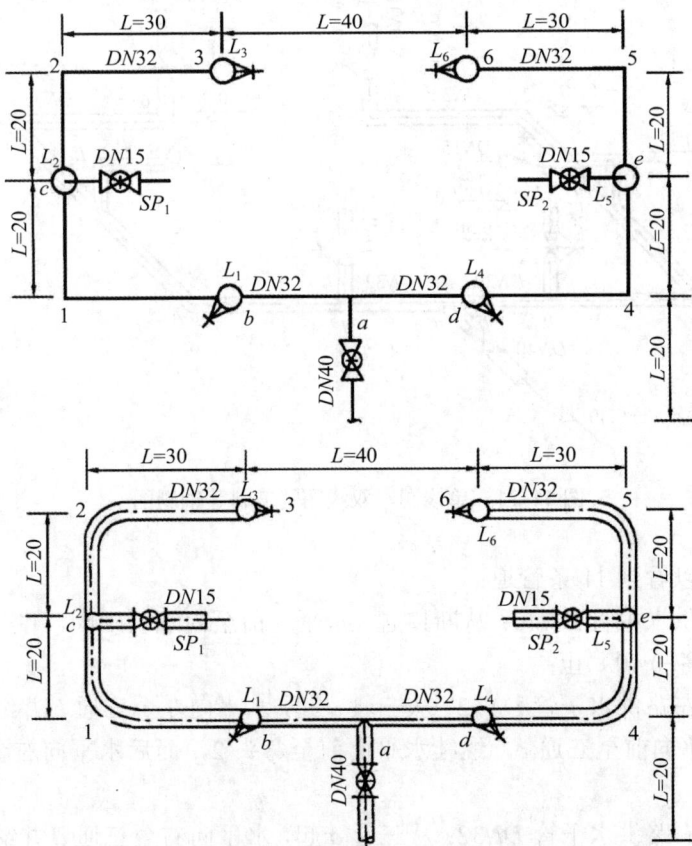

图 11-20　单线图、双线图管道平面图

2. 单线图、双线图管道斜等轴测图

单线图、双线图管道斜等轴测图分别如图 11-21 所示。该图为某草坪喷灌供水斜等轴测图。

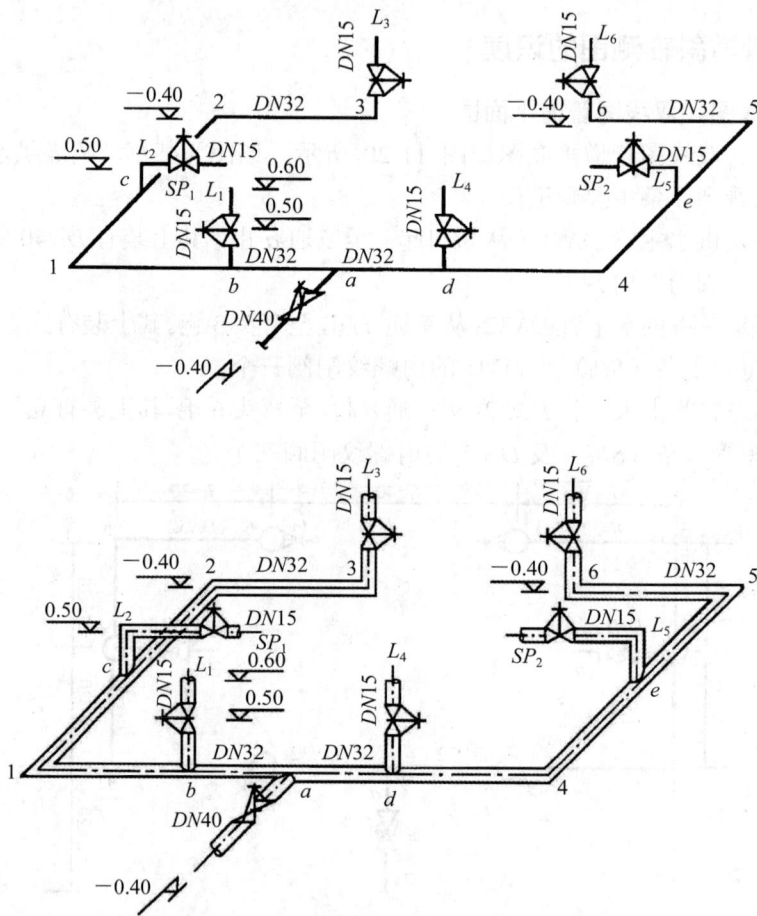

图 11-21　单线图、双线图管道斜等轴测图

从图上可以看到 11 条管道：

第 1 条是供水主管 *DN*40：从断口起，水平向前至内螺纹闸阀，并继续水平向前至三通 *a*（标高−0.40）止；

第 2 条是左路供水干管 *DN*32：从三通 *a* 起，水平向左至三通 *b* 并继续向左至弯头 1，然后水平向前至三通 *c*，继续水平向前至弯头 2，而后水平向右至弯头 3（标高−0.40）止；

第 3 条是右路供水干管 *DN*32：从三通 *a* 起，水平向右至三通 *d* 并继续向右至弯头 4；然后水平向前至三通 *e*，继续水平向前至弯头 5，而后水平向左至弯头 6（标

高−0.40）止；

第 4 条是立管 1（L_1）DN15：从三通 b（标高−0.40）起，垂直向上至内螺纹闸阀（标高 0.50）并继续垂直向上至断口（标高 0.60）止；

第 5 条是立管 2（L_2）DN15：从三通 c（标高−0.40）起，垂直向上至向右弯的 90°弯头（标高 0.50）止；

第 6 条是立管 3（L_3）DN15：从弯头 3（标高−0.40）起，垂直向上至内螺纹闸阀（标高 0.50）并继续垂直向上至断口（标高 0.60）止；

第 7 条是立管 4（L_4）DN15：从三通 d（标高−0.40）起，垂直向上至内螺纹闸阀（标高 0.50）并继续垂直向上至断口（标高 0.60）止；

第 8 条是立管 5（L_5）DN15：从三通 e（标高−0.40）起，垂直向上至向左弯的 90°弯头（标高 0.50）止；

第 9 条是立管 6（L_6）DN15：从弯头 6（标高−0.40）起，垂直向上至内螺纹闸阀（标高 0.50）并继续垂直向上至断口（标高 0.60）止；

第 10 条是水平短管 1（SP_1）DN15：从立管 2（L_2）向右弯的 90°弯头（标高 0.50）起，水平向右至内螺纹闸阀并继续向右至断口止；

第 11 条是水平短管 2（SP_2）DN15：从立管 2（L_2）向左弯的 90°弯头（标高 0.50）起，水平向左至内螺纹闸阀并继续向左至断口止。

第三节　管道剖面图与节点图

为了清楚地反映管线的真实形状以及管件阀件的内部或被遮部分的结构形状，可以采用剖面图和节点图。

一、管道剖面图

1. 单根管线的剖面图

单根管线的剖面图，并不是把管子本身沿着管子的中心线剖切开来而得到的图样。这种剖面图主要是利用剖切符号既能表示剖切位置又能表示投影方向的特点，来表示管线的某个投影面。在图 11-22 中，A-A 剖面图反映的图样，从三视图投影角度来看就是主视图，而 B-B 剖视图则是左视图，但是各剖面图的图形在排列上其关系位置显得灵活，没有三视图那么严格。

2. 管线之间的剖面图

如图 11-23 所示是由三根管线组成的平面图，我们假定一号管线高地坪高度为 2.8 m，2 号管线为 2.6 m，3 号管线为 2.8 m，这三路管线的立面图由于 1 号和 3 号管线标高相同，必定很难辨认，如果在 1 号和 2 号管线之间标上剖切符号，那么在剖面图上就可以清楚地反映出 2 号和 3 号管线垂直部分的图样来。

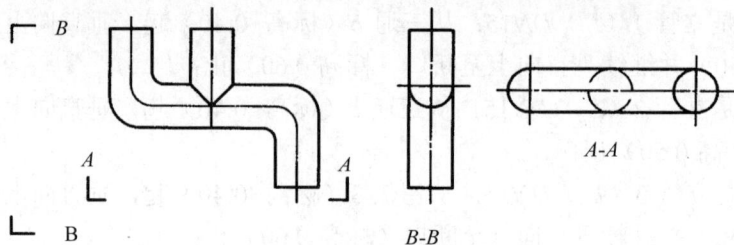

图 11-22　单根管线的剖面图

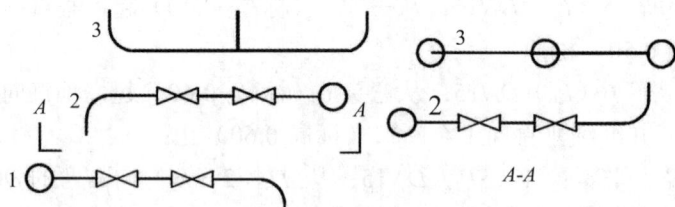

图 11-23　管线间的剖面图

3．管线断面的剖面图

　　管道剖面图有的剖切在管线之间，有的剖切在管线的断面上。在图 11-24 中，在这三路管线组成的平面图里，仍以 A 处的粗短划线为剖切位置。1 号、2 号、3 号管线被剖切后的剖面图为 A-A。由于图中三路管线是同标高，所以画剖面图时，应把这三路管线画在同一轴线上，三路管线的间距，应与平面图上的相同，三路管线之间的排列编号，也同平面图上原来的排列编号相对应。

　　管道剖面图的投影的原理同三视图一样，遵循的仍是正投影原理。由于管线的剖切符号绝大多数都显示在平面图上，因此，管道剖面图实际上就是用剖切的方法，把管线的立面图进行有目的删选，删选后的图样仍旧是立面图。

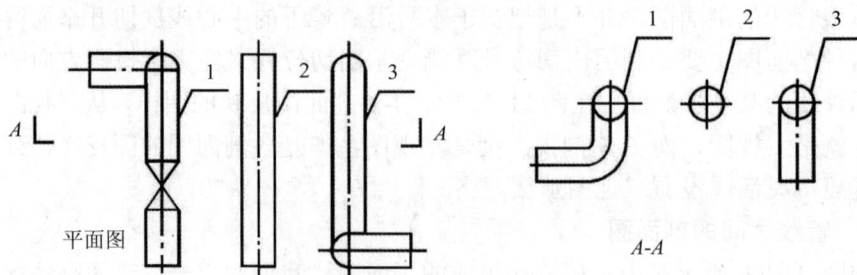

图 11-24　管线断面的剖面图

二、管道平面图和节点图

平面图是施工图中最基本的一种图样，它主要表示构筑物和设备的平面分布，管道的走向、排列和各部分的长宽尺寸，以及每根管子的坡度和坡向，管径和标高等具体数据。

节点图是管道图某个局部的放大图，它能清楚地表示某一部分管道的详细结构及尺寸。节点一般用英文字母为代号。在平面图（立面图或剖面图）中，先用粗实线画一个小圆（直径为 8～16 mm），将需要表示的节点部位圈起，然后在小圆旁边标注上代号。在相应的节点图的下方也标注上相同的代号。

三、管道平面图、剖面图及节点图识读

1．单线图管道平面图

如图 11-25 所示，该图为一软水泵配管平面图，从图上可以看到：软水泵为 2DA-8 型；吸、压水管各一条，管径均为 $DN50$。

吸水干管：从断口起，至吸水立管的 90°弯头止，为地沟敷设。

吸水横管：从吸水立管的 90°弯头起，至软水泵的吸入口止，为明敷设，其上装有 $DN50$ 法兰闸阀 1 个。

压水横管：从压水立管的 90°弯头起，至右墙边的 90°弯头止，为架空敷设，其上装有 $DN50$ 法兰止回阀 1 个。

压水干管：从右墙边压水横管的 90°弯头起，至断口止。为架空敷设。

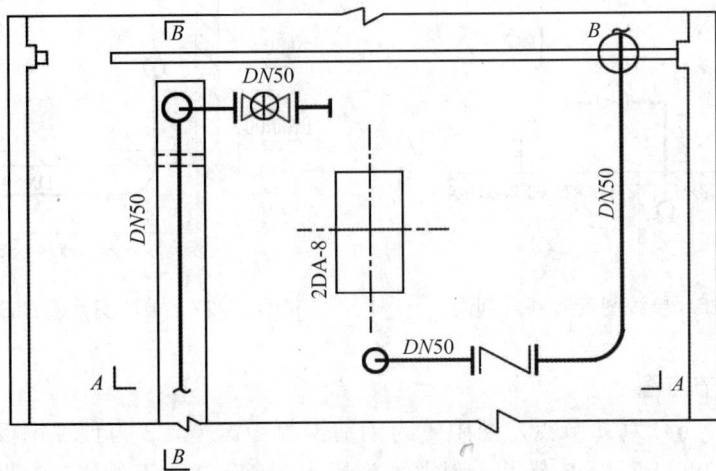

图 11-25　单线图管道平面图

2. 单线图管道剖面图

图 11-26 为单线图管道 A-A 剖面图。从图中上可以看到：

吸水立管：从吸水干管的断口（标高-0.250）起，上升至 90°弯头（标高 0.500）止，±0.000 以下为地沟敷设，以上为明敷设。

吸水横管：从吸水立管的 90°弯头（标高 0.500）起，向右至软水泵吸入口止，为明敷设，其上装有 DN50 法兰闸阀 1 个。

压水立管：从软水泵出口起，上升至 90°弯头（标高-2.500）止，为明敷设。

压水横管：从压水立管的 90°弯头（标高 2.500）起，向右至右墙边的 90°弯头（标高 2.500）止，为架空敷设，其上装有 DN50 法兰止回阀 1 个。

（2）单线图管道 B-B 剖面图

从图 11-27 上可以看到：

吸水干管：从断口（标高-0.250）起，向左至 90°弯头（标高-0.250）止，为地沟敷设。

吸水立管：从吸水干管的 90°弯头（标高-0.250）起，上升至 90°弯头（标高0.500）止，±0.000 以下为地沟敷设，以上为明敷设。

压水立管：从软水泵出口起，上升至 90°弯头（标高-2.500）止，为明敷设。

压水干管：从压水横管的 90°弯头（标高-2.500）起，向左至断口（标高-2.500）止，为架空敷设。

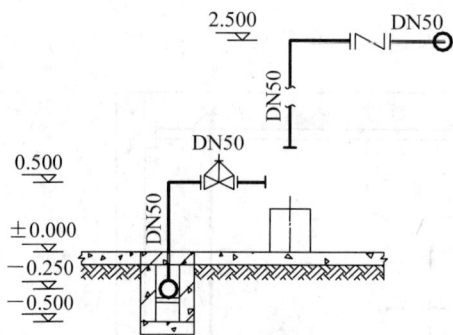

图 11-26 单线图管道 A-A 剖面

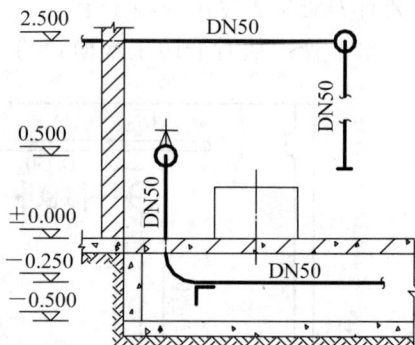

图 11-27 单线图管道 B-B 剖面

3. 管道节点图

图 11-28（a）为 A 节点，图中 1 为钢筋混凝土沟壁，2 为预埋钢板，3 为角钢支架；图 11-28（b）为 B 节点，图中 1 为压水干管，2 为石棉绳，3 为套管，4 为墙。

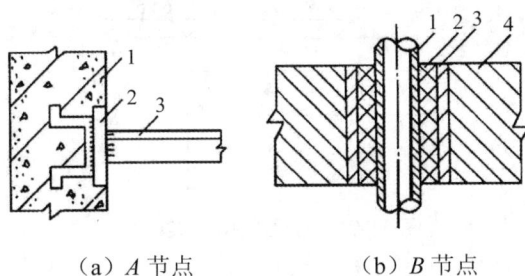

（a）A 节点　　　　　　（b）B 节点

图 11-28　管道节点图

第四节　管道制图的一般规定

一、管道标高

管道高度用标高来表示。室内工程应标注相对标高，室外工程宜标注绝对标高，当无绝对标高资料时，可标注相对标高。压力管道应标注管中心标高，沟渠和重力流管道宜标注沟（管）内底标高。在下列部位应标注标高：

◁　在沟渠和重力流管道的起讫点、转角点、连接点、变坡点、变尺寸（管径）点及交叉点；

◁　压力流管道中的标高控制点；

◁　管道穿外墙、剪力墙和构筑物的壁及底板等处；

◁　不同水位线处；

◁　构筑物和土建部分的相关标高。

平面图中，管道标高如图 11-29 所示。

轴测图中，管道标高如图 11-30 所示。

平面图中，沟渠标高如图 11-31 所示。

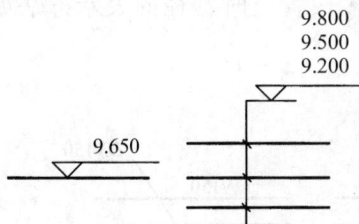

图 11-29　平面图中管道标高

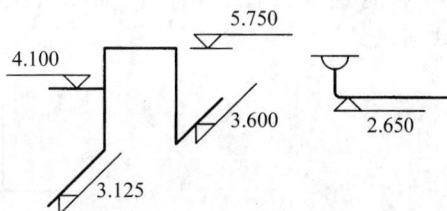

图 11-30　轴测图中管道标高

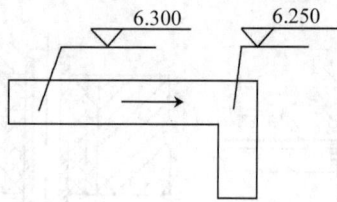

图 11-31　平面图中沟渠标高

剖面图中，管道及水位的标高如图 11-32 所示。

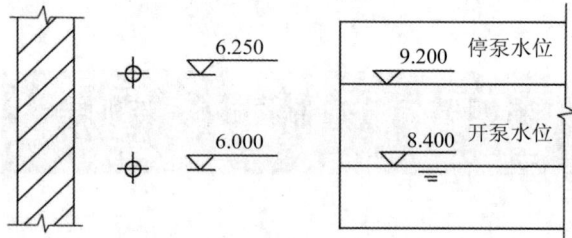

图 11-32　剖面图中管道及水位标高

二、管径的符号与标注

管径应以毫米为单位。

管径的表达方式应符合下列规定：

◁　水煤气输送钢管、铸铁管等管材，管径宜以公称直径 DN 表示，如 $DN50$，$DN100$ 等；

◁　无缝钢管、焊接钢管、铜管、不锈钢管等管材，管径宜以 D×壁厚表示，如 $D108×4.5$ 等；

◁　钢筋混凝土管、陶土管、耐酸陶瓷管、缸瓦管等管材，管径宜以内径 d 表示；

管径一般标注在下列位置：管道变径处，水平管道的上方，竖直管道的右侧。斜管道的斜上方。

单根管道的管径表示方法如图 11-33 所示，多根管道时管径的表示方法如图 11-34 所示。

图 11-33　单管管径表示法

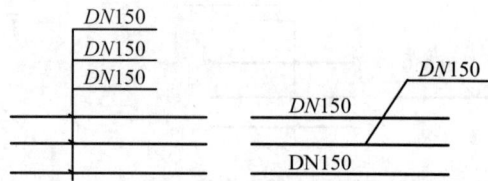

图 11-34　多管管径表示法

三、管道的坡度和坡向

坡度符号为"*i*",其后是等号和坡度值。坡向以单面箭头表示,箭头指向管道低的一端。常用的表示方式如图 11-35 所示:

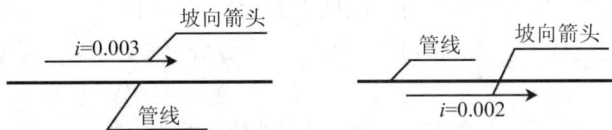

图 11-35　坡向及坡度表示法

四、室内给排水系统与附属构筑物的编号

1.室内给排水系统进出口的编号

当建筑物的给水引入管或排水排出管的数量超过 1 根时,宜进行编号,编号方法如图 11-36 所示:一般是在 $\Phi 10$ mm 的小圆内通过圆心画一水平直径。在水平直径的上方是系统类别代号(汉语拼音字头);下方是系统编号(阿拉伯数字)。

2.室内给排水立管的编号

建筑物内穿越楼层的立管,其数量超过 1 根时宜进行编号,编号方法如图 11-37 所示。例如:

JL-1,表示 1#给水立管(即穿过楼层的第一根给水立管);

JL-2,表示 2#给水立管(即穿过楼层的第二根给水立管);

PL-1,表示 1#排水立管(即穿过楼层的第一根排水立管);

PL-2,表示 2#排水立管(即穿过楼层的第二根排水立管)。

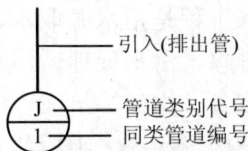

图 11-36　管道编号表示法

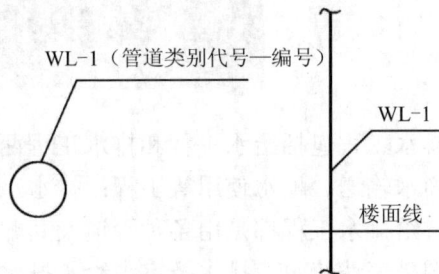

图 11-37　立管编号表示法

3.给排水附属构筑物的编号

给排水附属构筑物是指阀门井、水表井、检查井、化粪池等。在总平面图中,当给排水附属构筑物的数量超过 1 个时,宜进行编号。编号方法为:构筑物代号—

189

编号；编号顺序宜为：给水阀门井，从干管到支管，由水源到用户；排水检查井，从上游至下游，先干管后支管。

五、管道代号

在同一张管道图中，若有几种不同的管路时，为了区别，一般是在管线的中间注上汉语拼音的规定代号，如图 11-38 所示。管路常用的规定代号见表 11-1。

表 11-1　管路常用的规定代号

序号	名称	规定代号	序号	名称	规定代号
1	给水管路	J	5	热水管路	R
2	循环水管路	XH	6	排水管路	P
3	凝结水管路	N	7	污水管路	W
4	冷却水管路	L			

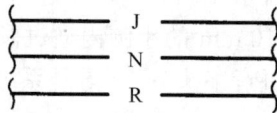

图 11-38　管道代号

六、方位标

在底层平面图上，也是通常采用指北针来表示管道或建筑物的方向。

第五节　给排水工程图

给排水工程包括给水工程和排水工程两个方面。给水工程是指水源取水、水质净化、净水输送、配水使用等工程；排水工程是指污水排除、污水处理、污水排放等工程。给排水工程都是由各种管道及其配件和水处理设备、构件等组成。给、排水工程图是表达给水、排水及室内给水排水工程设施的结构形状、大小、位置、材料以及有关技术要求等的图样，以供技术交流和施工人员按图施工。

一、室外给排水工程图

室外给排水施工图主要表示一个小区范围内的各种室外给水排水管道的布置，与室内管道的引入管、排出管之间的连接，以及管道敷设的坡度、埋深和交接情况、检查井位置和深度等。室外给水施工图与排水施工图包括给水排水平面图、管道纵剖图、附属设备的施工图等。

1. 室外给排水平面图

室外给水排水平面图包括有：室外管网平面布置图和地区、小区的给排水总平面图。图 11-39 是某新建楼房的室外给排水管网平面布置图。室外管网平面布置图用于表达房屋周围的给排水管道的平面布置情况。在此图中，只画出局部室外管网的干管，以能说明与给水引入管和排水排出管的连接情况即可。以下说明室外给排水平面图的图示内容及方法。

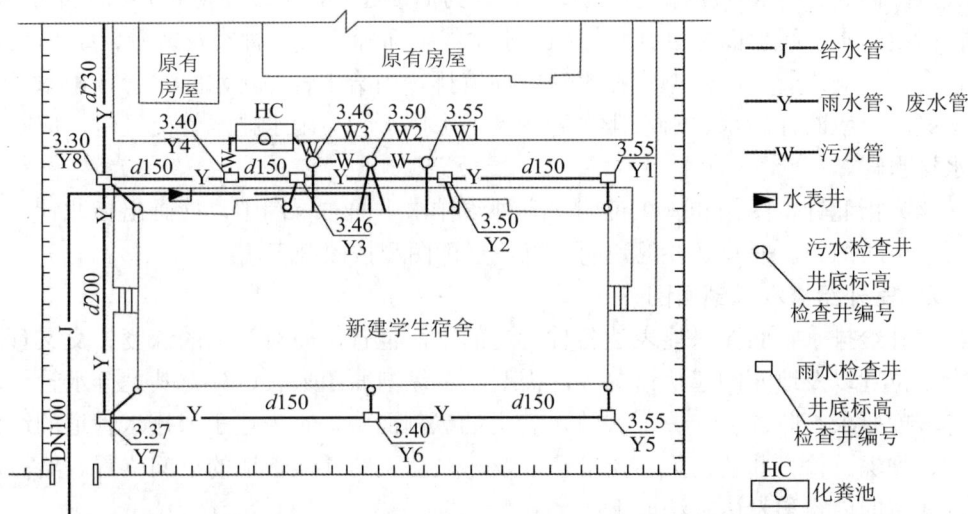

说明：1. 室内外地坪的高差为 0.60 m，室外地坪的绝对标高为 3.90 m，给水管中心线绝对标高为 3.10 m。
2. 雨水和废水管坡度：d150、d200、为 0.5%；d230 为 0.4%；污水管为 1%。
3. 检查井尺寸：d150、d200 为 480 mm×480 mm；d230 为 600 mm×600 mm。
4. 化粪池采用民 S301 图集的 4#化粪池。

图 11-39 新建楼房室外给排水平面图

（1）比例。室外给排水平面布置图的比例一般采用与建筑总平面图相同的比例。常用 1∶500、1∶200、1∶100，范围较大的小区给排水平面图可采用 1∶2 000、1∶1 000。

（2）建筑物及道路、围墙等设施。在室外给排水平面图中，原有房屋以及道路、围墙等设施，基本上按建筑总平面图的图例绘制。对于新建房屋的轮廓采用中粗实线绘制。

（3）管道及附属设备。一般把各种管道，如给水管、排水管、雨水管，以及水表（流量计）、检查井、化粪池等附属设备，都画在同一张平面图上。新建管道均采用单条粗实线表示。管径都直接标注在相应的管线旁边；给水管一般采用铸铁管，以公称直径 *DN* 表示；雨水管、污水管一般采用混凝土管，则以内径 *d* 表示。水表、检查井、化粪池等附属设备则按图例绘制。应标注绝对标高。

同一图样上的不同类附属构筑物，应以不同的代号加以标注；同类附属构筑物的数量多于一个时，应以其代号加阿拉伯数字进行编号。

给水管道宜标注管中心标高，由于给水管道是压力管，且无坡度，往往沿地面敷设，如敷设时统一埋深，可以在说明中列出给水管的中心标高。

排水管道（包括雨水管和污水管）应注出起讫点、转角点、连接点、交叉点、变坡点的标高。排水管应标注管内底标高。为简便起见，可以在检查井引一指引线，在指引线的水平线上面标以井底标高，水平线下面标注管道种类及编号，如 *W* 为污水管，*Y* 为雨水管，编号顺序按水流方向编排。当给水管与污水排水管、雨水排水管交叉时，应断开污水、雨水排水管；当污水排水管与雨水排水管交叉时，应断开污水排水管。

（4）指北针、图例和施工说明。室外给排水平面布置图中，应画出指北针，标明所使用的图例，书写必要的说明，以便于读图和按图施工。

2. 室外给排水纵剖面图

室外给排水平面图只能表达各种管道的平面位置，而对管道的深度、交叉管道的上下位置以及地面的起伏情况等，需要一个纵剖面图来表达。尤其是排水管道，它有坡度要求。图 11-40 是一段排水管道的纵剖面图，它表达了该排水管道的纵向尺寸、埋深、检查井的位置、深度，以及与之交叉的其他管道的空间位置。给排水纵剖面图的内容和表达方法如下：

（1）比例。由于管道长度方向比深度方向大得多，在纵剖面图中通常采用横竖两种比例。例如竖向比例常采用 1：200、1：100，横向比例常采用 1：1 000、1：500 等比例。

（2）断面轮廓线的线型。管道纵剖面图是沿杆管轴线铅垂剖切画出的断面图，一般压力管用单粗实线绘制，重力管用双粗实线绘制；地面、检查井、其他管道的横断面用粗实线绘制。检查井直径按竖向比例绘制。其他管的横断面用空心圆表示。

（3）表达干管的代号及设计数据。如图 11-40 中在其他管道的横断面处，标注了管道的类型代号、定位尺寸和标高。在断面图下方，用表格的形式分项列出该干管的各项设计数据，例如设计地面标高、设计管内底标高（这里是指重力管）、管径、水平距离、编号、管道基础等内容。表格中的数据直接与上图对应，表示该段或该点处的数据。

此外，还常在最下方画出相应的管道平面图，与管道纵剖面图对应。参见图 11-40 中下图。

设计地面标高/m	398.37	399.27		399.44		399.55		399.66
设计管内底标高/m	394.695	394.68		394.541		394.464		394.387
管径/mm				$d800$				
水平距离/m	55		55		50		50	
编号	W7	W8		W9		W10		W11
管道基础				混凝土带形基础				

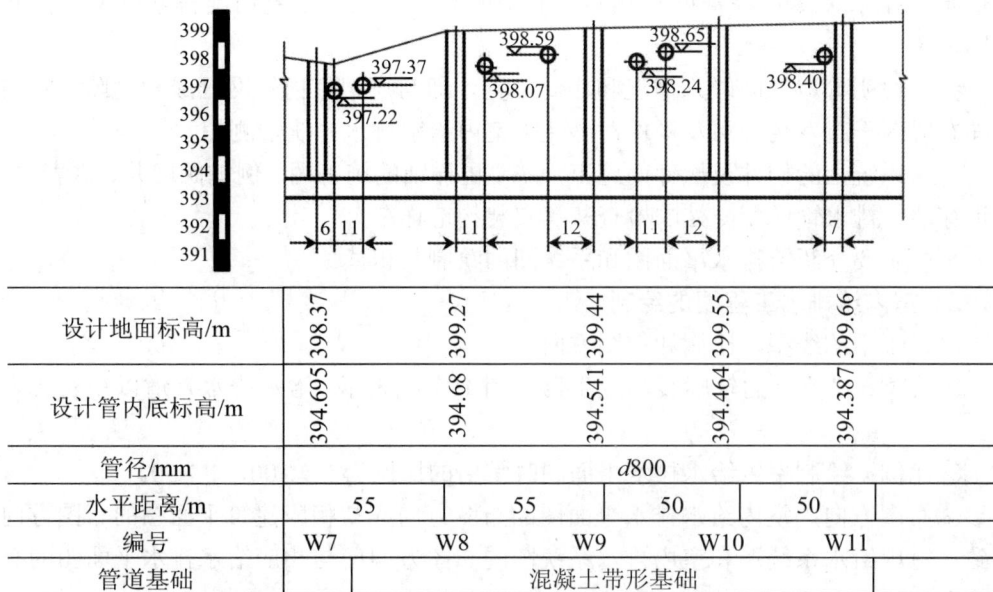

污水管道纵断面图

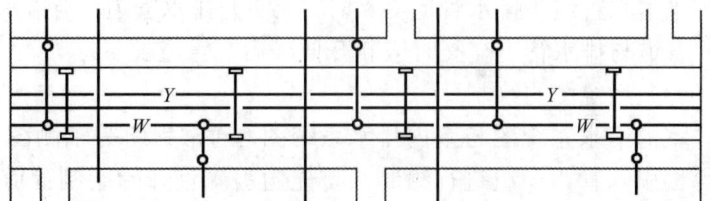

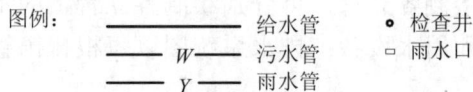

图例：　─────── 给水管　　　◦ 检查井
　　　──W── 污水管　　　□ 雨水口
　　　──Y── 雨水管

污水管道平面图

图 11-40　室外给排水纵面图

二、室内排水工程图

1. 室内给排水工程图的组成

给排水工程图按其作用和内容来分，有以下几种：管道平面布置图、管道系统轴测图、设备及构件详图。

在一幢建筑物内需要用水的房间（厨房、厕所、浴室、实验室、锅炉房等）布置管道时，要以图例符号的形式在房屋平面图的基础上画出卫生设备、盥洗用具和给水、排水、热水等管道及其构件的平面布置，这就是室内给排水管网平面布置图。

为了说明管道空间联系情况和相对位置，通常还把室内管网画成轴测图。它与平面布置图一起表达管网及构件，这就是室内给水排水系统轴测图。

管道系统上的构件及配件的施工，需要更详细的施工图。例如阀门井、水表井、管道穿墙、排水管道相交处的检查井等安装构造详图。

下面主要介绍给排水平面图和系统图的绘制与识读。

2．室内给排水工程图的绘制

（1）采用的线型、比例和布图方向

①线型：建筑物的轮廓线和卫生器具用细实线表示；给水排水管道以粗实线表示。

②比例：绘制室内给水排水平面图时常用的比例为 1∶100，1∶50。

③布图方向：室内给水排水平面图的布图方向应与相应建筑平面图的布图方向一致；室内给水系统图和室内排水系统图的布图方向应与相应给水排水平面图的布图方向一致。

（2）管道交叉

当给水管道与排水管道交叉时，应断开排水管道；当给水管道与给水管道交叉，排水管道与排水管道交叉时应断开低（后）管道。

（3）系统图的绘制

室内给水系统图与室内排水系统图，通常为斜等轴测图。绘图时，给水系统图以每根引入管为一组进行绘制，首先由引入管开始绘制管道，其次绘制水平干管，再绘制各立管，再分别绘制各立管上的水平支管，最后绘制支管上的水龙头、阀门和用水设备；排水系统图以每根排出管为一组进行绘制，步骤可参考给水系统图。

（4）习惯与规定画法

①对于某些不可见管道，如埋地管道、暗装管道和穿墙管段等，不用虚线而以粗实线表示。

②对于某些管道，如水平管、立管、多根平行管道等，不按比例绘制，其与墙的距离和间距，仅示意性的表示其位置。

③安装在下一层空间而为本层所用的管道，绘制在本层平面图上。

④给水管道只绘制水龙头（或开闭阀），排水管道仅绘制卫生器具出水口处的存水弯，而不绘出卫生器具的外形轮廓线。

⑤有水泵的平面图、轴测图，可不绘出水泵的外形轮廓线，仅绘水泵进出口的管道和水泵基础的外形轮廓线。

3．室内给水排水工程图的识读

（1）室内给水排水工程图的识读方法

识读顺序为：先识读室内给水排水平面图，再对照室内给水排水平面图识读室内给水系统图和室内排水系统图，然后识读详图。

①室内给水排水平面图的识读方法

识读顺序为：先底层平面图，后各层平面图。识读底层平面图时，先识读卫生器具，再识读给水系统的引入管、立、干、支管，然后识读排水系统的支、干、立、排出管。识读各层平面图时，也是先识读卫生器具，再识读给水系统的立、干、支管；然后识读排水系统的支、干、立管。

②室内给水系统图的识读方法

识读室内给水系统图的方法为对照法：将室内给水系统图与室内给水排水平面图对照识读，先找出室内给水系统图中与室内给水排水平面图中相同编号的引入管和给水立管，然后依次识读引入管、立、干、支管。

③室内排水系统图的识读方法

识读室内排水系统图的方法也采用对照法：将室内排水系统图与室内给水排水平面图对照识读，先找出室内排水系统图中与室内给水排水平面图中相同编号的排出管和排水立管，然后按支、干、立、排出管的顺序识读。

（2）室内给水排水工程图的识读

某住宅楼给水排水平面图，如图 11-41（a）、（b）所示。从图上可以看出，该住宅楼共有 6 层，各层卫生器具的布置均相同；各层管道的布置，除底层设有一条引入管和一条排出管外，其余各层的管道布置也都相同。

①卫生器具的布置。在①至②轴线间的卫生间内，沿②轴线设有叶轮式水表、洗脸盆、蹲式大便器、地漏和浴盆等。在②至③轴线间的厨房内，沿②轴线设有污水池、贮水池和地漏等。

②给水管道的布置。在底层，沿ⓒ轴线设有一条给水引入管，管径为 $DN50$，由室外引入室内至墙角处的给水立管（JL）止。由该立管接出给水干管，沿②轴线经内螺纹截止阀、叶轮式水表，向洗脸盆、蹲式大便器、贮水池和浴盆供水。管径由 $DN25$ 变为 $DN15$。

③排水管道的布置。在底层卫生间的东南角，设有 1 根 $DN150$ 的排水立管（PL）。沿②轴线设有 $DN100$ 的排水干管和 1 条 $DN150$ 的排出管。卫生间内洗脸盆、蹲式大便器、浴盆和地坪的污水，经排水干管、排水立管和排出管排至室外（检查井）。厨房内污水池和地坪的污水，经排水支管、排水干管、排水立管和排出管排至室外（检查井）。

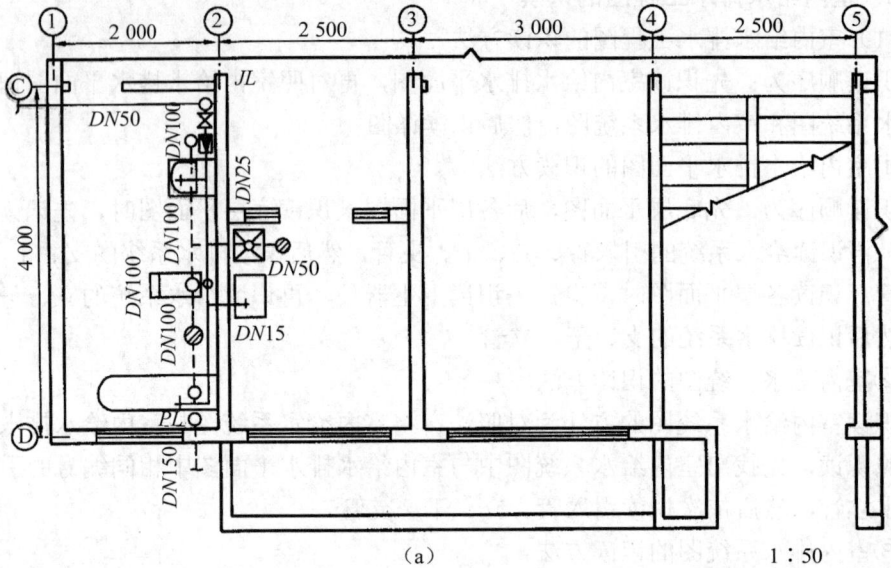

(a)   1：50

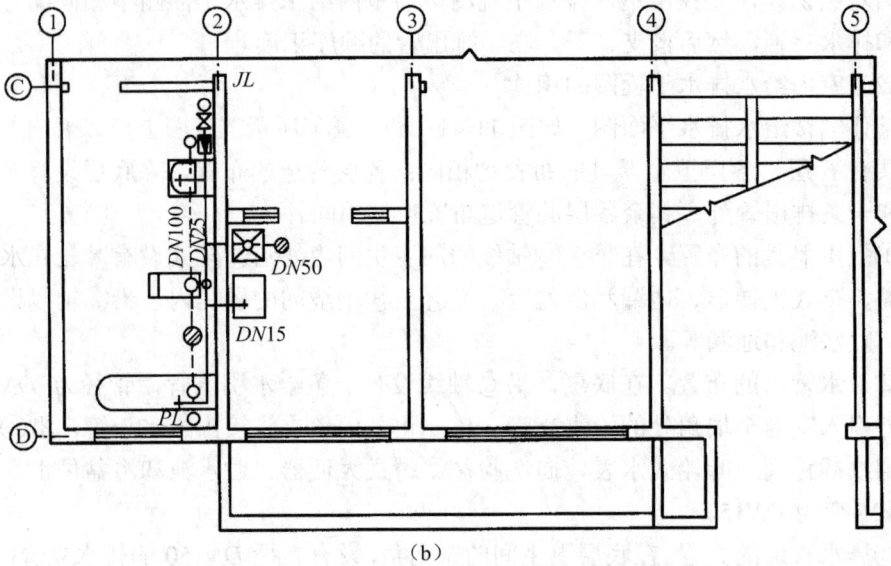

(b)

图 11-41　某住宅楼给排水平面图

（3）给水系统图的识读

某住宅楼给水系统图，如图 11-42 所示。从图中可以看出，$DN50$ 的引入管标高为 -1.200，由西向东至立管（JL）下端的 90°弯头止；然后 $DN50$ 的立管（JL）垂直向上，穿出底层地坪±0.000，在标高 0.500 处安装 DN50 的内螺纹截止阀 1 个，继续垂直向上至标高为 16.000 的 90°弯头止。

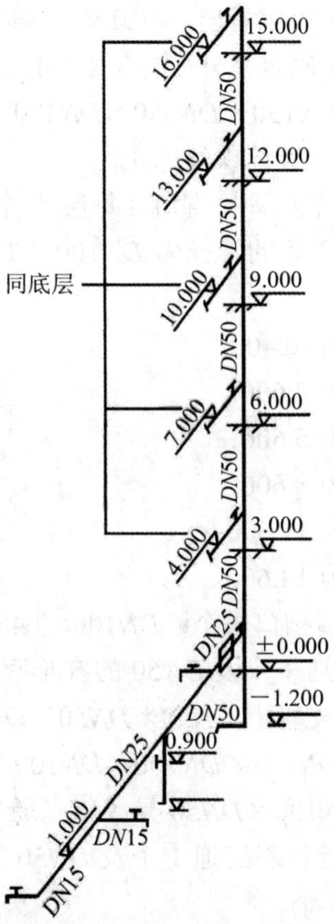

图 11-42　某住宅楼给水系统图

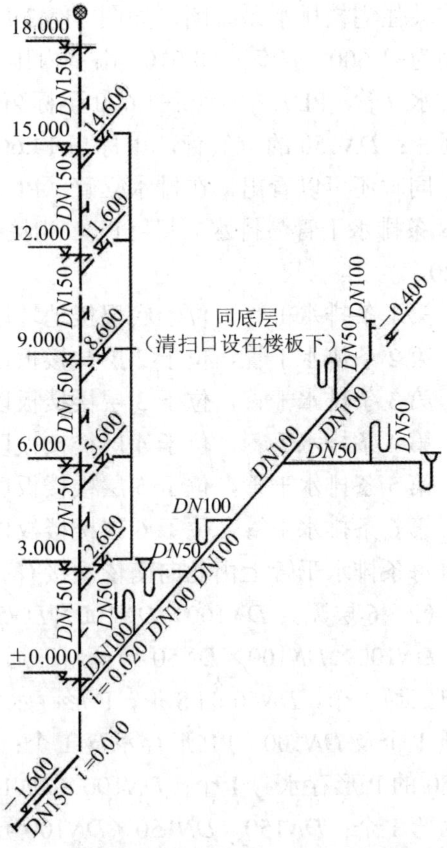

图 11-43　某住宅楼排水系统图

在立管（JL）上共接出 6 条水平干管，每条水平干管始端的管径为 DN25，末端的管径为 DN15。

第 1 条水平干管位于底层楼，标高为 1.000；

第 2 条水平干管位于 2 层楼，标高为 4.000；

第 3 条水平干管位于 3 层楼，标高为 7.000；

第 4 条水平干管位于 4 层楼，标高为 10.000；

第 5 条水平干管位于 5 层楼，标高为 13.000；

第 6 条水平干管位于 6 层楼，标高为 16.000。

每条水平干管上，由北向南依次接有：DN25 的内螺纹截止阀 1 个；DN25 的叶轮式水表 1 组；DN25×DN25×DN15 异径三通 1 个及 DN15 水龙头 1 个；DN25×

$DN25×DN25$ 等径三通 1 个及 $DN25$ 专用冲洗阀 1 个；$DN25×DN25×DN15$ 异径三通 1 个及 $DN15$ 的水龙头 1 个；$DN15$ 的弯头 1 个及 $DN15$ 的水龙头 1 个。

（4）排水系统图的识读

某住宅楼排水系统图，如图 11-43 所示。从图中可以看出，$DN150$ 的排出管，标高为-1.600，坡度 $i=0.010$，由室内排水立管（PL）底至室外（检查井）止；$DN150$ 的排水立管（PL），由标高-1.600 至标高为 14.600，$DN150×DN150×DN100$ 异径斜三通止；$DN150$ 的透气管，由标高 14.600 至屋面以上镀锌铁丝球止。

同时还可以看出，在排水立管（PL）上设有 6 个立管检查口（每层 1 个），并有 6 条排水干管与排水立管（PL）相接；每条排水干管的管径为 $DN100$，坡度 $i=0.020$。

第 1 条排水干管，位于底层楼地坪以下，标高为-0.400；

第 2 条排水干管，位于 2 层楼楼板以下，标高为 2.600；

第 3 条排水干管，位于 3 层楼楼板以下，标高为 5.600；

第 4 条排水干管，位于 4 层楼楼板以下，标高为 8.600；

第 5 条排水干管，位于 5 层楼楼板以下，标高为 11.600；

第 6 条排水干管，位于 6 层楼楼板以下，标高为 14.600。

每条排水干管上由北向南依次接有：$DN100$ 的清扫口 1 个；$DN100$ 的 45°弯头 2 个（2～6 层无）；$DN100×DN100×DN50$ 异径斜三通 1 个及 $DN50$ 的 S 形存水弯 1 个；$DN100×DN100×DN50$ 异径斜三通 1 个及排水支管上 $DN50×DN50×DN50$ 等径斜三通 1 个，$DN50$ 的 S 形、P 形存水弯各 1 个；$DN100×DN100×DN100$ 等径斜三通 1 个及 $DN100$ 的 P 形存水弯 1 个；$DN100×DN100×DN50$ 异径斜三通 1 个及 $DN50$ 的 P 形存水弯 1 个；$DN100×DN100×DN50$ 异径斜三通 1 个及 $DN50$ 的 S 形存水弯 1 个；$DN150×DN150×DN100$ 异径斜三通 1 个。

第十二章 专业工程图实例

第一节 机械图

一、装配图

装配图是表达机器、设备的工作原理、装配关系、连接方式及结构形状的图样，是指导生产、装配、检验、安装、维修等工作的重要技术文件之一，也是进行技术交流的重要资料。

球阀是管路系统中启闭及调节流体流量的一种装置。图 12-1 是球阀的立体结构图（剖切掉左前 1/4），图 12-2 是球阀装配图。当扳手 13 处于图示位置时，阀门全部开启，管路畅通；转动扳手，阀杆 10 通过下端嵌入阀芯 4 上面的凹槽内的扁榫转动阀芯，流体通道截面减小；当扳手沿顺时针方向旋转 90°时，阀门全部关闭，管道断流。在阀体与阀芯、阀体与阀杆、阀体与阀盖之间都装入填料，起密封作用。

装配图中用一组图形表达机器、设备的工作原理，各组成零件之间的连接关系和装配关系。这组图形可采用视图、剖视、断面图等多种表达方法。为了区别相邻零件，其剖面线的方向或间隔应不同。但同一零件在各个图形中的剖面线方向和间隔必须一致。当零件的轮廓范围较小时，可以涂黑，如图中的调整垫 8。有些实心零件和标准件，当剖切面通过这些零件的轴线时，一般按不剖绘制，如图中主视图中的阀杆 10。球阀装配图的俯视图中，双点画线表示的是扳手的一个极限位置，属于装配图中的假想画法，左视图中运用了拆卸画法，以便于画图和更清晰的表达某些结构形状。

装配图中一般标注与机器、设备的规格性能、装配、安装有关的尺寸以及外形尺寸。如图中 Φ 20 是规格性能尺寸，Φ 18H11/c11 是装配尺寸，114、123.5 等是外形尺寸。

为了便于生产和图样管理，在装配图中必须对每种不同的零件或组合件编号，并在标题栏上方画出明细栏，每种零件在明细栏中和装配图中的序号要对应一致，以便看图时进行对照。编写零件序号时，由装配图中零件的可见轮廓以内引出细实线的指引线，在指引线末端画水平短线或一圆圈，在水平短线或圆圈内注出零件序号，序号比图中的尺寸数字大一号。序号也可直接注写在指引线末端。一组紧固件可采用公共的指引线进行编号，如图中的 5、6、7 件。零件的序号应按水平或竖直方向整齐排列，并按顺时针或逆时针顺序编写。

看装配图时，应从零件序号和明细栏入手，了解机器、设备的组成；根据图形中的剖面线方向及视图间的投影关系，找出运动零件和重要零件，搞清楚机器、设备的工作原理、装配关系；最后分析零件的结构形状和图中的尺寸标注、技术要求等。

二、零件图

零件图是表达单个零件的结构形状及制造、检验要求的图样。图 12-3 是阀体零件图，图 12-4 是它的轴测图。

阀体零件图上运用了全剖的主视图、半剖的左视图及俯视图表达了阀体的结构形状；标注的全部尺寸反映了阀体的真实大小。图中用文字和符号说明了加工制造时的技术要求。$\frac{12.5}{\bigtriangledown}$ 是对阀体表面质量的一项技术要求，称为表面粗糙度。$\Phi 18_0^{+0.11}$ 中的+0.11 和 0 是尺寸 18 的上偏差和下偏差，表示该孔的实际尺寸必须在 18～18.11 才合格。尺寸的允许变动量是 0.11 mm，它是对孔的尺寸精度的技术要求，称为尺寸公差。有时还会对零件上比较重要的表面提出形位公差要求。在标题栏附近一般都有文字说明的技术要求。图中的时效处理是消除零件内应力的常用方法。为了满足零件在设备、机器中的使用要求，可采用多种处理方法提高零件材料的性能，如：淬火、调质等；标题栏中所注零件材料 ZG25，表示材料为铸钢，上述关于零件材料及处理方法的具体内容可参考《金属材料及热处理》。

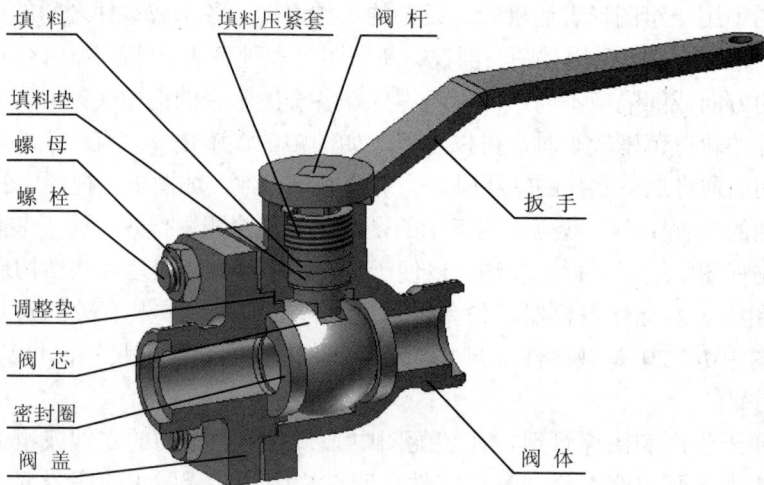

填料   填料压紧套   阀杆

填料垫
螺母
螺栓

扳手

调整垫
阀芯
密封圈
阀盖

阀体

图 12-1 球阀立体图

B-B 拆去件13

序号	零件名称	数量	材 料	备注
13	扳 手	1	ZG230~450	
12	填 料 垫	1	2Cr13	
11	填 料	1	聚四氟乙烯	
10	阀 杆	1	35	
9	填料压紧套	1	聚四氟乙烯	
8	调 整 垫	4	Q235-A	GB/T 6170-2000
7	螺母 M8	4	35	GB/T 879-1998
6	螺栓 M8×30	4	Q235-A	GB/T 97.1-2002
5	垫 圈 8	1	2Cr13	
4	阀 芯	1	聚四氟乙烯	
3	密 封 圈	2	ZG230~450	
2	阀 盖	1	ZG230~450	
1	阀 体	1		

	球 阀	比例 1:2	01-00	
		重量 件数	共 1 张 第 1 张	
设计				
制图				
审核				

图 12-2 球阀装配图

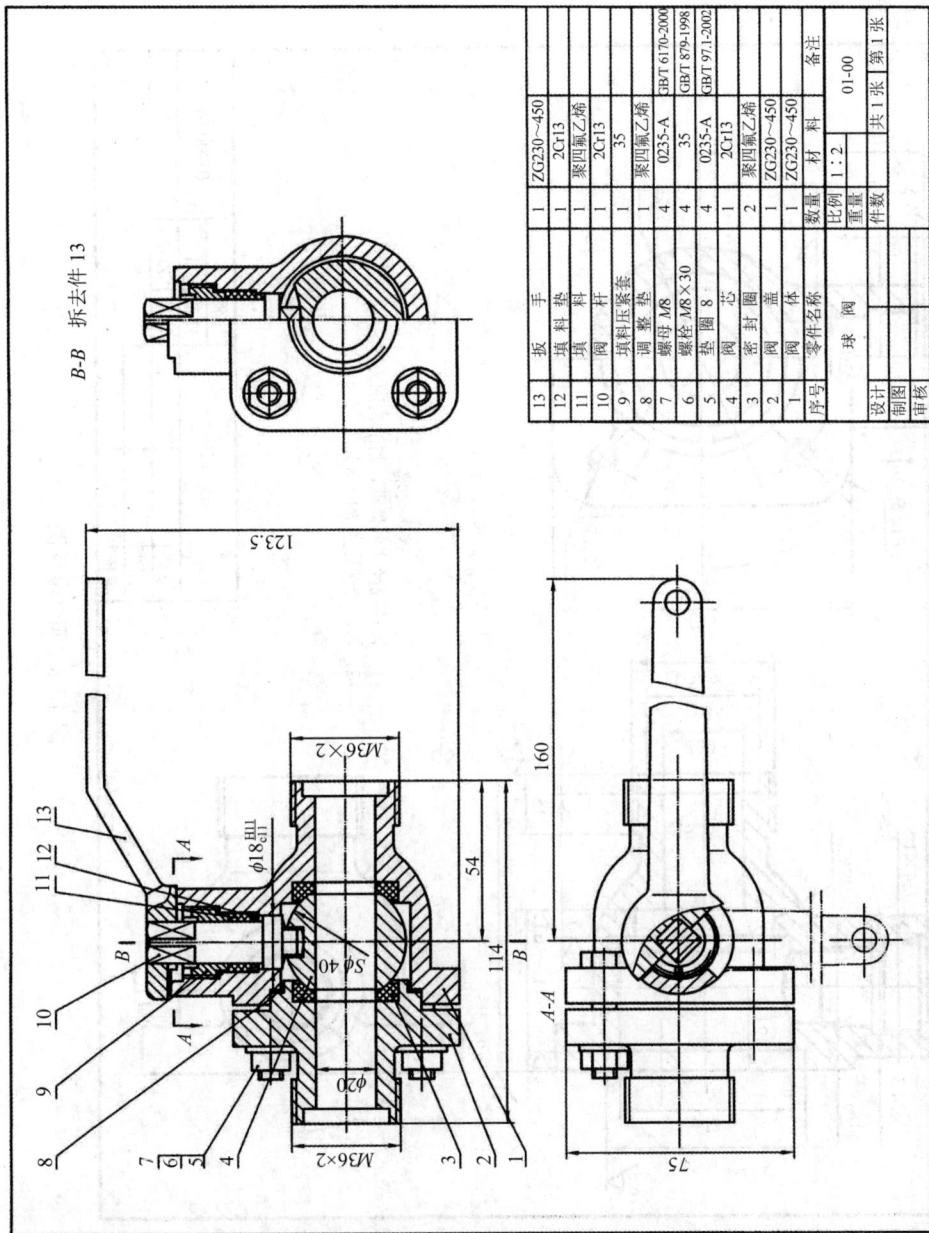

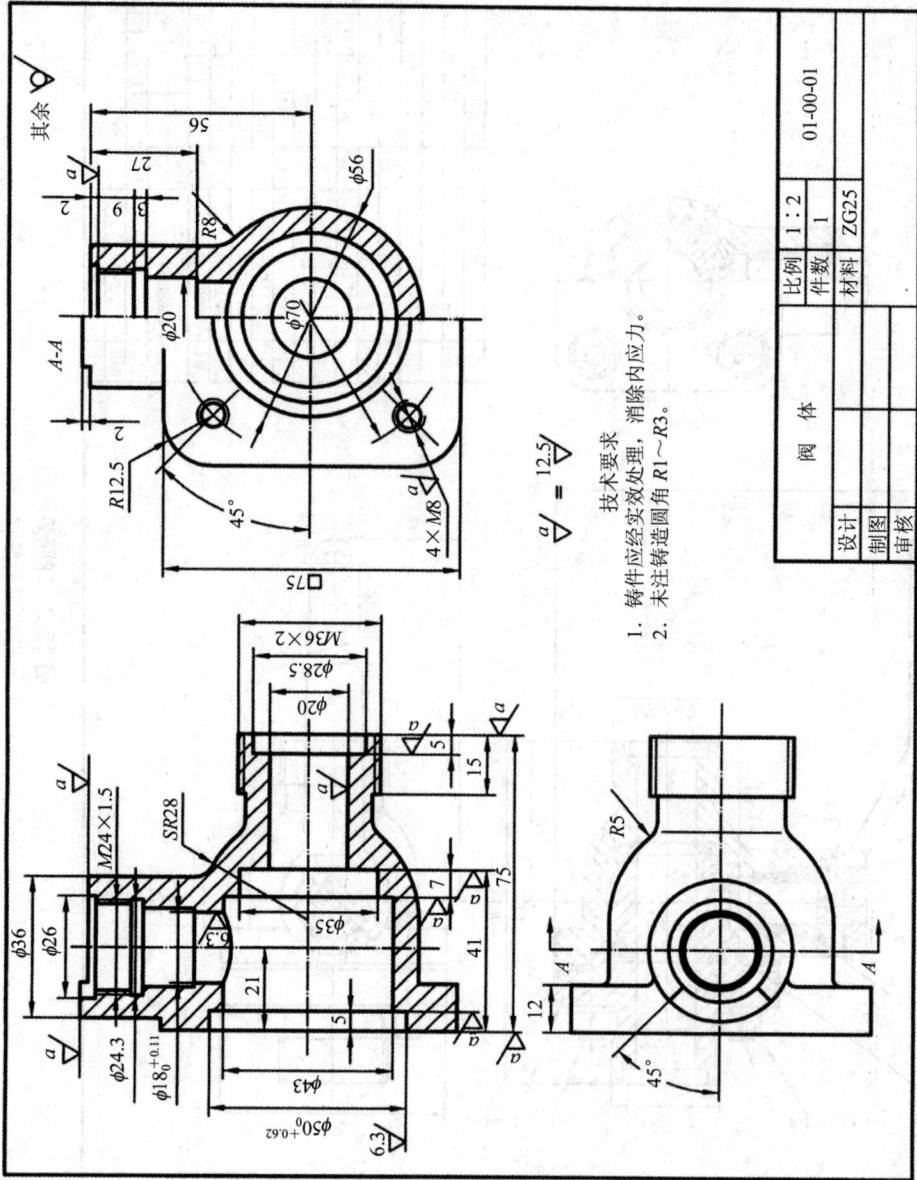

技术要求
1. 铸件应经实效处理，消除内应力。
2. 未注铸造圆角 R1～R3。

比例	1:2		01-00-01
件数	1		
材料	ZG25		

阀 体

设计
制图
审核

图 12-3 阀体零件图

第二节　水处理设备构筑物工艺图

一套完整的水处理设备工艺图应包括平面图、高程图、各构筑物详图、管道图等。

一、构筑物详图

环境工程，特别是水处理工程的构筑物图，主要表达的是构筑物尺寸以及内部各机构的位置与相对尺寸。下面以水处理工程中最常见的沉淀池为例，说明这类构筑物详图识读的一般问题。

识读这类图时，首先应依据图名、剖切标注或各视图的标注确定各视图的位置关系，如例中，明确说明了下面为池的平面图，上面为Ⅰ-Ⅰ剖视图，应在平面图中找到剖切位置，明白其要表达的内容。其次可根据设备器材表，结合图中的编号，明确图中各构件的名称及相对位置。以下具体说明例图的内容。

图12-4为水处理工程中常用的二沉池结构图。平面图主要用来表达沉淀池的形状，表达进出水管、排泥管、集水井、集泥井的位置以及集水井和集泥井的尺寸。由图可知：沉淀池主体为圆柱形，结合Ⅰ-Ⅰ剖视图可知下部为圆锥形的集泥区。水由左边的进水管进入到达池中心进而沿径向向池内分散，最后由池内壁安装的出水堰进入环形的出水槽排出。沉淀下来的污泥在刮泥机作用下进入池底中心部位，由排泥管排出。为方便日常巡查，刮泥机上还设有走道及栏杆。

为了表达池深及内部各机构的位置和尺寸，图中按Ⅰ-Ⅰ位置设置了旋转剖视，主要用来表达集水井、集泥井的深度和尺寸；进水管的安装尺寸和安装位置；排泥管的尺寸和安装位置。因为Ⅰ-Ⅰ图类似构筑物的立面图，所以图中竖直方向的尺寸可用标高的方法标出。

为了方便读图，图中常配有一定的文字标注或说明。

二、污水处理厂平面图

平面图主要用来表达各构筑物在平面的位置关系，进而确定处理工艺。平面图还表达各构筑物的位置、朝向，新构筑物与原有建筑物的关系及新建筑区域内的道路、绿化等，是施工定位的依据，也是工程中水、气等管线布设的主要依据。以下以污水处理厂的平面图说明其主要内容。

图12-5所示为一污水处理厂的平面图，图中画出各构筑物的平面图，为便于绘图，只画出主要轮廓外形，为方便读图，在各构筑物内标注出其名称。图中应标明各构筑物之间的连接管线及管径规格。必要时可标注出管内流体的名称和流向。为方便施工时放线定位，应标注出各构筑物主要控制点（圆形池为圆心，矩形池为一对对角点）相对一

已知点的相对位置，如坐标表示等。图中按工艺流程及各构筑物的具体形状及大小合理布置，其目的是尽量减少占地及减少水、气及污泥在厂区内的输送。

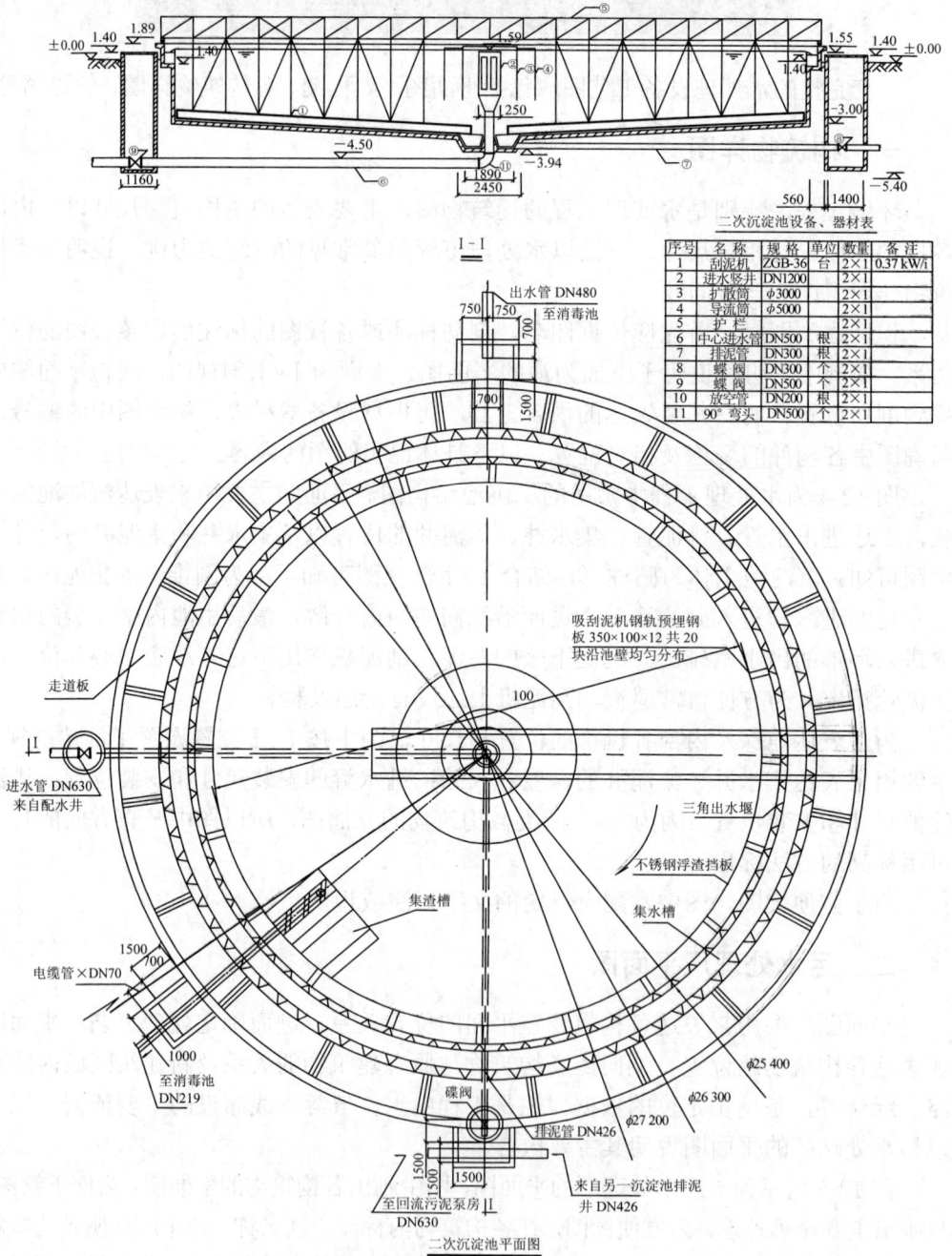

二次沉淀池设备、器材表

序号	名 称	规 格	单位	数量	备 注
1	刮泥机	ZGB-36	台	2×1	0.37 kW/台
2	进水竖井	DN1200		2×1	
3	扩散筒	φ3000		2×1	
4	导流筒	φ5000		2×1	
5	护栏			2×1	
6	中心进水管	DN500	根	2×1	
7	排泥管	DN300	根	2×1	
8	蝶阀	DN300	个	2×1	
9	蝶阀	DN500	个	2×1	
10	放空管	DN200	根	2×1	
11	90°弯头	DN500	个	2×1	

图 12-4　二沉池结构图

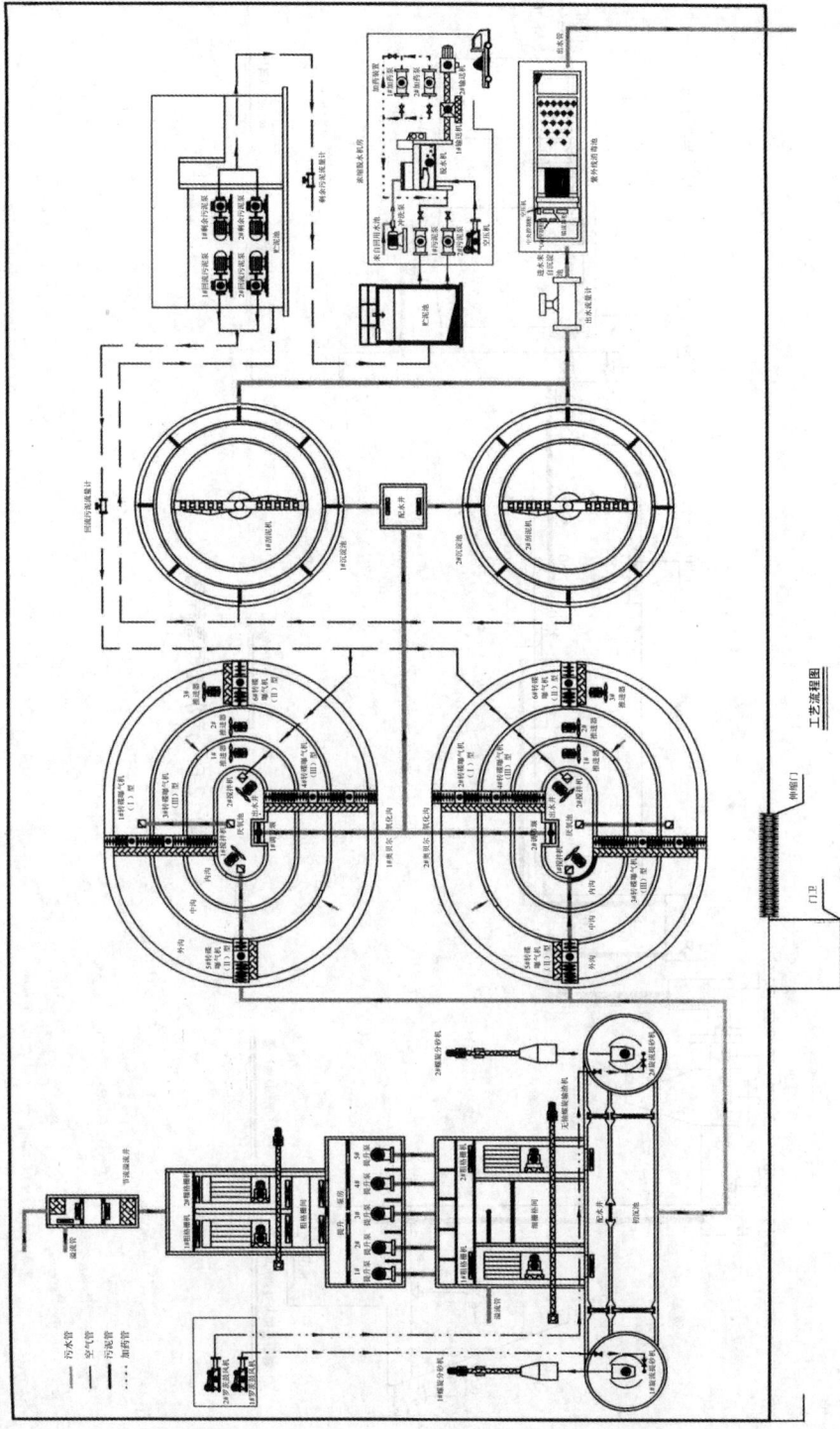

图 12-5 水处理厂平面图

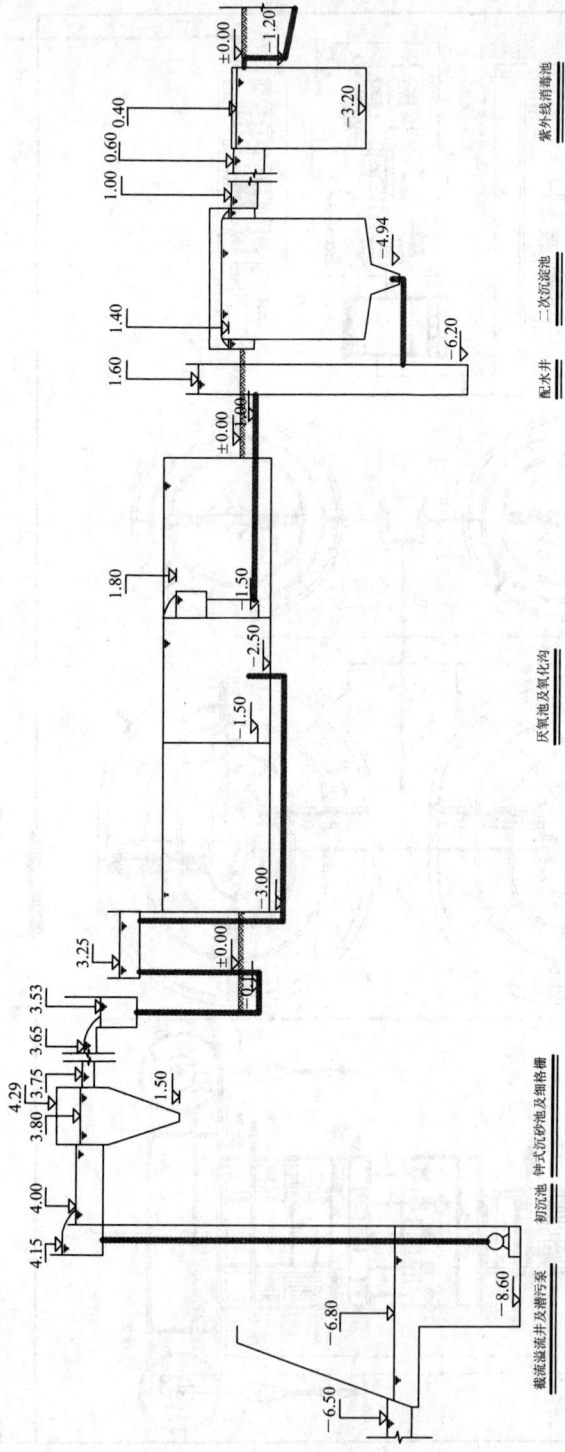

图 12-6　污水处理高程图

三、水处理厂高程图

高程图主要用来说明各构筑物的高度方向的位置关系。以下以一污水处理厂的高程布置图说明其主要内容。

图 12-6 所示为前面所说的污水处理厂的高程布置图。在高程图中，重点要标明各构筑物的上下高度和各连接管的高度。为方便绘图，构筑物可只画出正立面剖视图的主要轮廓，标注出各主要部分的标高，为方便读图，各构筑物下还可注写出其名称，构筑物之间的连接管路应注明标高。

参考文献

[1] 中华人民共和国国家标准. 技术制图, 1999.

[2] 中华人民共和国国家标准. 技术制图及机械制图, 1999.

[3] 中华人民共和国国家质量监督检验总局. 机械制图 图样画法 视图标准 (GB/T 4458.1—2002), 2002.

[4] 王强, 张小平. 建筑工程制图与识图. 北京: 机械工业出版社, 2003.

[5] 胡建生. 工程制图. 北京: 化学工业出版社, 2004.

[6] 秦树和. 管道工程识图与施工工艺. 重庆: 重庆大学出版社, 2002.

[7] 何铭新, 郎宝敏, 陈星铭. 建筑工程制图. 北京: 科学出版社, 2001.

[8] 毛家华, 莫章金. 建筑工程制图与识图. 北京: 高等教育出版社, 2001.

[9] 王成刚, 张佑林, 赵奇平. 工程图学简明教程 (含配套的习题集). 武汉: 武汉理工大学出版社, 2002.

[10] 卢传贤. 土木工程制图 (含配套的习题集). 北京: 中国建筑工业出版社, 2002.

[11] 杨老记. 机械制图. 北京: 机械工业出版社, 2002.

[12] 何铭新, 郎宝敏, 陈星铭. 建筑工程制图 (含配套的习题集). 2版. 北京: 高等教育出版社, 2001.

全国高职高专规划教材

环境工程制图习题

马 英 主编

中国环境出版集团·北京

制图比例数量材料审核日期文件号年月共张第

刮面正立侧管道测混凝土螺栓标高构筑物沉砂池刮泥机氧化

IⅡⅢⅣⅤⅥⅦⅧⅨⅩ

ZYXWVUTSRQPONMLKJIHGFEDCBA

abcdefghijklmnopqrstuvwxyz

0123456789

班级　　　姓名　　　学号　　　1

1-2 线型练习

1、在指定的位置，照样画出图线和图形。

2、

2、补齐下列两图的尺寸（尺寸数值从图中量取）。

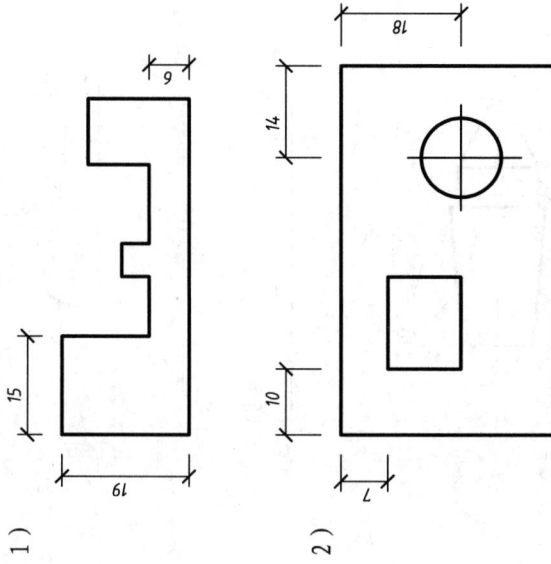

1)

6

15

19

2)

18

14

10

7

1、画出尺寸终端（尺寸数值从图中量取，并取整数）。

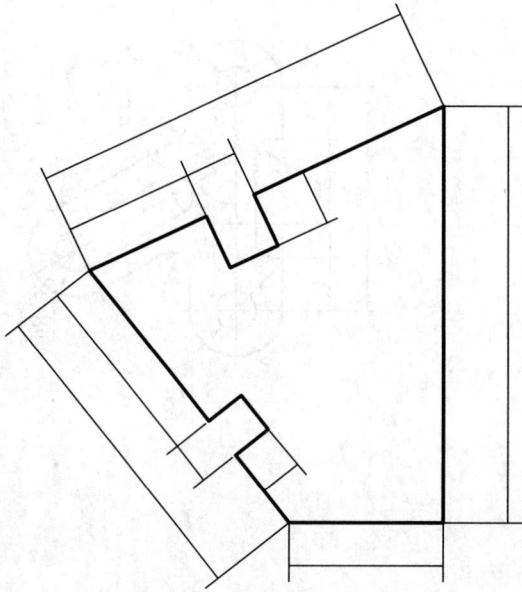

3、标注圆及圆弧的尺寸（尺寸数值从图中量取）。

1、斜度

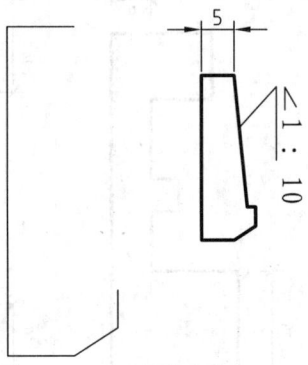

∠1：10

2、锥度

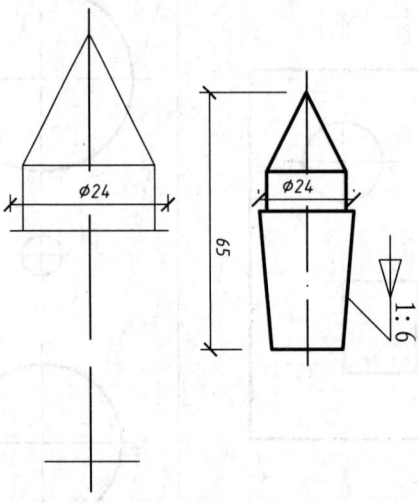

Ø24

65

1：6

Ø24

将图形按尺寸画在下方。

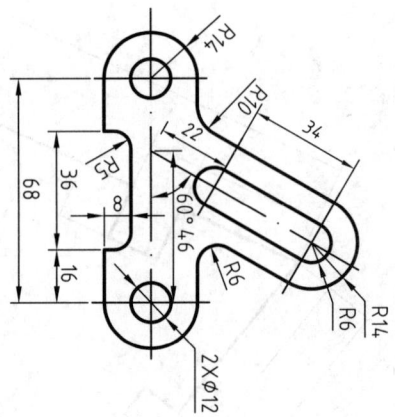

R14

R10

34

22

R5

36

8

68

60°46

16

R6

R6

R14

2×Ø12

1-5 在方格区内徒手绘制下面的图形

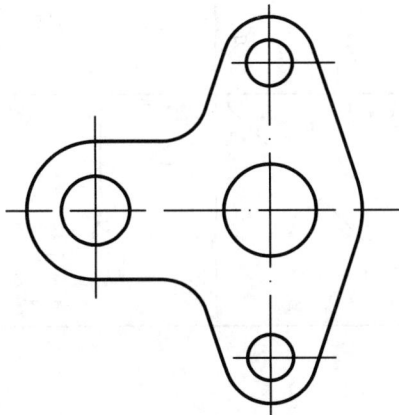

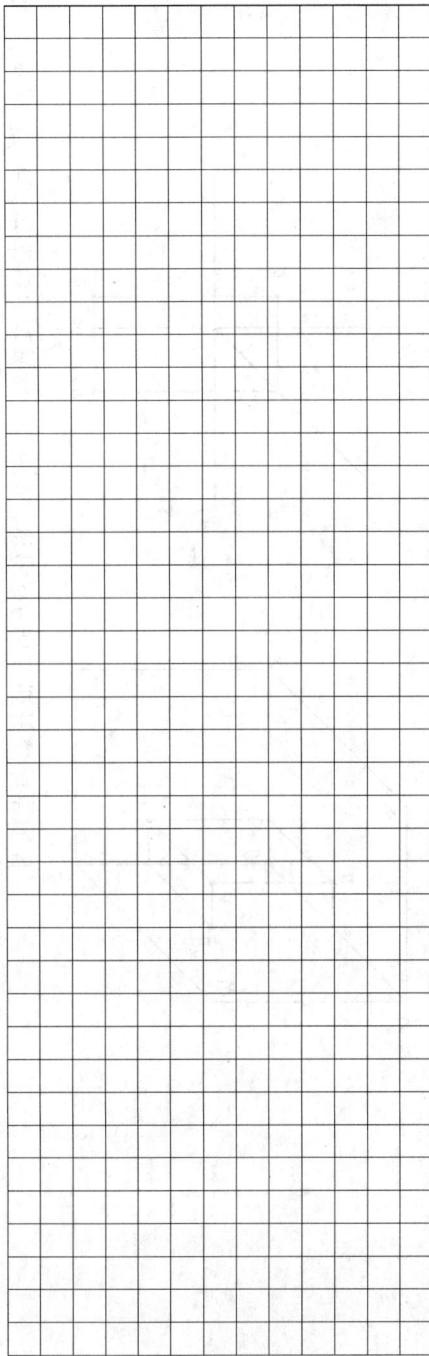

班级　　　姓名　　　学号　　5

1. 完成点的第三面投影。

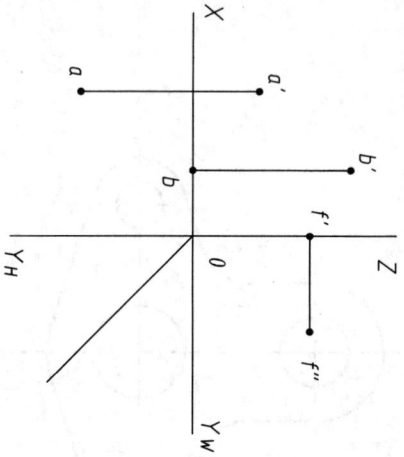

2. 1) 点B在点A的正下方12 mm

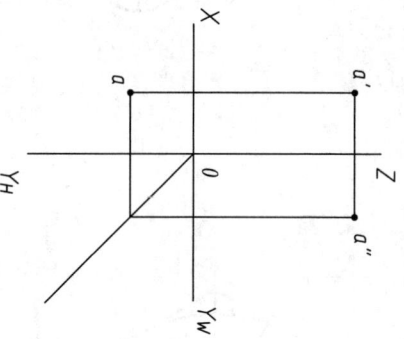

2) 点D在点C的正右方10 mm。

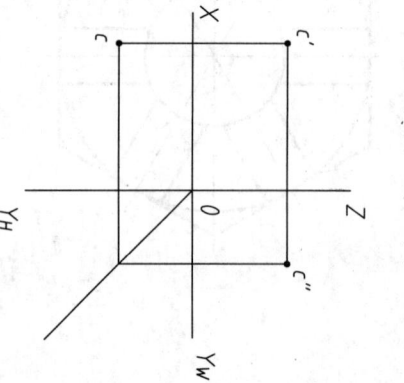

3. 已知点B在点A之左15, 之前8, 之下10。求作点B的三面投影和直观图。

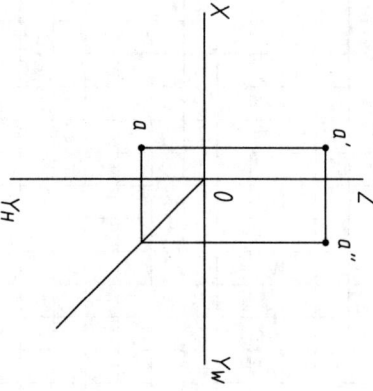

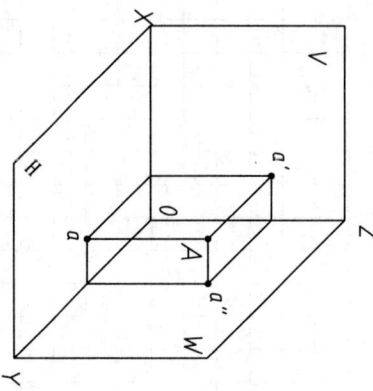

2-2 直线的投影

1、求作直线的第三面投影，并判断直线的位置。

1)

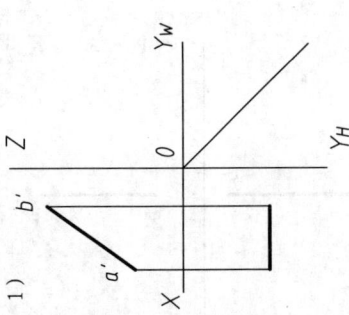

AB 是 _____ 线

2)

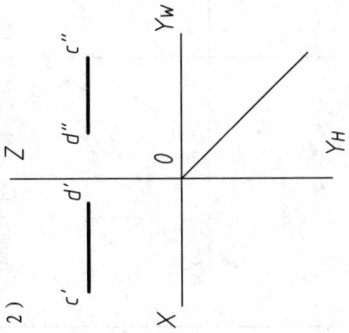

CD 是 _____ 线

3)

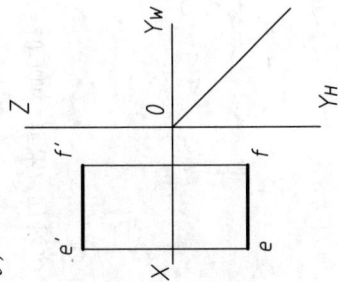

EF 是 _____ 线

4)

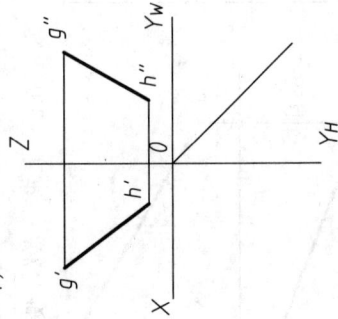

GH 是 _____ 线

2、完成直线的三面投影图。

1) 点B距H面为12 mm。

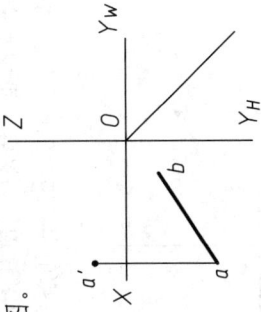

2) 点C距V面为8 mm。

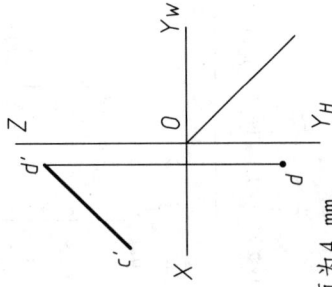

3) 点AB⊥H面，点B距H面为4 mm。

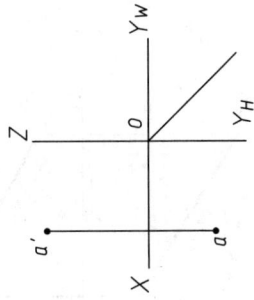

班级　　　　　姓名　　　　　学号　　　　　7

2-2 直线的投影（续）

1、过点A作正平线AB，使其对H面的倾角为30°，AB=15 mm。有几解？

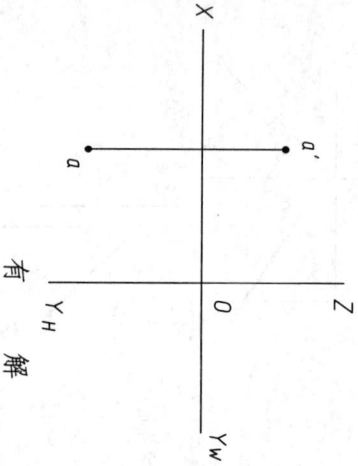

X ——— Z ——— Y_W
a' a O Y_H

有 ___ 解

2、已知AB为水平线，对V面倾角为30°，实长为20 mm，完成它的三面投影。有几解？

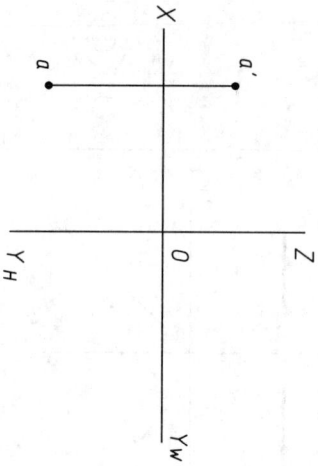

a a' X ——— Z ——— Y_W
O Y_H

有 ___ 解

3、已知点K在AB上，作出K的正面投影。

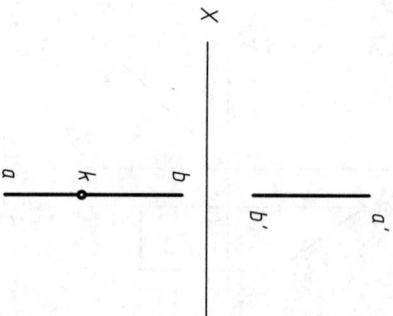

X ——— a'
b'
a k b

4、已知AB的正面和水平投影，求其实长及对V面的倾角。

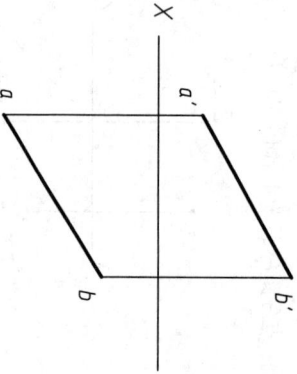

X ——— a' b'
a O b

5、在CD上求一点K，使CK=20 mm。作出K的投影。

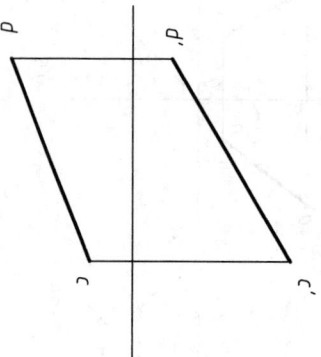

d d'
X ———
c' c

班级 ___ 姓名 ___ 学号 ___ 8

2-2 直线的投影（续）

1. 对照立体图，在投影图中标出直线 AB、CD、EF、EH 的三面投影，了解各直线的空间位置和相互关系。

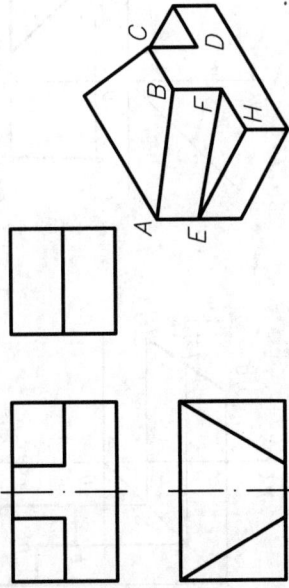

3. 过A作与CD平行的直线AB。

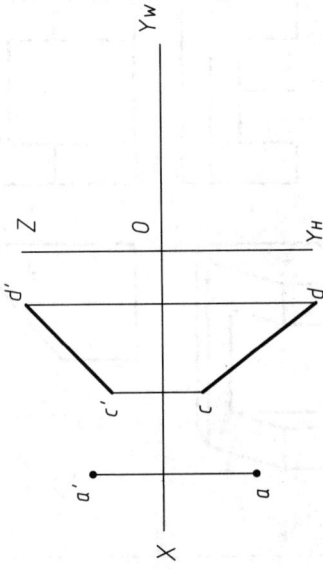

2. 作出直线 AB、CD、EF的第三投影，在立体图中标出直线的各端点，并了解各直线的空间位置及相互关系。

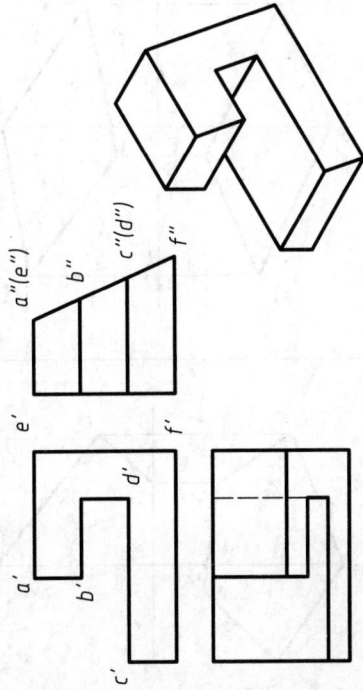

3. 过A作与CD相交的水平线AB。

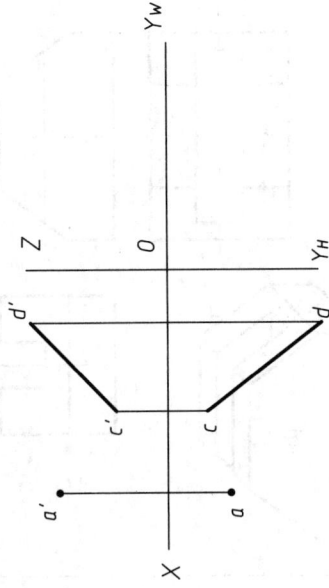

1、根据立体图，在投影图中标出各平面的三面投影。

1)

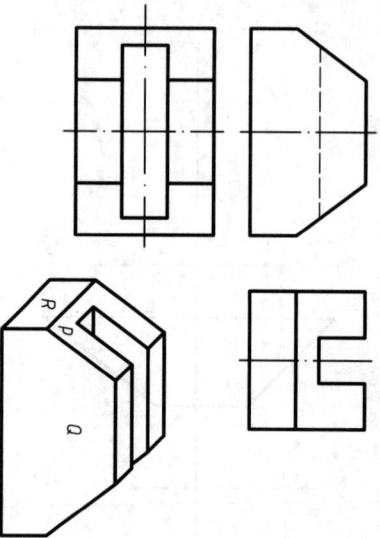

2)

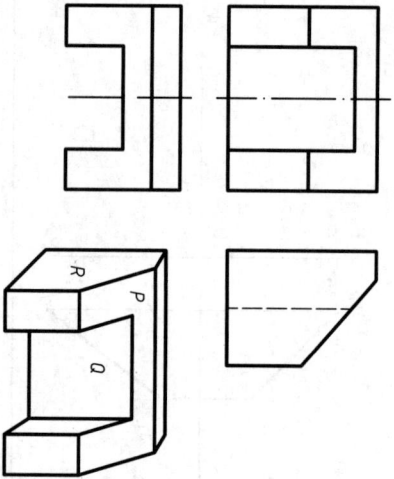

2、求作平面的第三面投影，并判断平面的空间位置。

1)

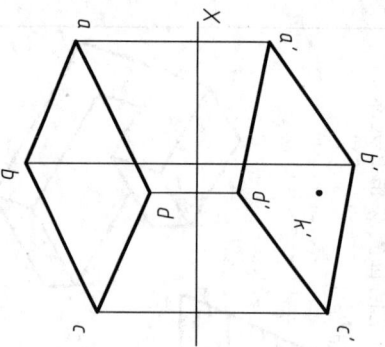

平面是 ＿＿＿ 面

2)

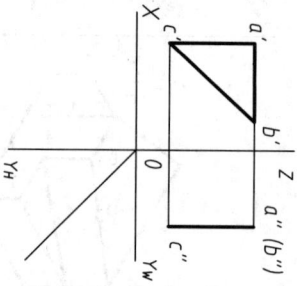

平面是 ＿＿＿ 面

3、求平面ABCD上点K的水平投影。

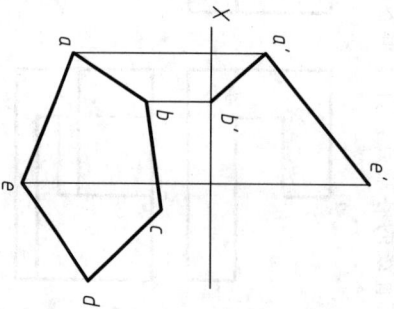

4、补全五边形的正面投影。

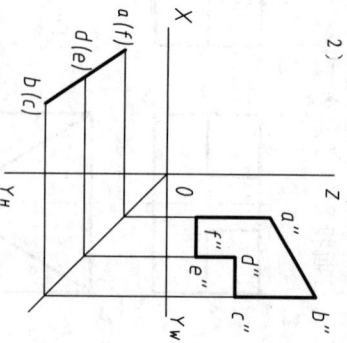

3-1 画立体的第三面投影图，并求其表面上给定点的另外两面投影

1、

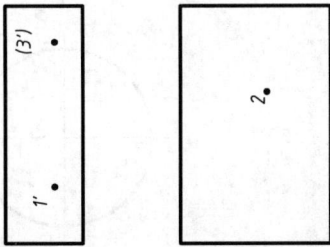

2、

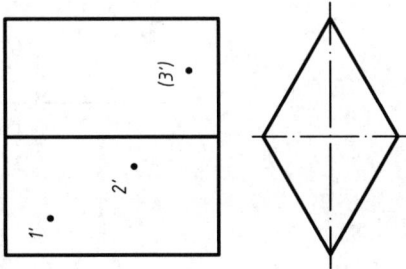

3、

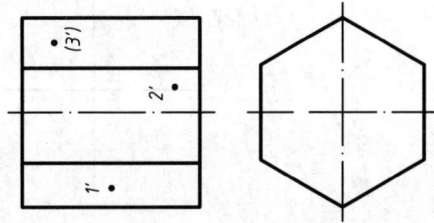

4、

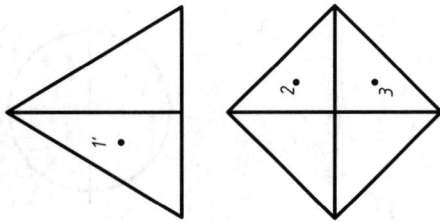

班级　　　　姓名　　　　学号　　　11

3-1 画立体的第三面投影图，并求其表面上给定点的另外两面投影（续）

5、

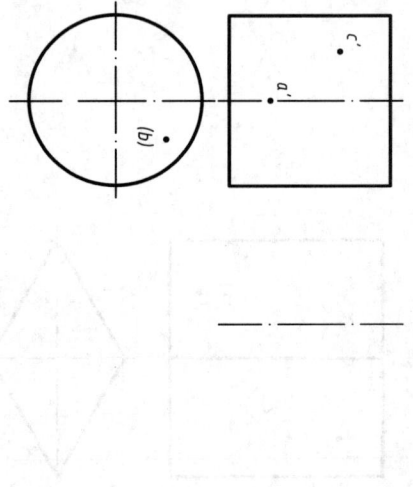

6、

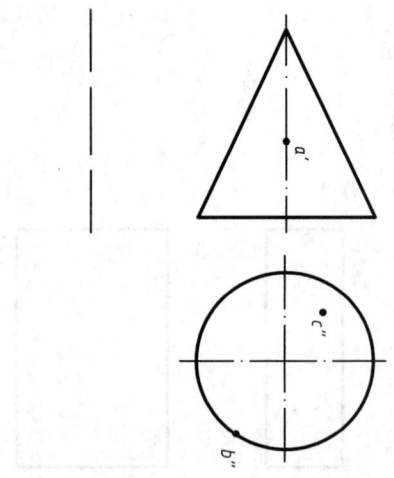

7、

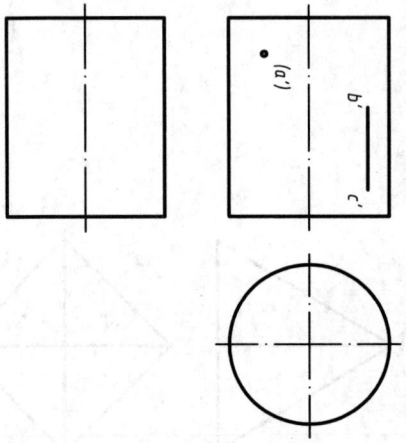

8、

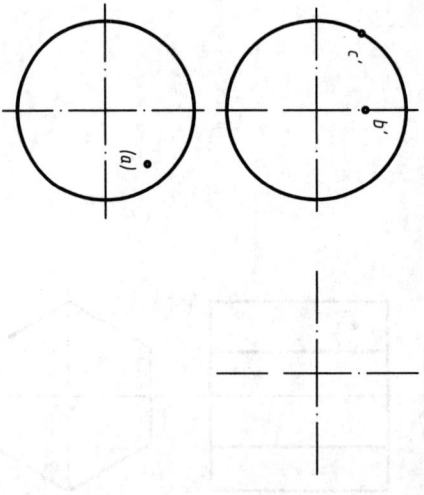

班级　　　姓名　　　学号　　　12

3-2 根据立体图，补画各立体的第三面投影图

1、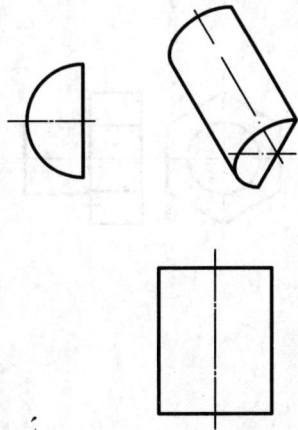

2、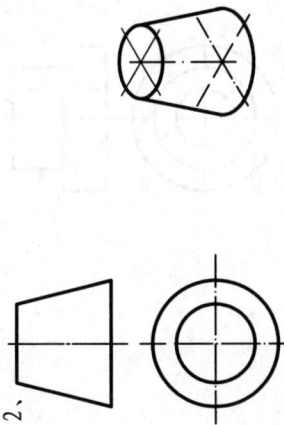

3、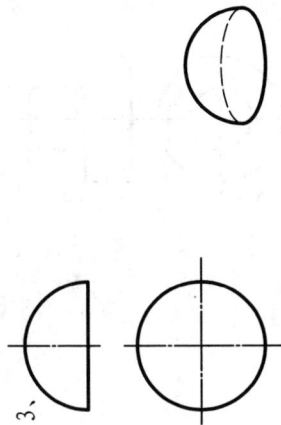

4、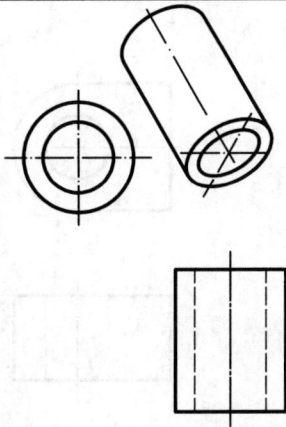

5、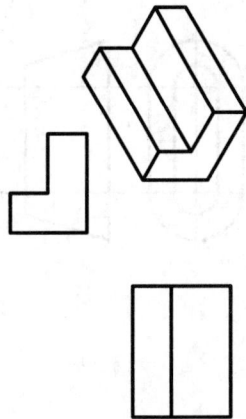

6、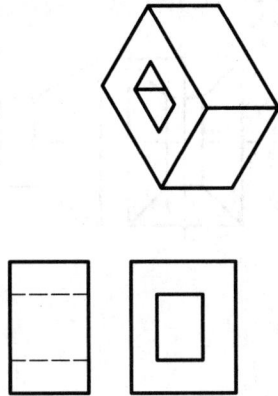

7、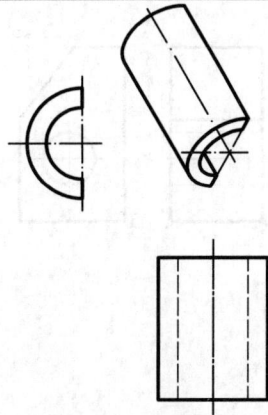

8、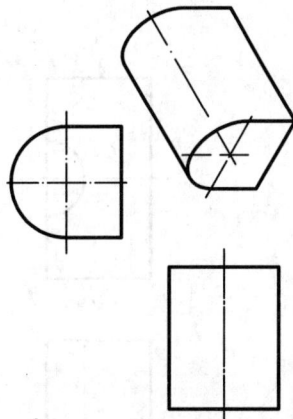

9、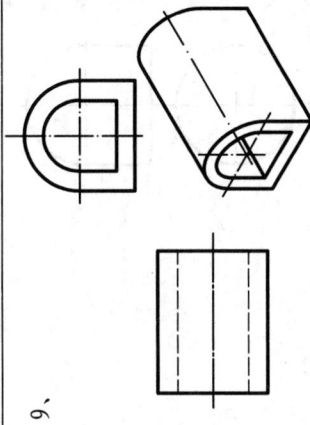

班级　　　姓名　　　学号　　　13

1、

2、

3、

4、

5、

6、

7、

8、

9、

4-1 将被截切立体的三面投影图补画完整

1、

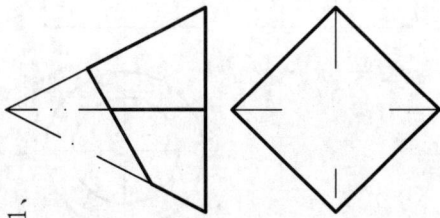

2、

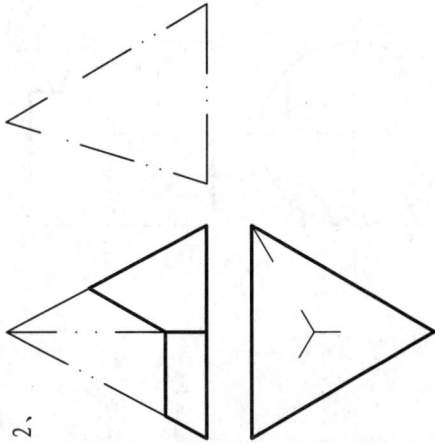

3、

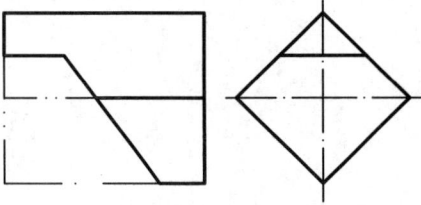

4、

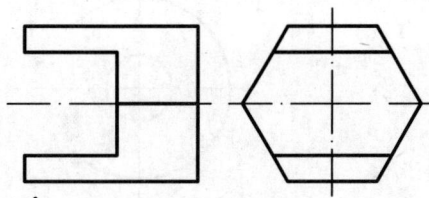

5、

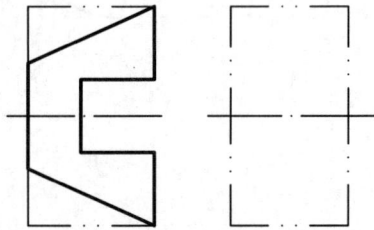

6、

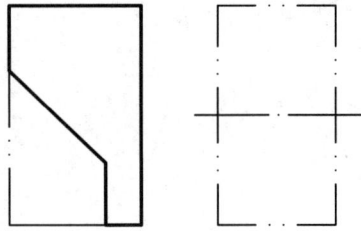

班级　　　　姓名　　　　学号　　　　15

7.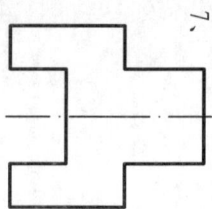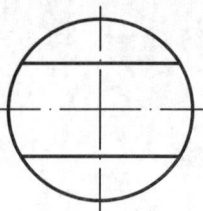

8.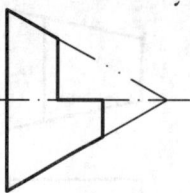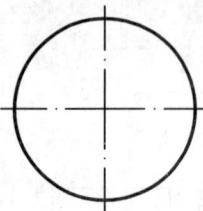

9.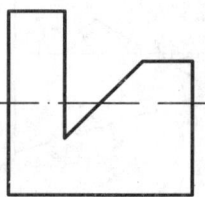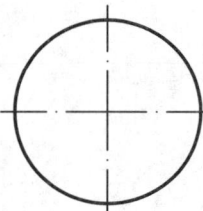

10.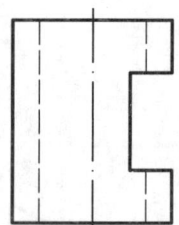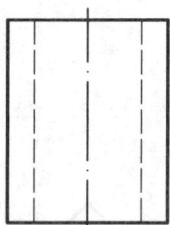

11.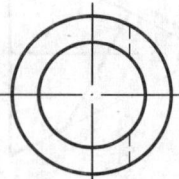

12.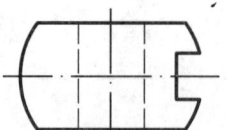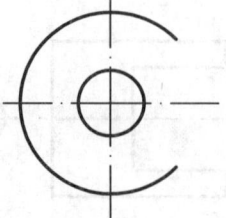

4-2 补全被切复合回转体的三面投影图　　4-3 求立体上相贯线的投影

1、

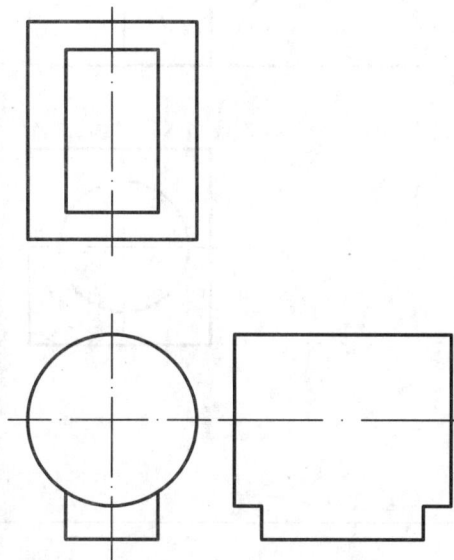

1、

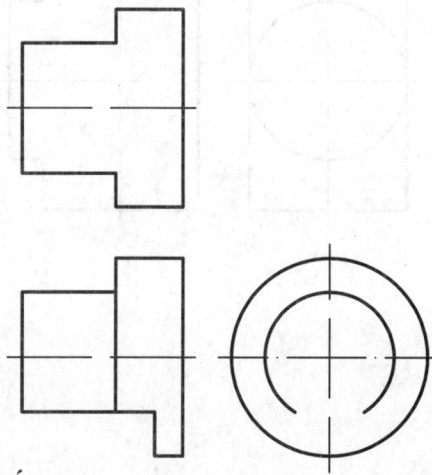

2、

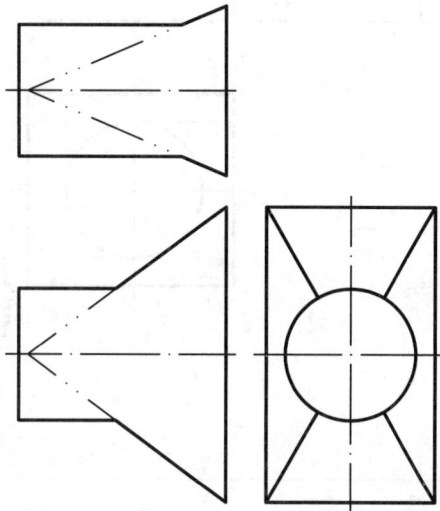

2、

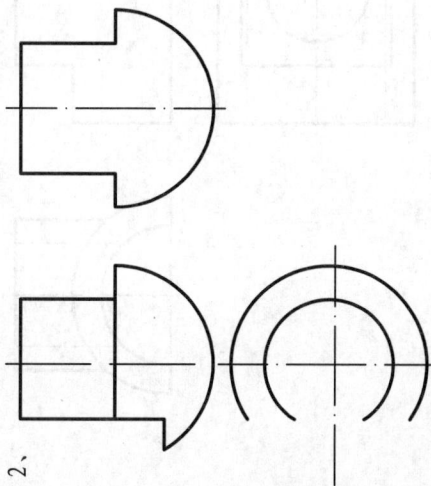

班级　　　姓名　　　学号　　　17

3、

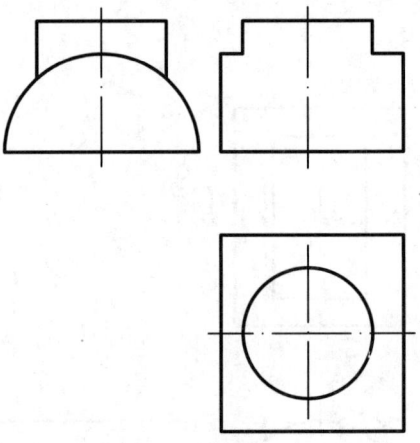

4、

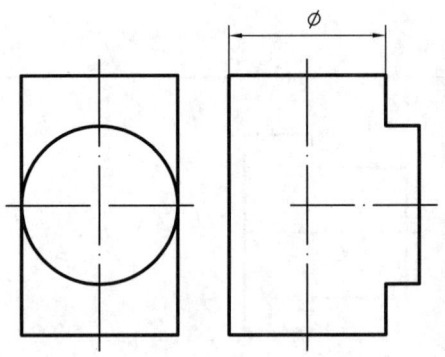

5、

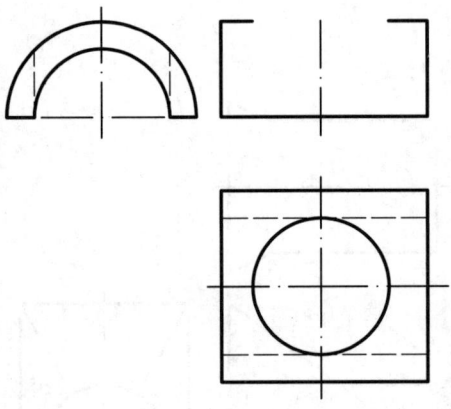

6、

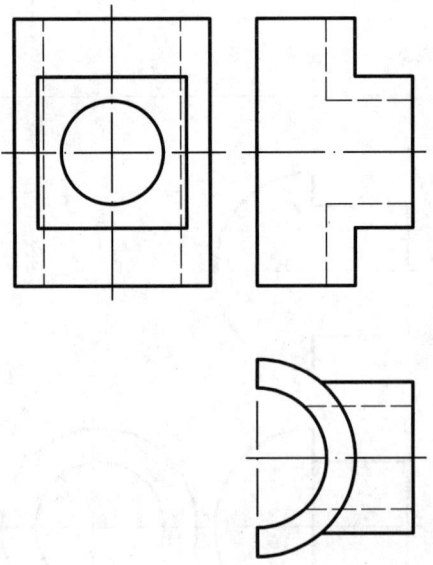

4-3 求立体上相贯线的投影（续）

10.

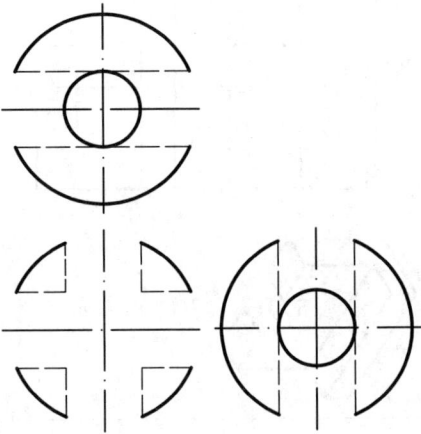

9.

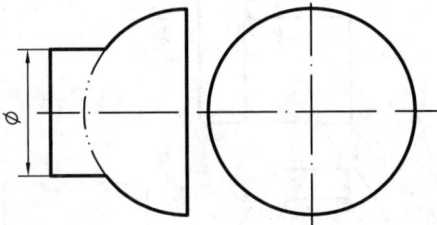

8.

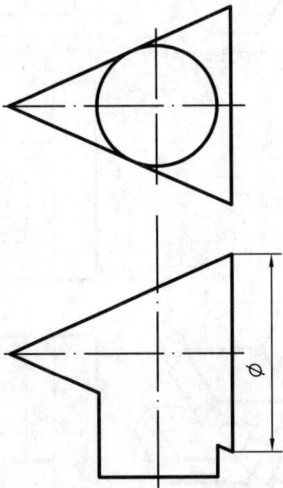

12.

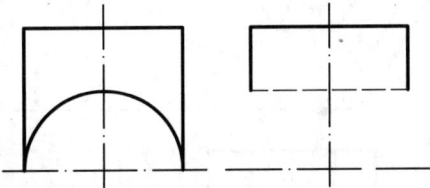

11.

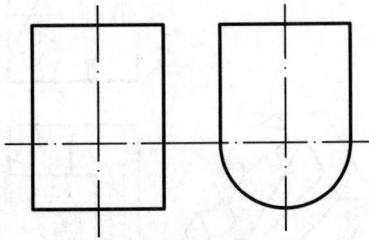

班级　　　姓名　　　学号　　　19

1.

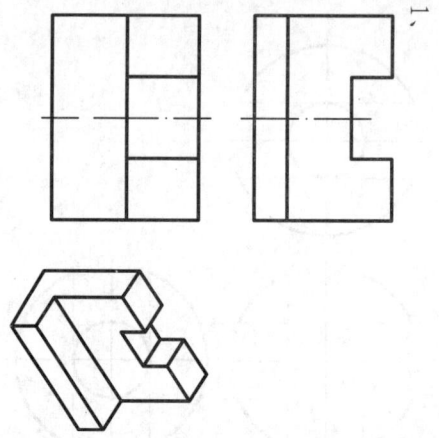

2.

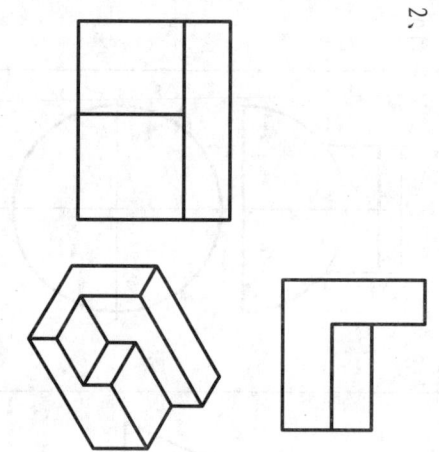

3.

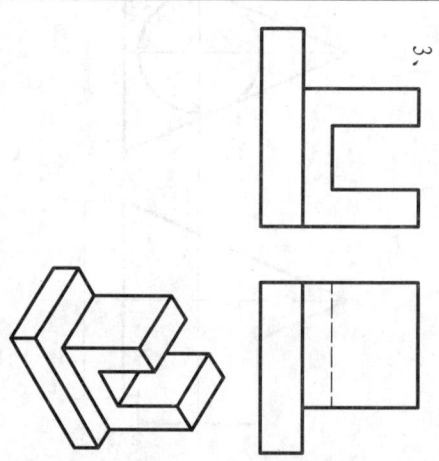

4.

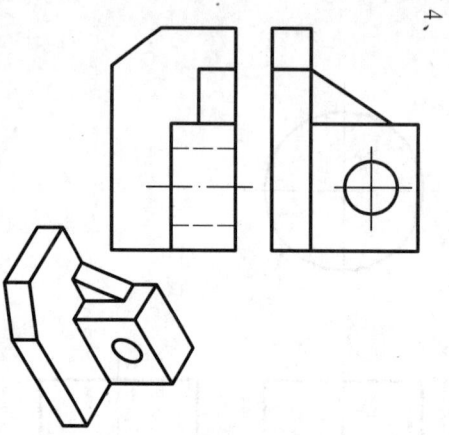

5.

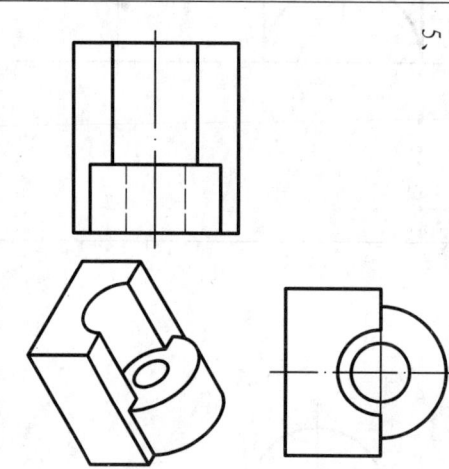

6.

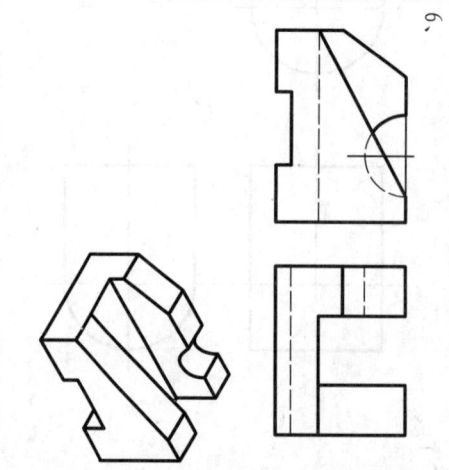

5-2 根据立体图所注尺寸，选择适当比例、图幅，画组合体三面投影图

1.

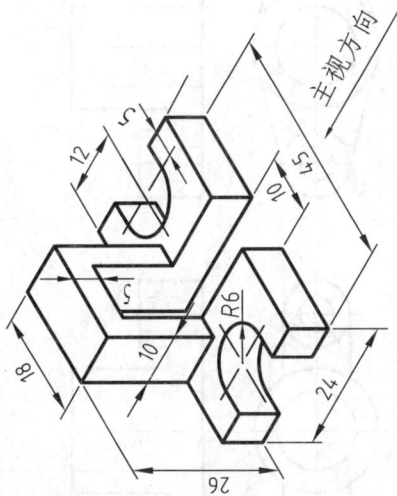

主视方向

2.

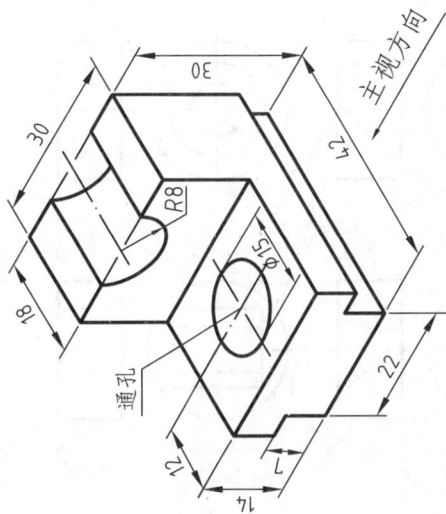

主视方向

3.

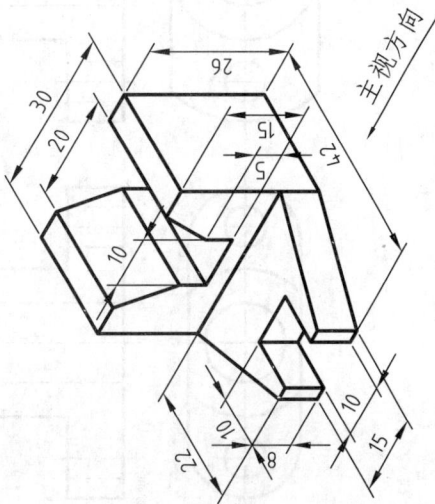

主视方向

4.

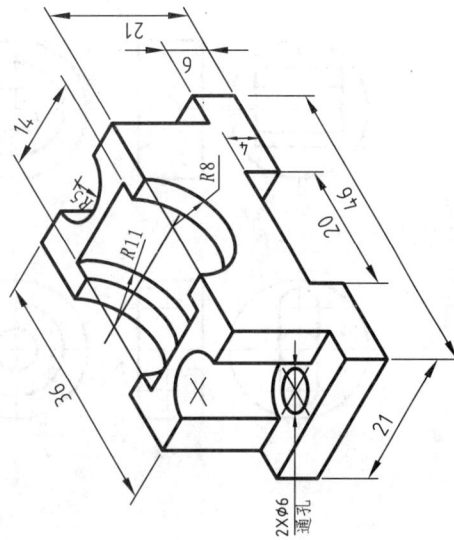

1、

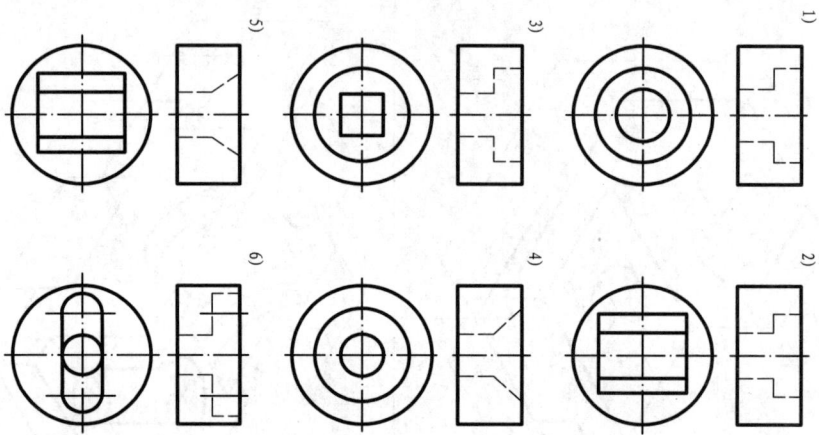

1)　2)

3)　4)

5)　6)

2、

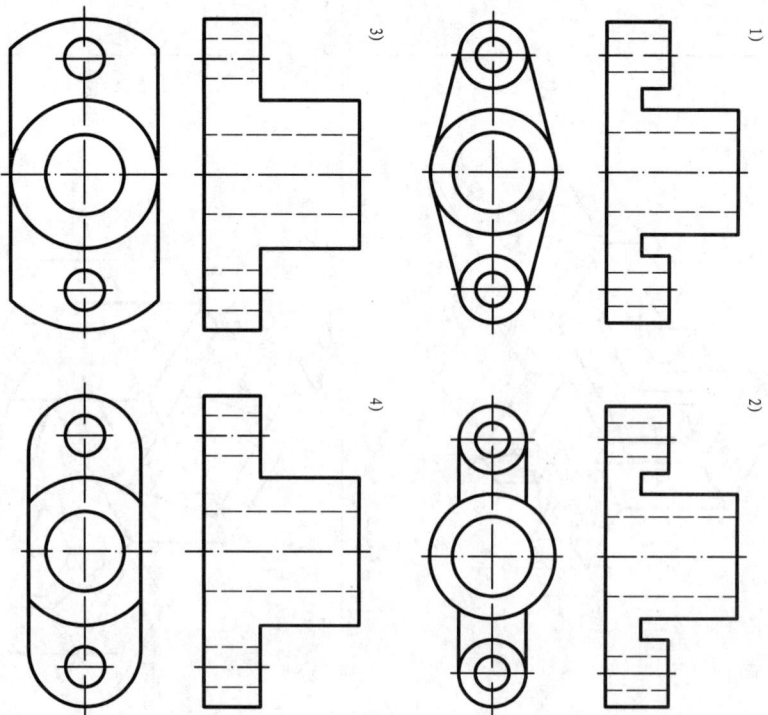

1)　2)

3)　4)

5-4 已知两视图，找出正确的第三视图

1、

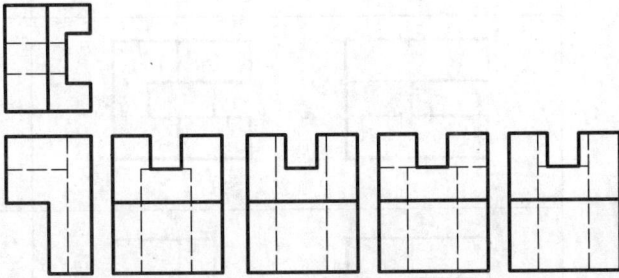

2、

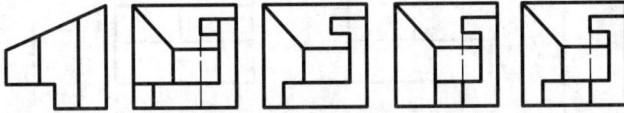

3、

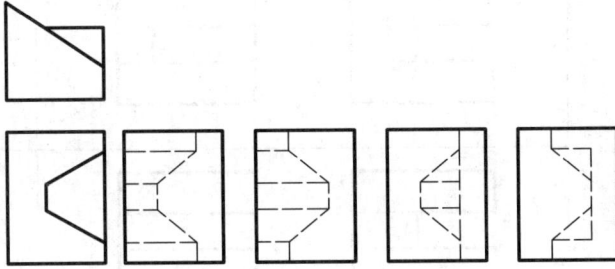

4、

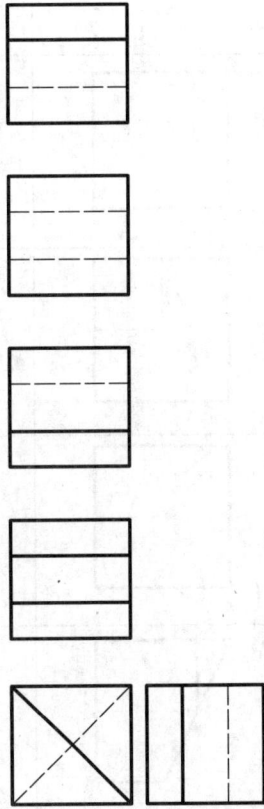

序号	1	2	3	4	5	6	7
已知主、俯视图							

序号							
对应的左视图							

5-5 补画投影图中的缺漏线

1、

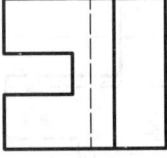

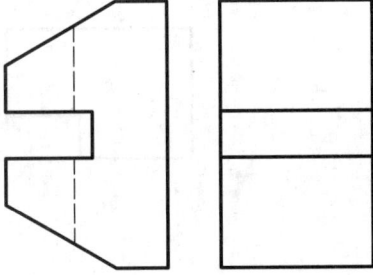

2、

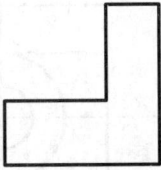

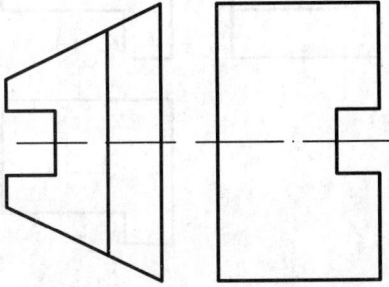

3、

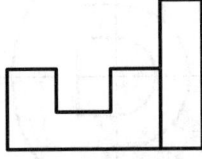

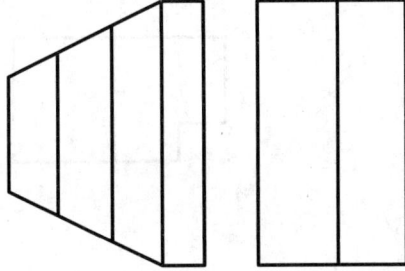

4、

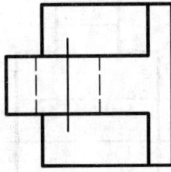

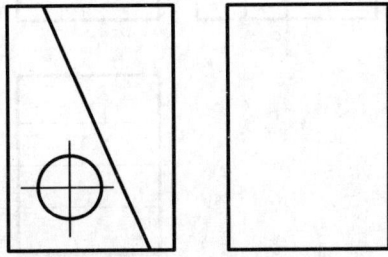

班级　　　　姓名　　　　学号　　　25

5、

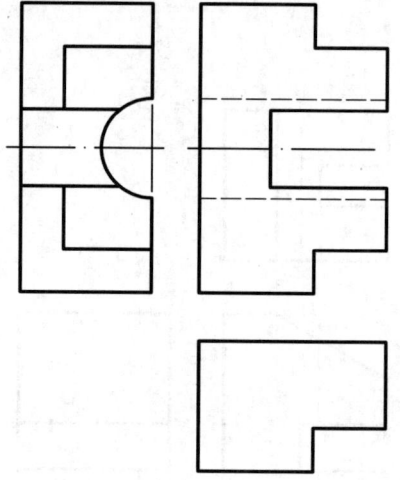

6、

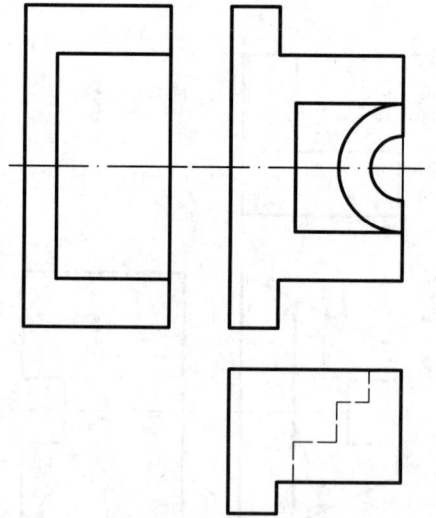

7、

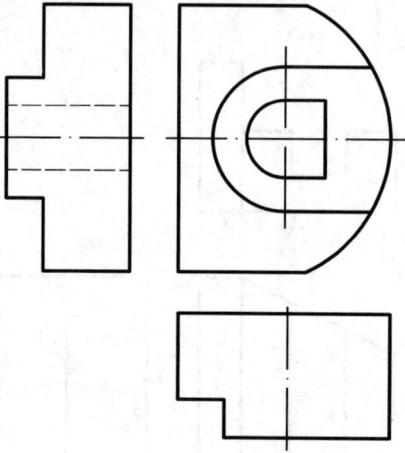

8、

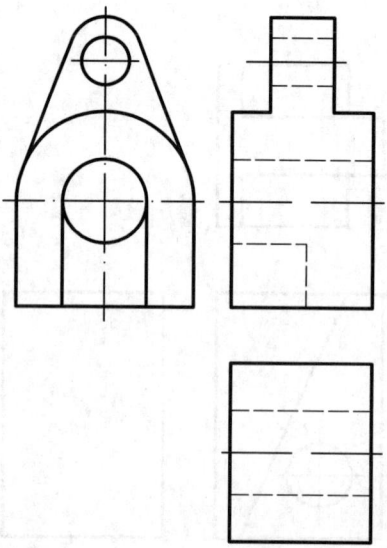

5-6 补画形体的第三面投影图

1、
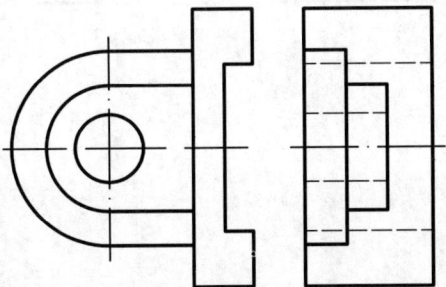

2、
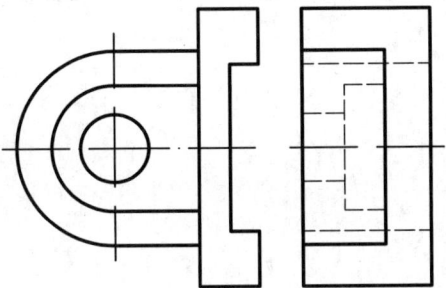

3、
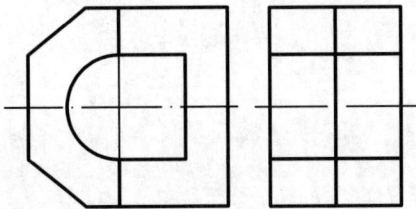

4、
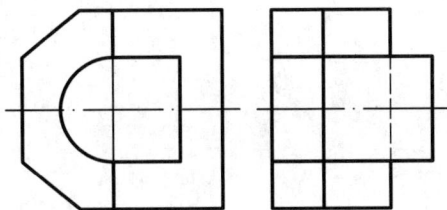

5、

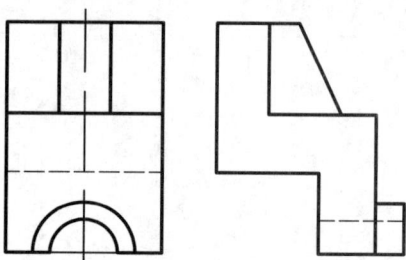

6、

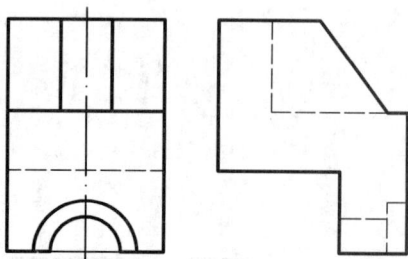

7、

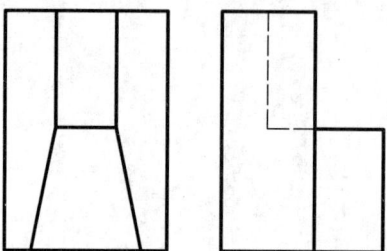

8、

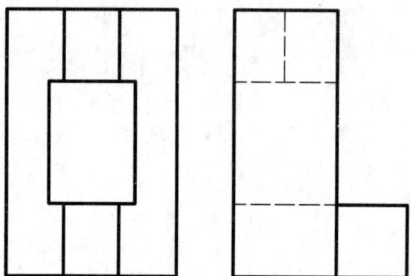

5-6 补画形体的第三面投影图

9、

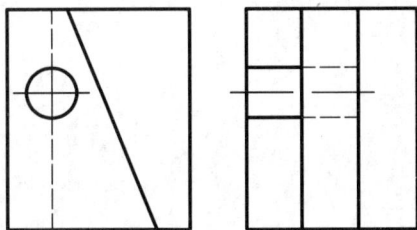

10、

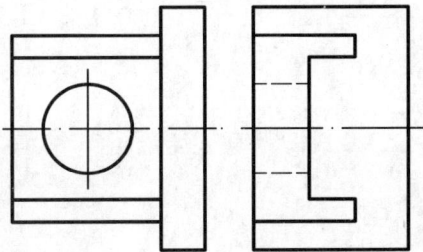

11、

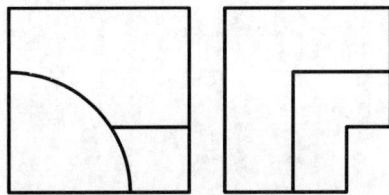

12、

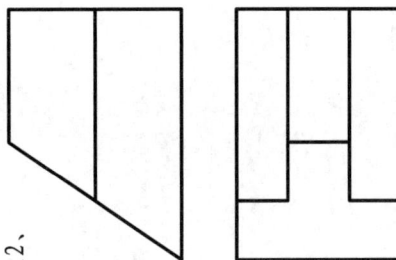

13.

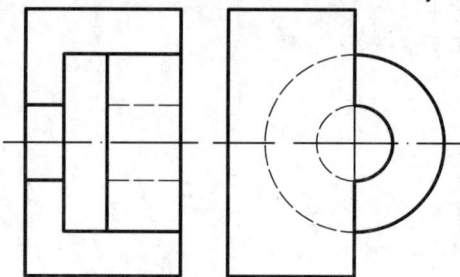

14.

15.

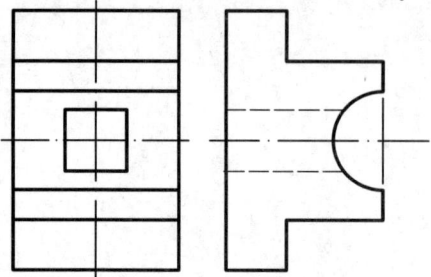

16.

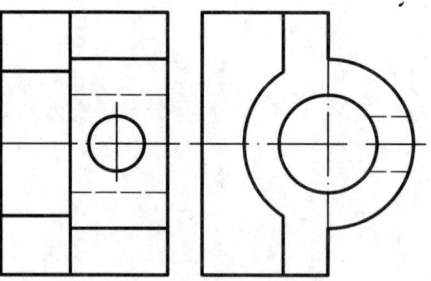

5-6 补画形体的第三面投影图（续）

18.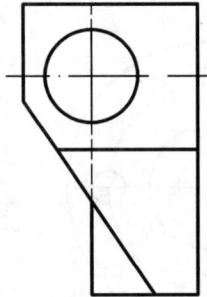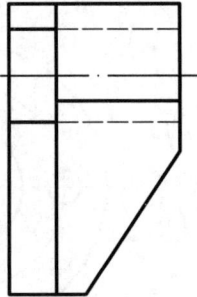

20.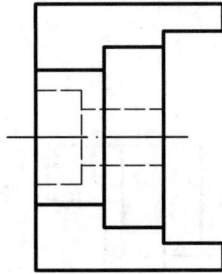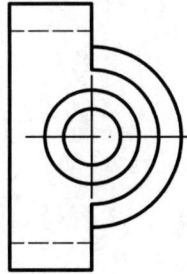

17.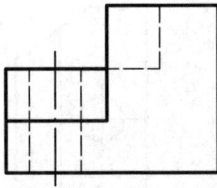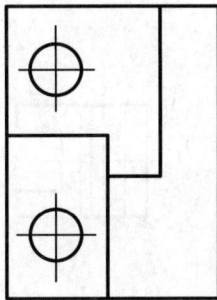

19.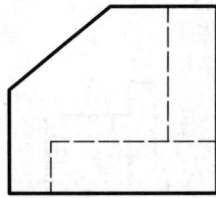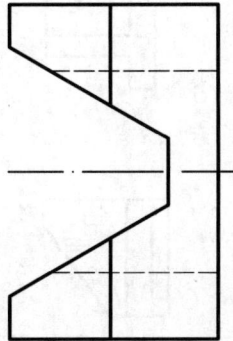

1、

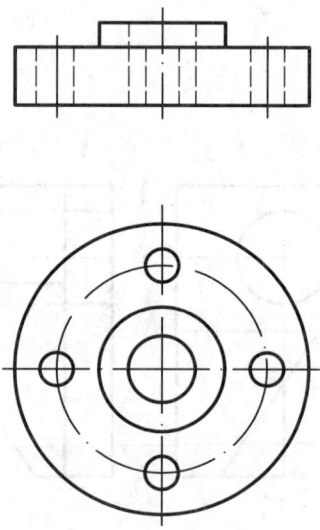

2、

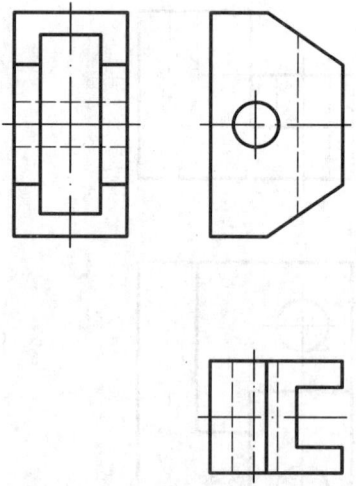

3、

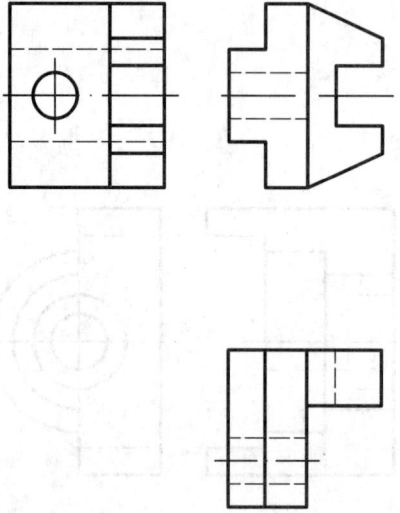

4、

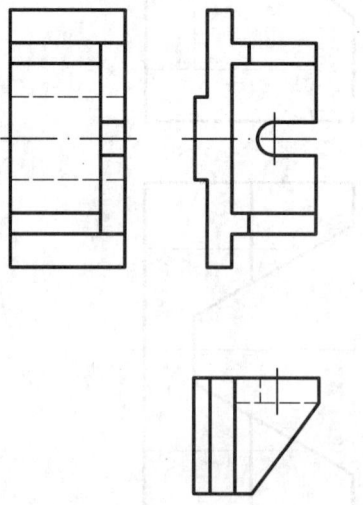

5-8 根据相同的主视图，构思不同的形体，画出俯、左视图

1、

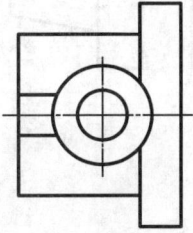

2、

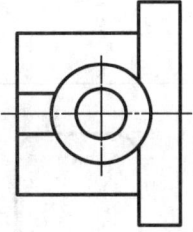

3、

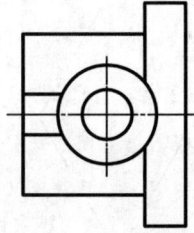

4、

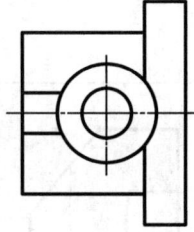

1、

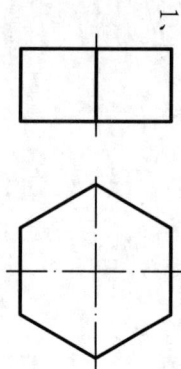

2、

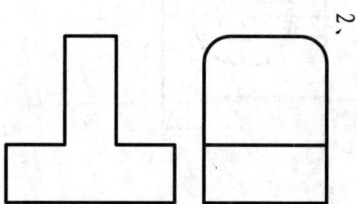

3、

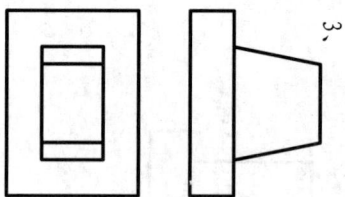

4、

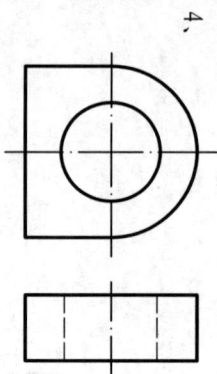

5、

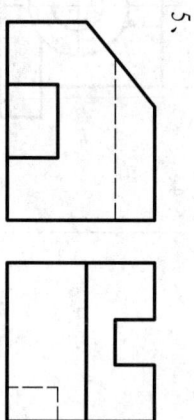

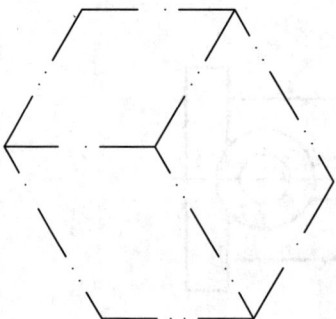

6-2 作形体的斜二等轴测图

1、

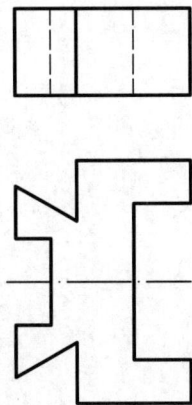

2、

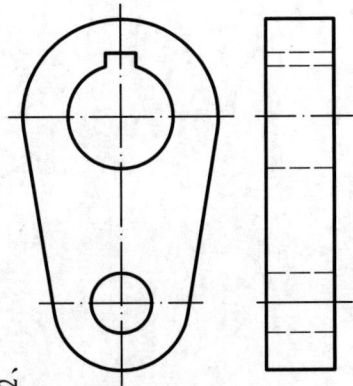

3、

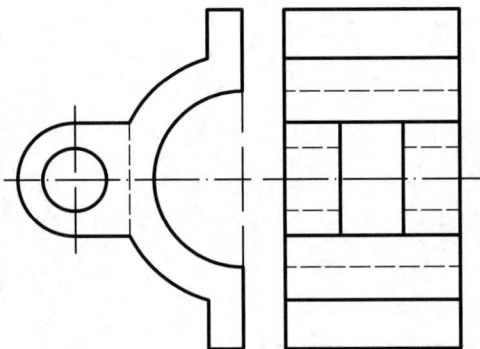

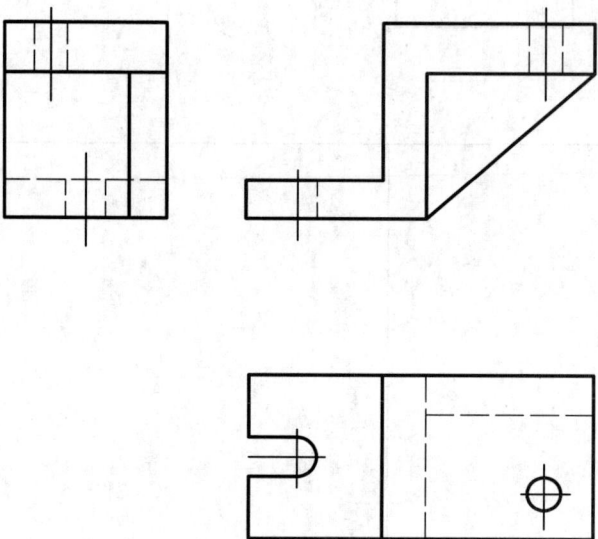

7-2 参照立体图，补画局部视图和斜视图，将形体表达清楚

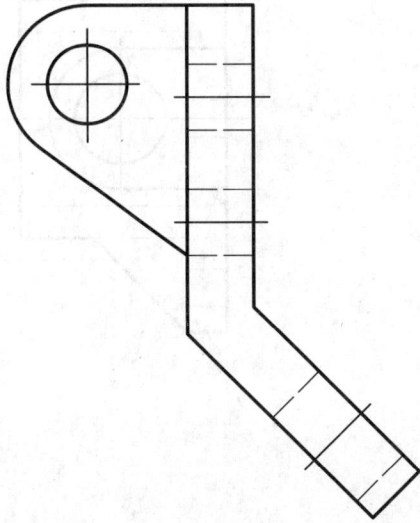

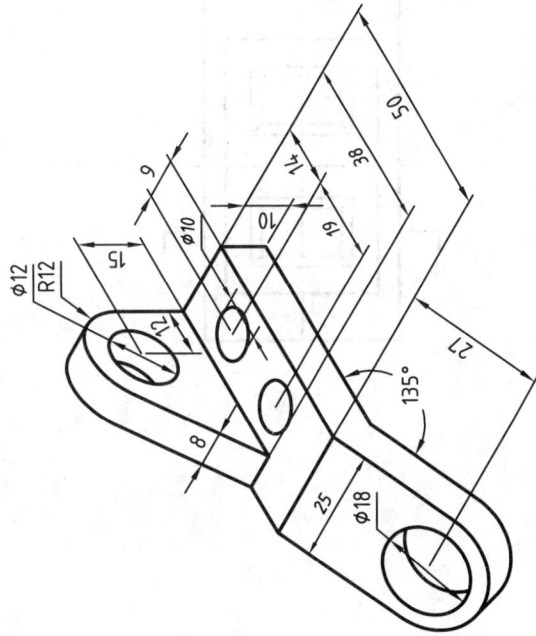

Φ12
R12

Φ10

9

15

7

8

10

14

19

38

50

135°

27

25

Φ18

班级　　　姓名　　　学号　　　37

7-3 将形体的视图改画成剖视图

1、将主视图改画成全剖视，并作1-1剖面图

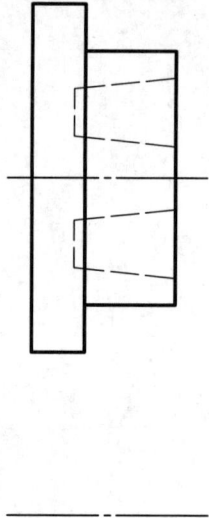

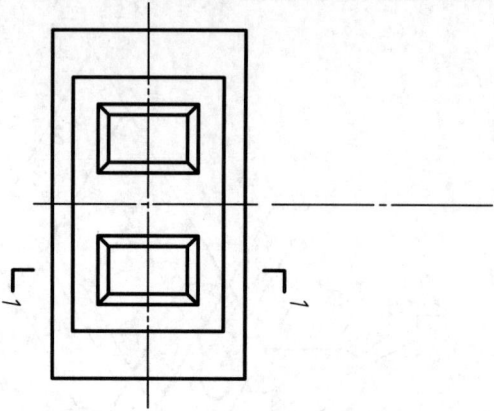

2、将主视图改画成半剖视图，并作全剖的左视图

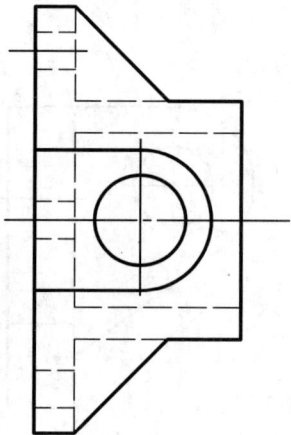

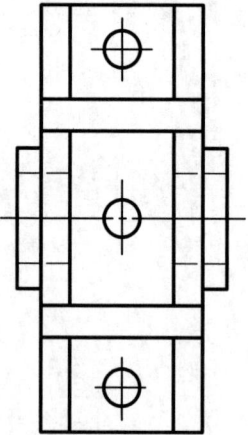

班级　　　姓名　　　学号　　　38

1、

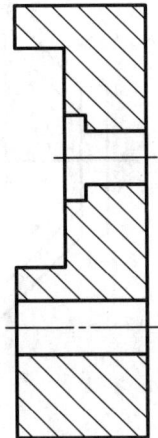

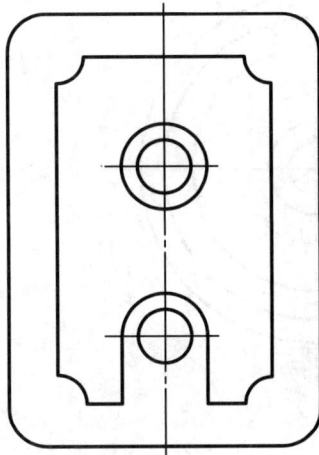

2、

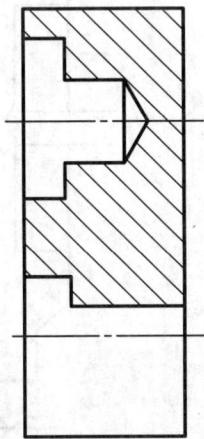

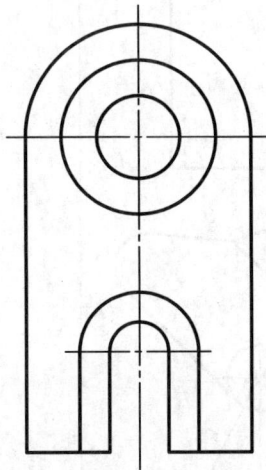

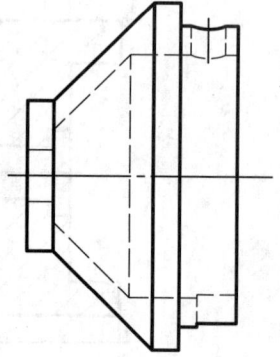

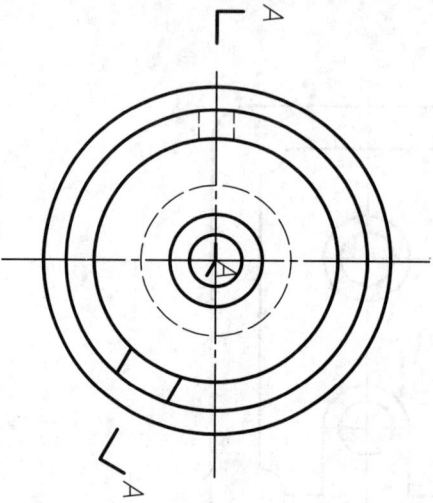

7-7 按要求作断面图

1、作移出断面图

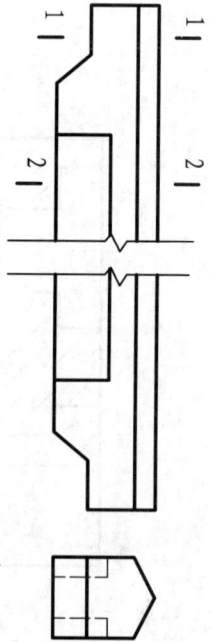

2、作重合断面图

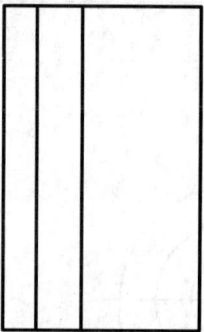

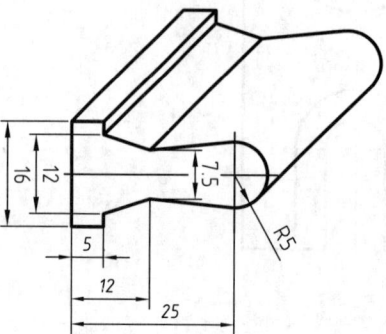

R5

7.5

12

16

5

12

25

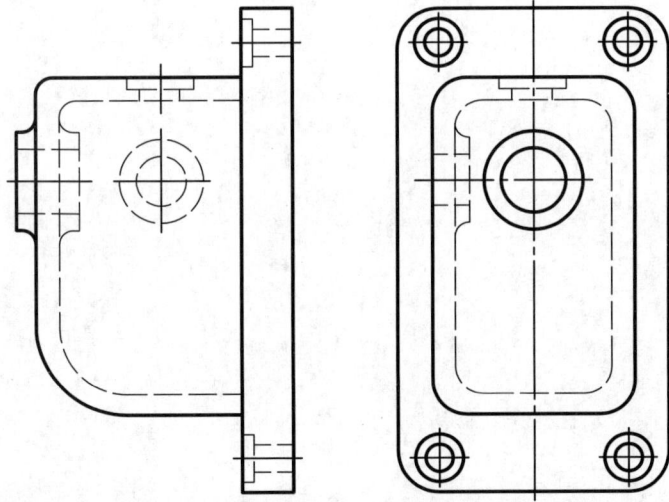

7-8 将形体的主、俯视图改画成局部剖视图

班级　　　姓名　　　学号　　41

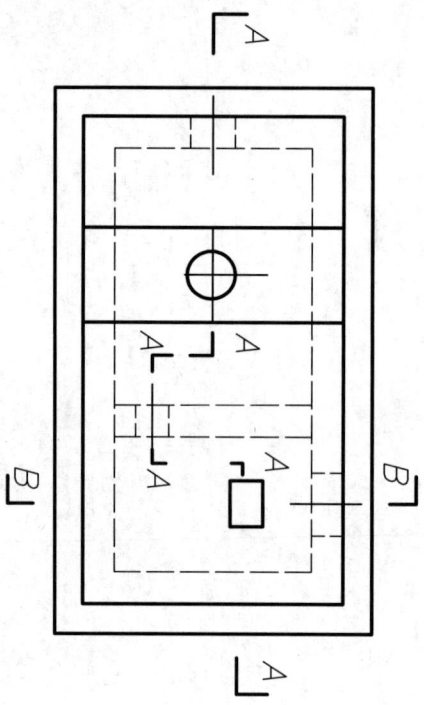

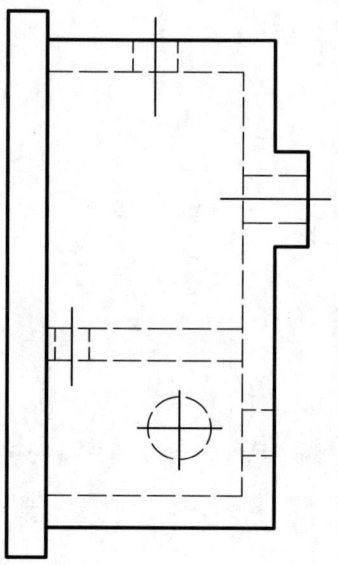

班级　　　姓名　　　学号　　　42

7-10 将形体的主视图、左视图改画成适当的剖视图，按1:1比例抄画在适当的图纸上，并标注尺寸

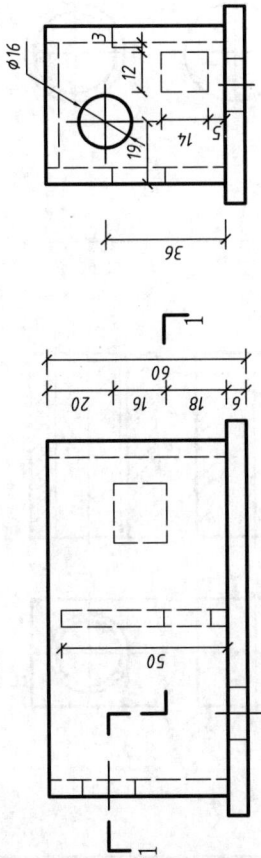

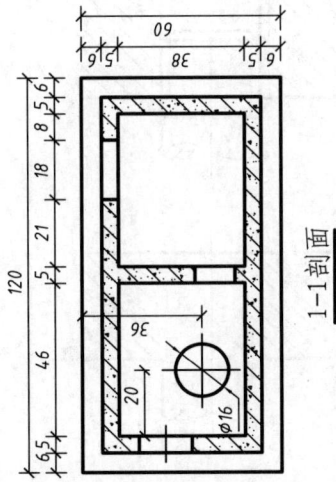

1-1剖面

班级　　　　　姓名　　　　　学号　　　　　43

1、

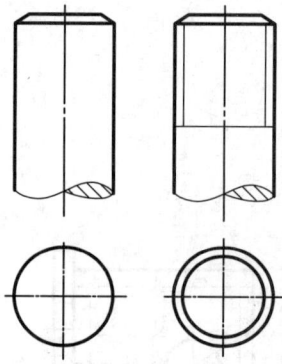

2、

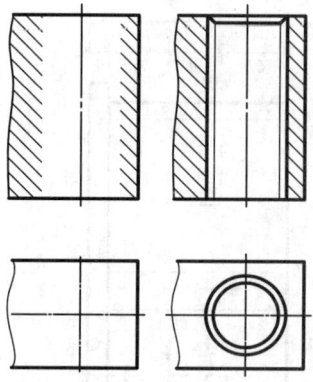

3、

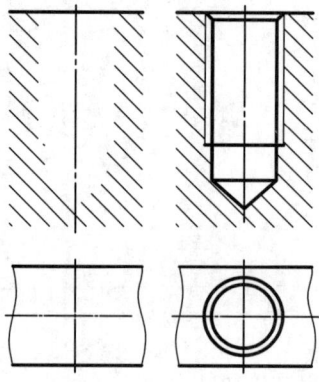

4、

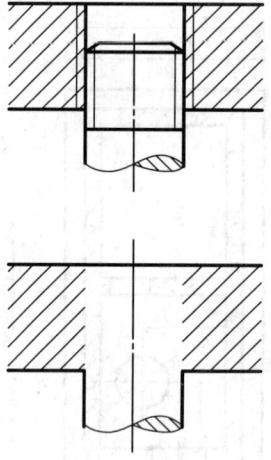

8-2 标注螺纹代号

1、普通螺纹，大径为 24 mm，螺距为 3 mm，单线，右旋，中径和大径公差带为 6g。

2、普通螺纹，大径为 24 mm，螺距为 3 mm，单线，右旋，中径和大径公差带为 6H。

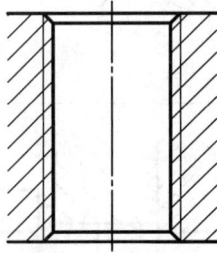

3、普通螺纹，大径为 24 mm，螺距为 2 mm，单线，左旋，中径公差带为 7g，大径公差带为 6g。

4、非螺纹密封的管螺纹，尺寸代号为 1/2，公差带等级为 A 级，右旋。

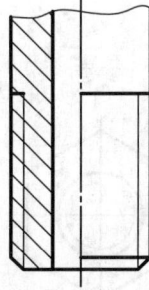

5、用螺纹密封的圆锥内螺纹，尺寸代号为 1/2，右旋。

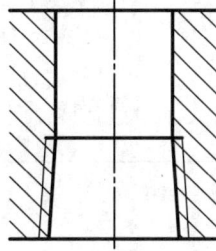

6、用螺纹密封的圆锥外螺纹，尺寸代号为 1/2，左旋。

班级　　　姓名　　　学号　　　45

8-3 螺栓联接与螺柱联接

1、补全螺栓联接图中所缺的图线。

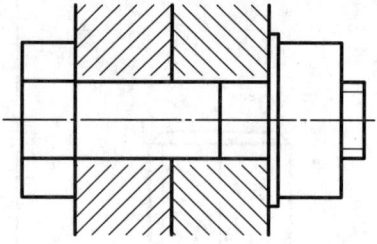

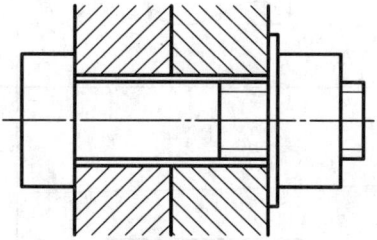

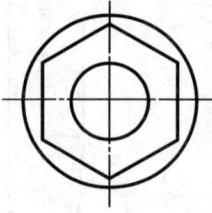

2、对比下面两组图形，圈出右图中的错误之处。

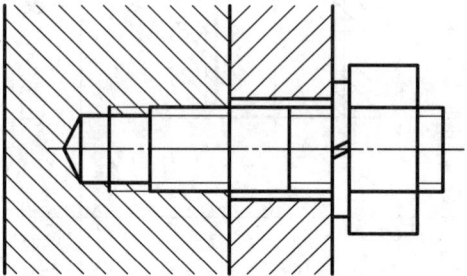

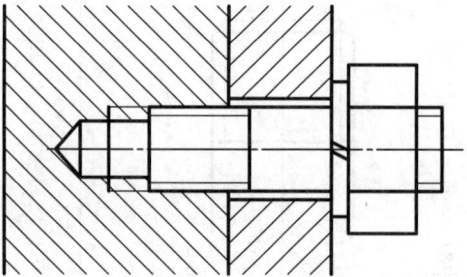

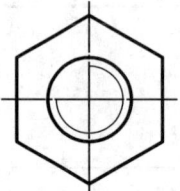

班级　　　　姓名　　　　学号　　　　46

9-1 作管件的表面展开图

1、作漏水管的表面展开图

作图提示：将立体分解为两个四棱柱和一个四棱台，分别作展开图。

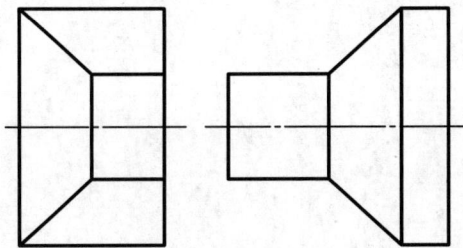

2、作直角圆管弯头的展开图

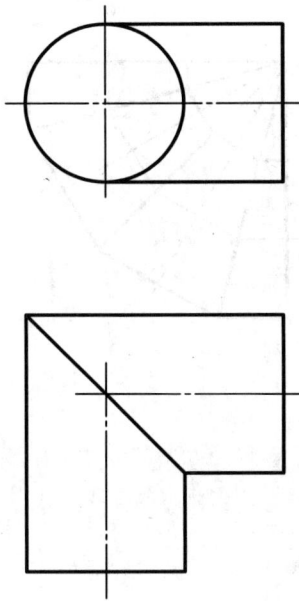

3、作直角圆管弯头的展开图

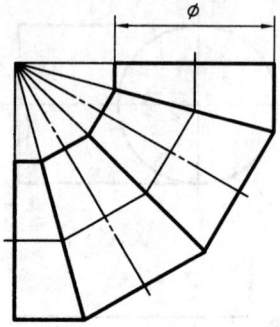

4、作等径正交三通管的展开图

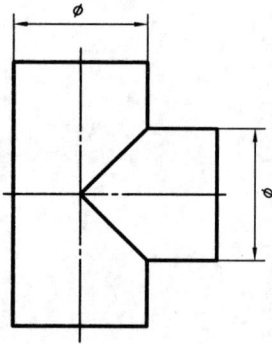

9-2 识别1、2中焊缝标记的意义

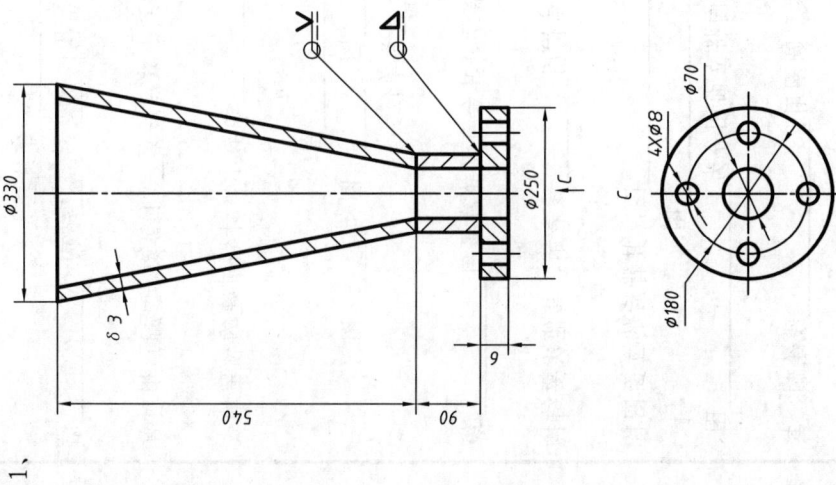

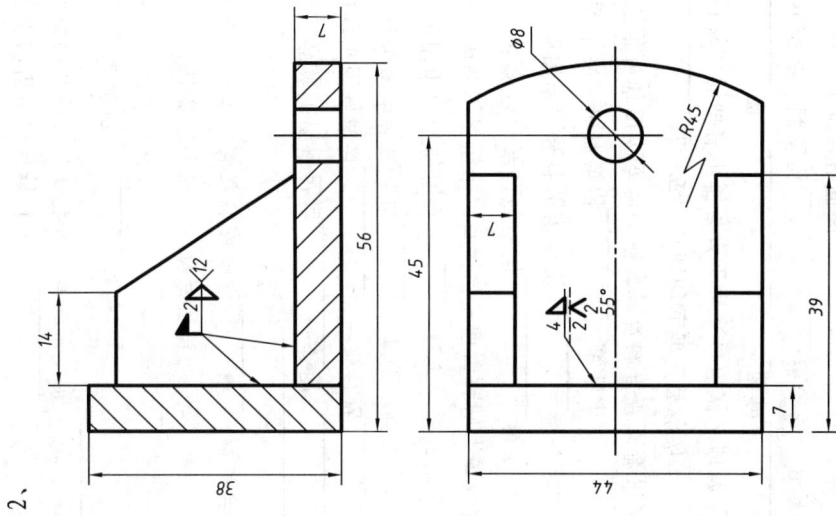

2、

$2 \triangleleft 12$

14　56　L

38

Ø8　R45

L　45

$4 \underset{2}{\wedge} 55°$

39　7

44

1、

Ø330　δ3

540　90　Ø250　9

C

Ø70　4×Ø8　Ø180　C

10-1 填空

1. 按房屋的用途，可将其分为_____建筑、_____建筑和_____建筑三大类。

2. 按房屋的基本组成和作用，可将其分为_____结构、_____结构、_____结构、_____结构、_____结构、_____结构六大类。

3. 绝对标高是以我国_____结构和_____结构。

4. 在总平面图中要求注写到小数点后第_____位，新建建筑物用_____线表示，原有的建筑物用_____线表示，计划扩建的预留地或建筑物用_____线画"x"表示该建筑物。

5. 房屋工程施工图简称_____，一般包括_____图、_____图、_____图和_____图。

6. 建筑施工图简称_____，一般包括_____图、_____图、_____图和_____图。

7. 建筑施工图中的尺寸以_____为单位，而表示楼层地面的标高以_____为单位。

8. 在平面图中，门的代号用_____表示，窗的代号用_____表示。

9. 在平面图和剖面图中，与剖切平面接触的轮廓线用_____线表示，其余可见轮廓线用_____线表示。

10. 在立面图中，最外轮廓线用_____线表示，门窗洞、台阶等主要结构用_____线表示，地坪线用_____线表示，其他次要结构用_____线表示。

11. 一般房屋有四个立面，通常把反映房屋主要出入口的立面称为_____图，左、右侧的立面图分为_____图和_____图，其背后的立面图称为_____图。

12. 建筑物的朝向是根据房屋主要出入口所对方向确定的，一般根据房屋朝向将立面图分为_____图和_____图。

13. 轴线编号的圆圈用_____线绘制，其直径为_____mm。详图索引圆圈用_____线绘制，其直径为_____mm。详图编号与圆圈用_____线绘制，其直径为_____mm。

班级_____ 姓名_____ 学号_____ 50

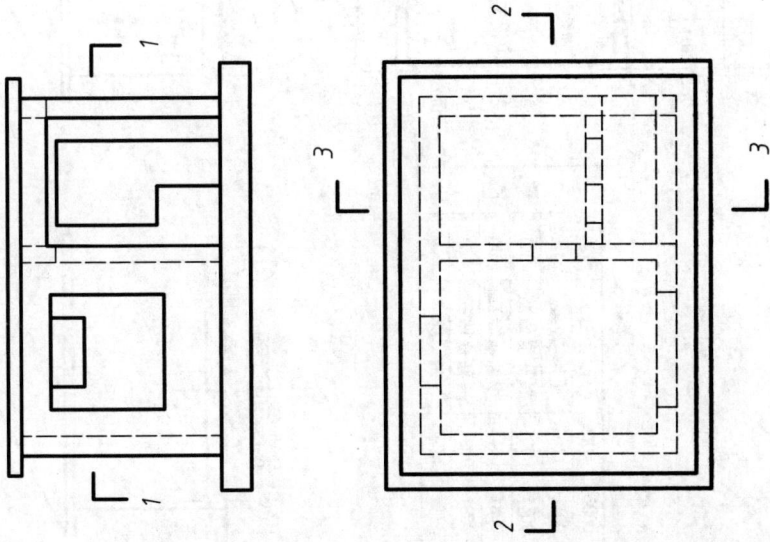

10-2 抄绘房屋投影图，完成1－1剖面、2－2剖面、3－3剖面，并标注尺寸

班级　　　　姓名　　　　学号　　　　51

正立面图 1:100

侧立面图 1:100

北

平面图 1:100

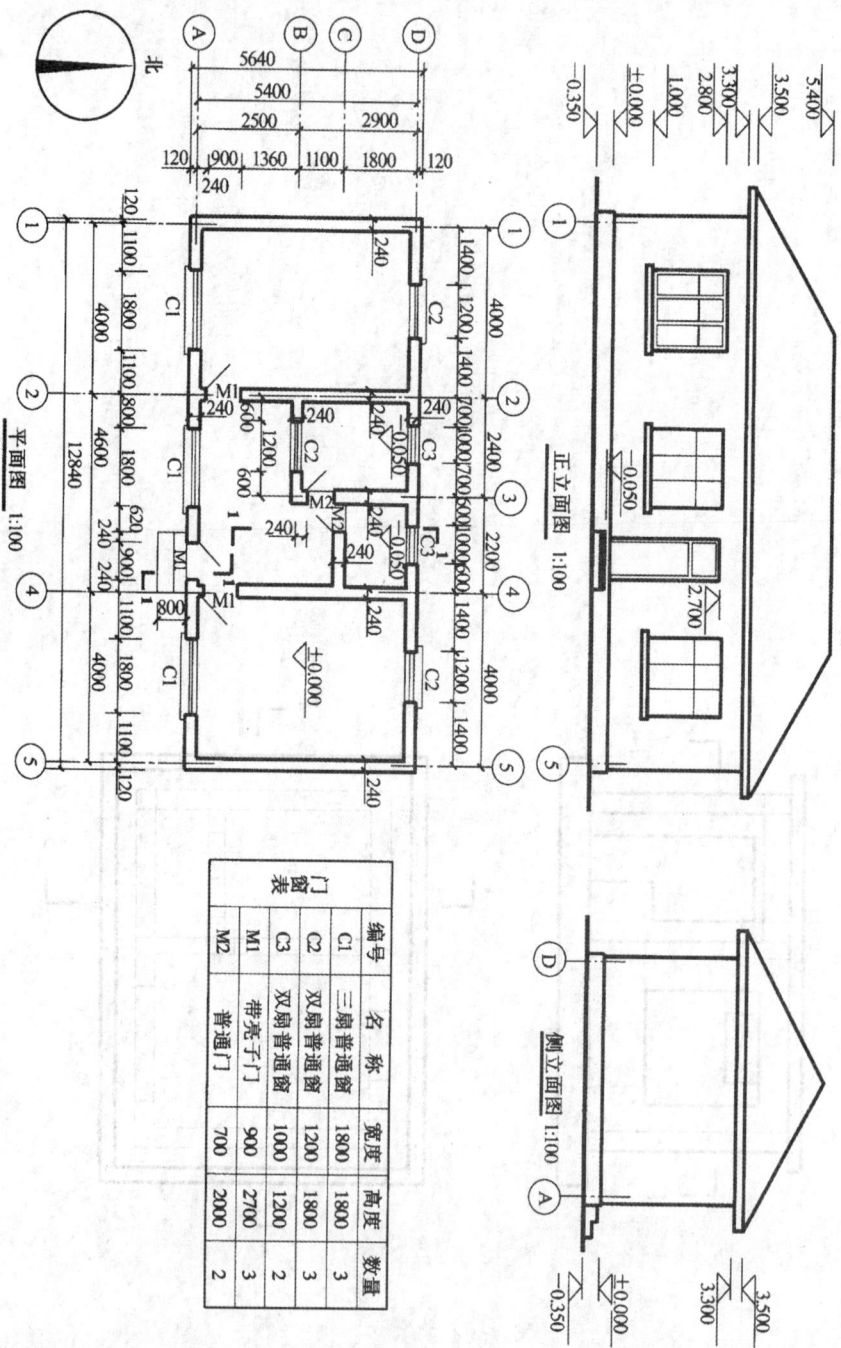

编号	名 称	宽度	高度	数量
C1	三扇普通窗	1800	1800	3
C2	双扇普通窗	1200	1800	3
C3	双扇普通窗	1000	1200	2
M1	带亮子门	900	2700	3
M2	普通门	700	2000	2

门窗表

10-4 阅读总平面图，并回答问题

① 总平面图的绘图比例是多少？拟建什么工程？工程所处的地势如何？工程用地范围和地形地物等情况如何？

② 拟建房屋的首层室内地面的标高是多少？室外地坪标高是多少？两者的标注有什么不同？

③ 拟建房屋的朝向如何？

④ 拟建房屋与道路中心线的距离是多少？两幢房屋之间的距离是多少？

文馨苑小区总平面图 1:500

幼儿园

附属用房

狮子庙巷

乡间路

小区路

南环城路

车库

45.8

46.2

46.2

45.8

小区路

47000

47000

6000

5500

100000

100000

29000

29000

6000 10000

6000 10000

90000

91000

20000 19000 4000

48000

6000 6000 6500 12500 21000 12500 19000 12500

4000 6000 6500 14000 19500 12500 12500 19000 19000 14000 6000 6000

191500

6000

北

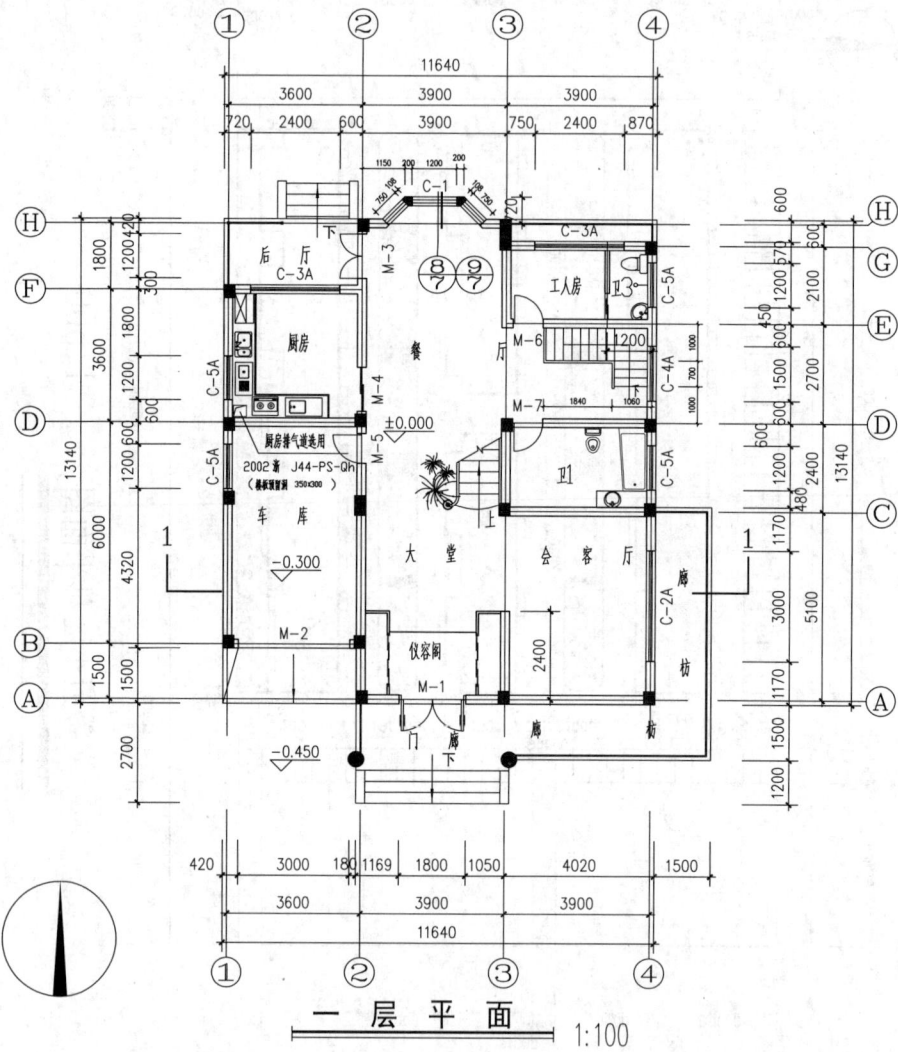

一 层 平 面 1:100

① 该图是哪层平面图，绘图比例是多少？房屋的结构如何？

② 南面会客厅的开间、进深是多少？

③ C1窗的宽度是多少？窗边与轴线的距离是多少？

④ 首层地面标高与总平面图室内地面标高的关系如何？绘制该图。

10-6 阅读立面图，并回答问题

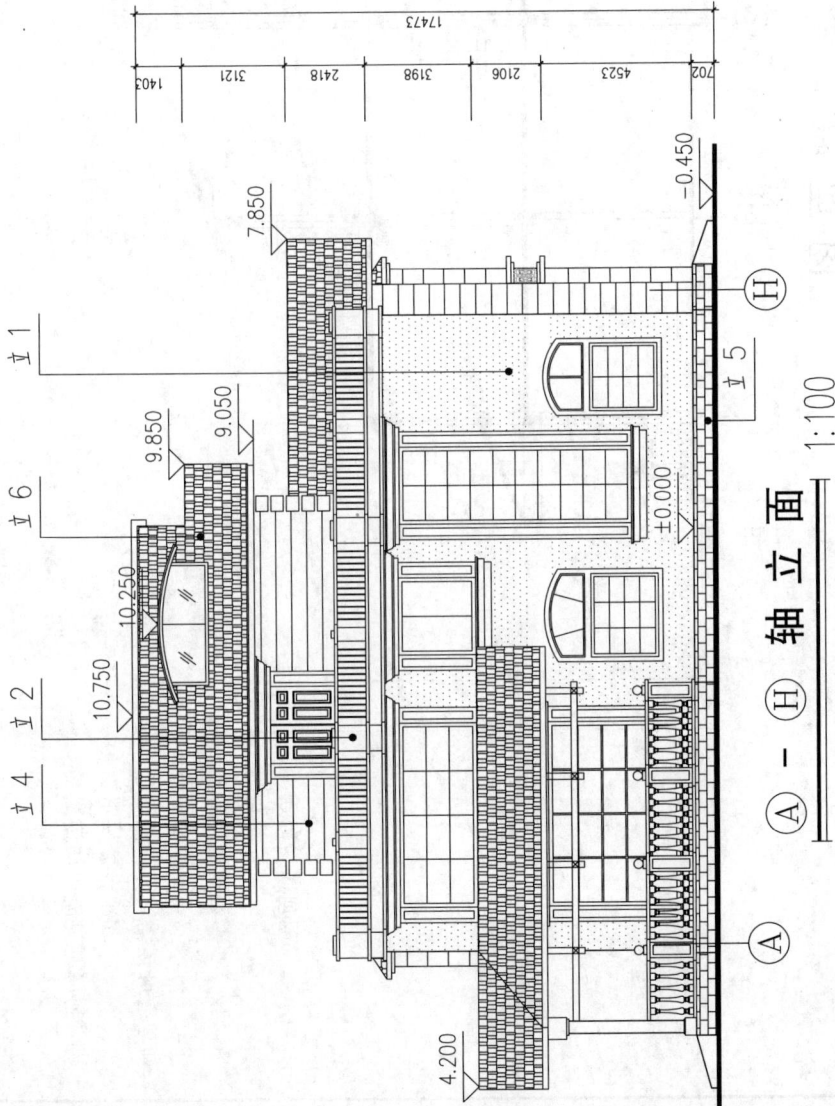

①该图是哪一朝向的立面图，绘图比例是多少？
②房屋外墙总高度是多少？
③房屋外墙面装修是如何做法？
④绘制该立面图。

立1：米黄色防水涂料
立2：白色防水涂料
立3：淡色新木涂料
立4：10米黄色色带
立5：蘑黄色贴石器　200*400
立6：枣红色瓦
立7：干挂米色墙石
立8：墨绿色锻磨公釉
立9：浮雕釉砖　300*240

17473

1402　3121　2418　3198　2106　4523　702

7.850　9.850　9.050　10.250　10.750　4.200　±0.000　−0.450

立1　立6　立2　立4　立5

Ⓗ　Ⓐ

A—H 轴立面　1:100

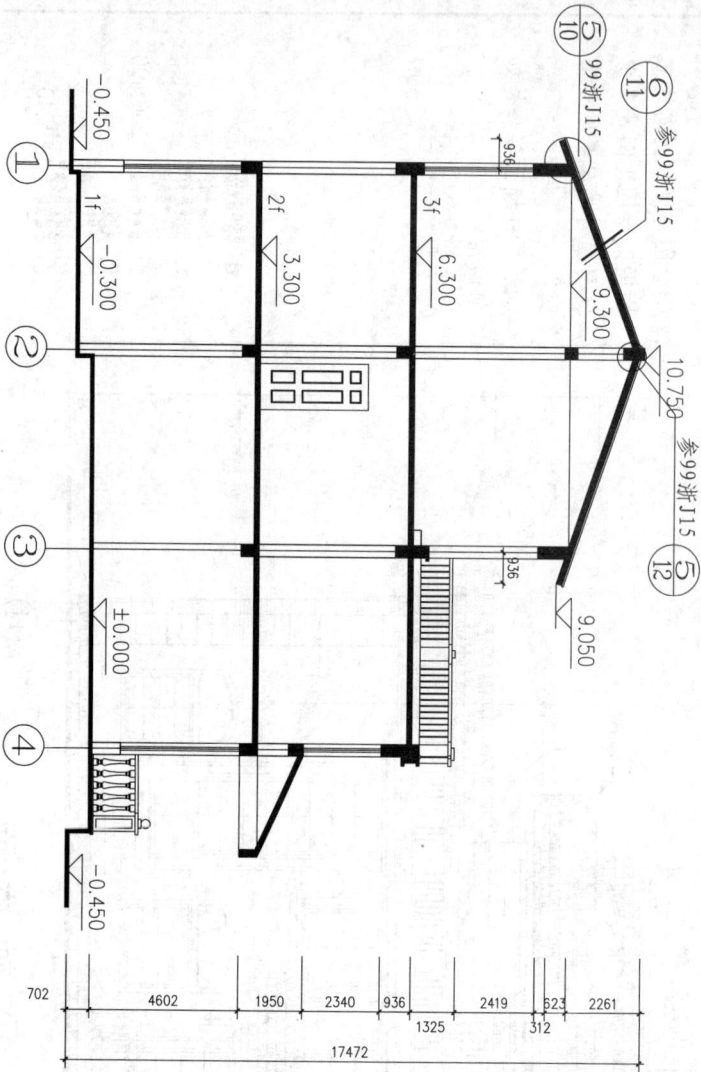

1—1 剖面图

1:100

① 该图的剖切位置如何，绘图比例是多少？
② 地面、各层楼面和屋面的标高各是多少？
③ 屋面坡度是多少？有什么作用？
④ 绘制该剖面图。

11-1 根据管道两面投影图，绘制其第三面投影图

1、补画左侧立面图

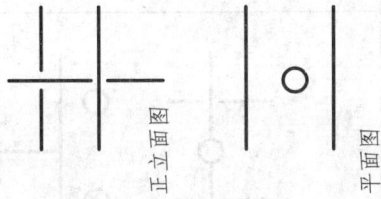

正立面图

平面图

2、补画平面图

左侧立面图

正立面图

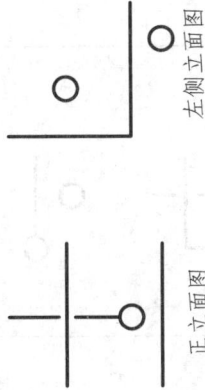

3、补画右侧立面图

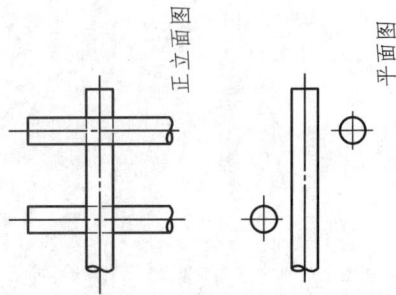

正立面图

平面图

4、补画正立面图

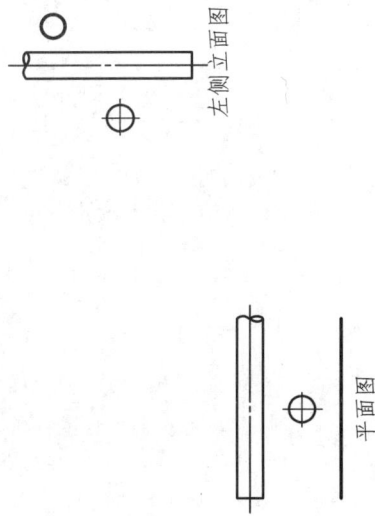

左侧立面图

平面图

1.

2.

3.

4.

5.

11-3 将已给单线管道剖面图绘成双线管道剖面图，并回答问题

1.

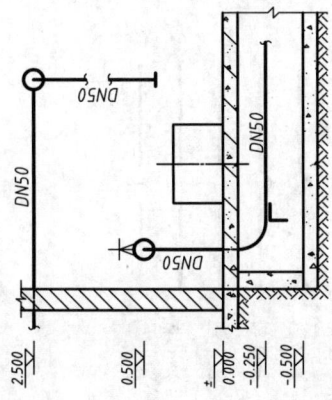

2.

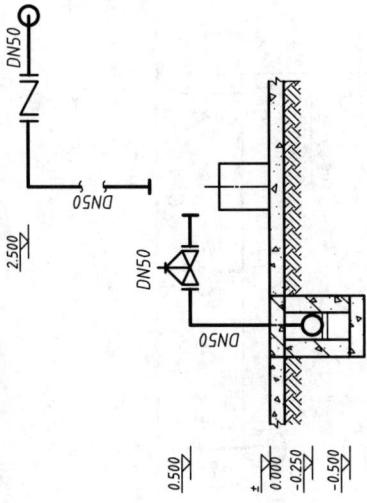

1、图中吸、压水管上有几处画虚线，为什么？ 2、图中压水干管的标高值是多少？其值指的是管中心？ 3、沟底是什么材料做成？沟底下面是什么土壤？

11-4 读室外给排水平面图，并回答问题

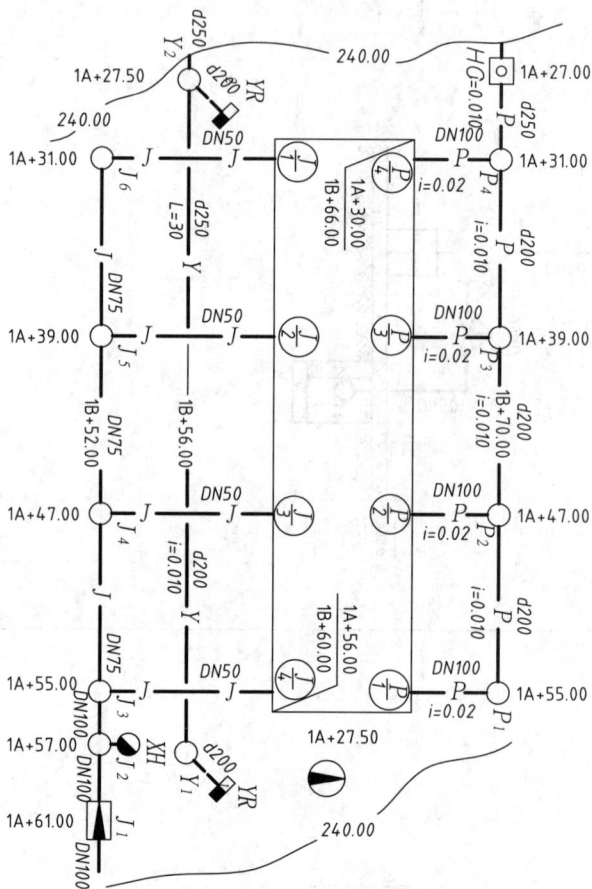

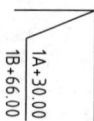

图中有几种管道？圆形给水阀门井有几个？排水检查井有几个？从J3至J6的水平距离是多少米？

11-5 读室内给排水平面图

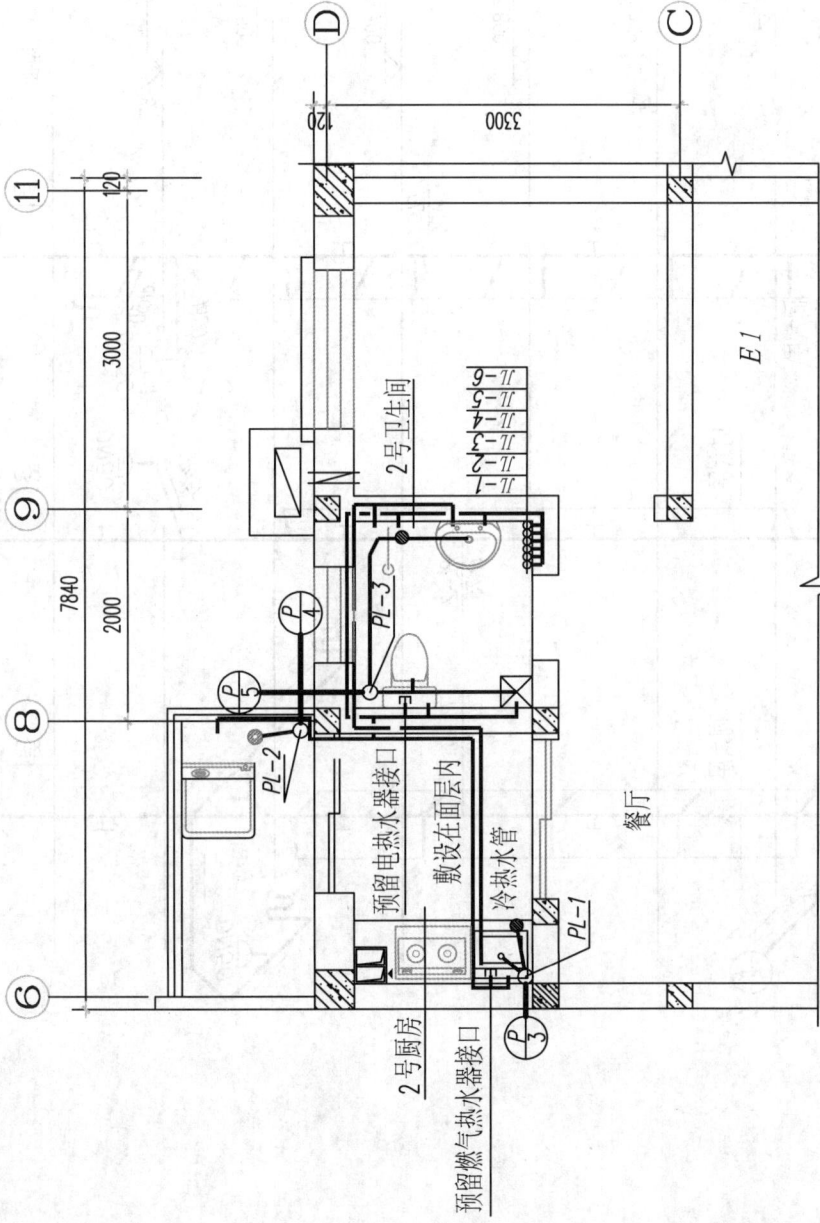

2号卫生间

2号厨房

餐厅

预留电热水器接口
敷设在面层内
冷热水管

预留燃气热水器接口

某单元给排水平面图

1:50

JL-1
JL-2
JL-3
JL-4
JL-5
JL-6

PL-1
PL-2
PL-3

3300
120

3000
2000
7840
120

E 1

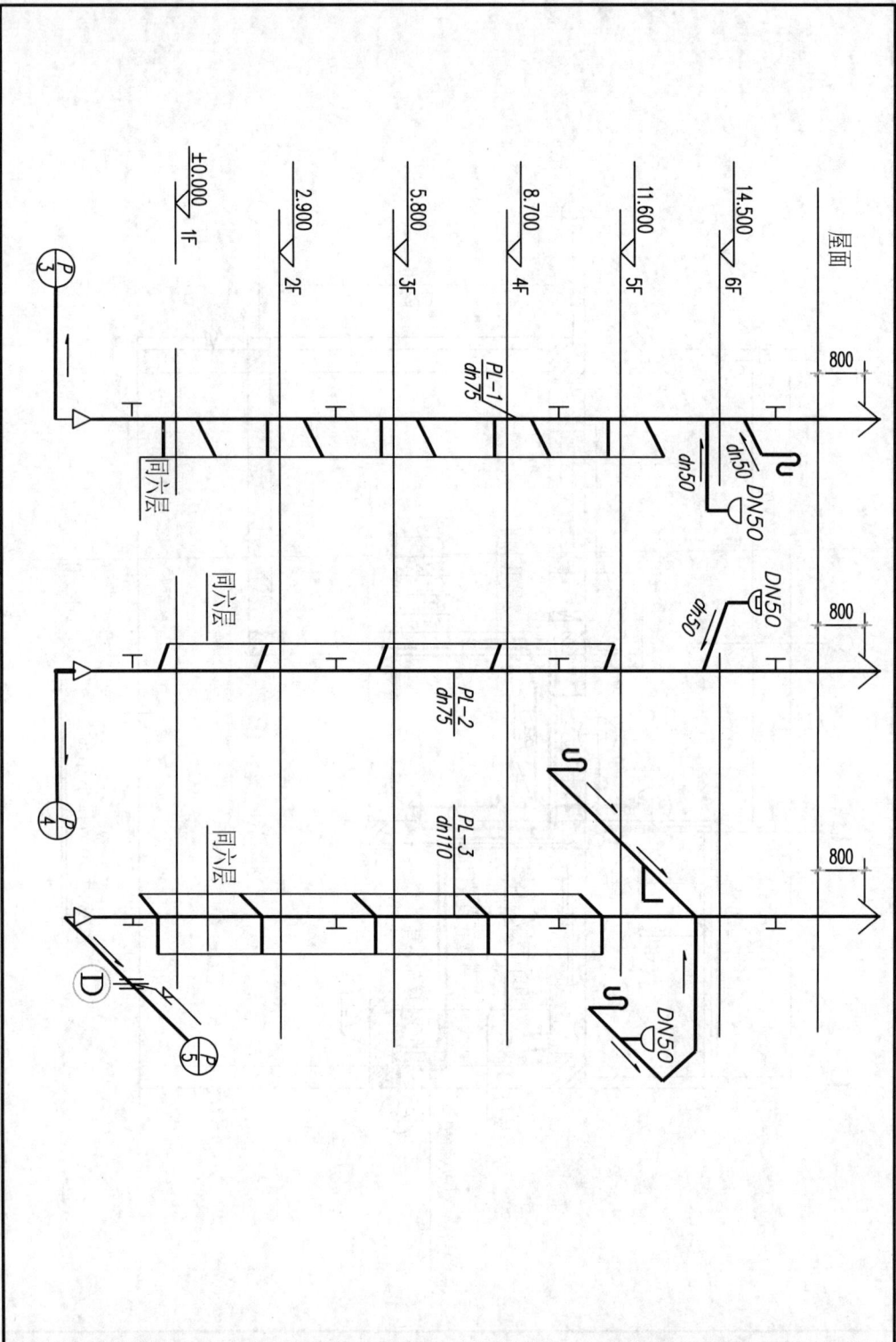

屋面

14.500 6F
11.600 5F
8.700 4F
5.800 3F
2.900 2F
±0.000 1F

800 800 800

PL-1 dn75
dn50 DN50
dn50
同六层

PL-2 dn75
DN50
dn50
同六层

PL-3 dn110
DN50
同六层

P-3
P-4
P-5
D

11-7 读室内给排水平面图和系统图（续）——给水系统图

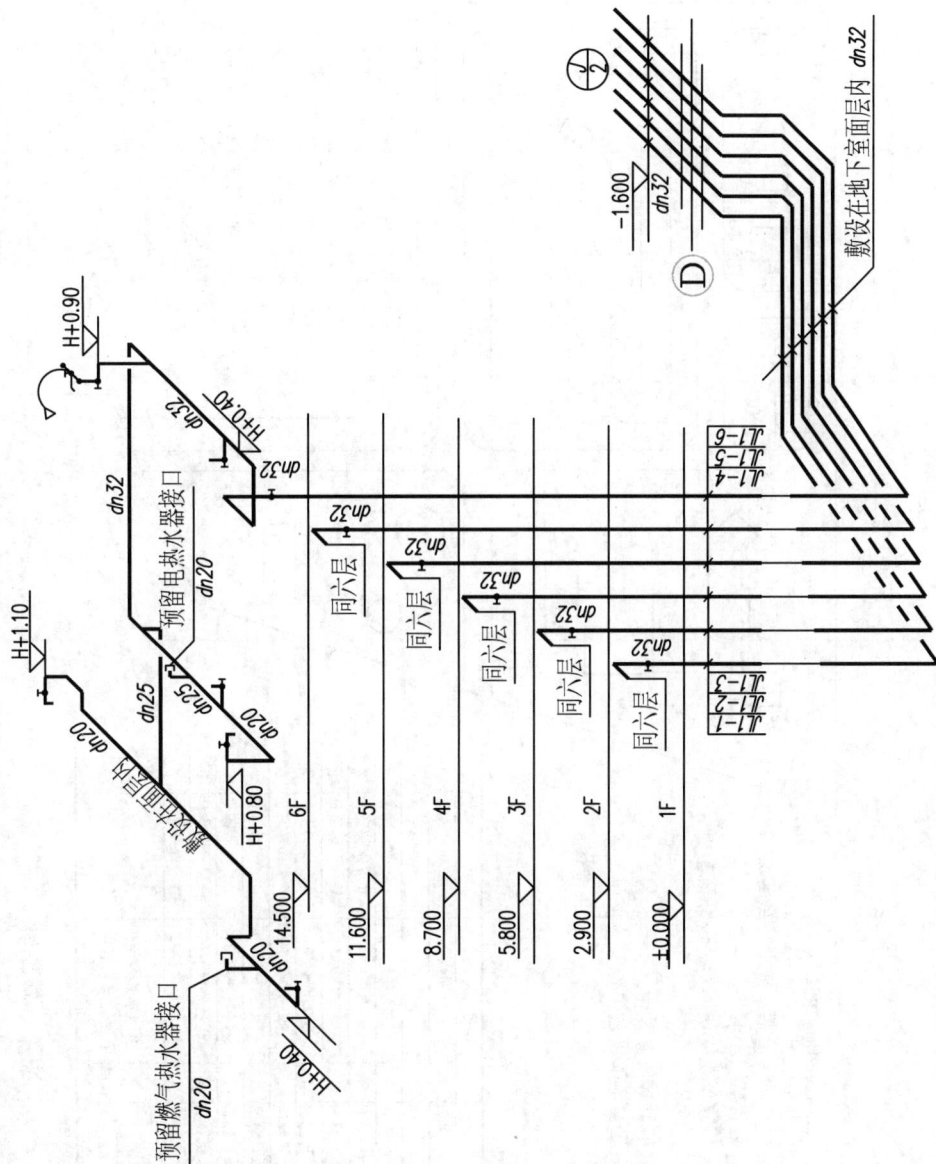

H+0.90

H+1.10

dn32

dn25

dn25

dn20

dn20

预留电热水器接口

穿过屋面设套管

dn20

H+0.80

6F

14.500

11.600

8.700

5.800

2.900

±0.000

H+0.40

预留燃气热水器接口

dn20

dn32

dn32

dn32

dn32

dn32

5F

4F

3F

2F

1F

同六层

同六层

同六层

同六层

同六层

H+0.40

−1.600
dn32

dn32

敷设在地下室面层内 dn32

JL1-1
JL1-2
JL1-3

JL1-4
JL1-5
JL1-6

班级　　　　姓名　　　　学号

构筑物一览表

序号	构筑物名称	构筑物内壁尺寸（或建筑物面积）/座	数量	结构类型
1	进水泵房	7.5m×6.5m×6.5m	1	钢筋混凝土
2	细格栅、沉砂池	8.0m×5.0m×15m	1	钢筋混凝土
3	分配井	B=6.0m,H=4.5m	1	钢筋混凝土
4	氧化沟	85m×52m×3.3m	1	钢筋混凝土
5	污泥泵房	D=6m,H=3.5m	1	钢筋混凝土
6	污泥浓缩池	D=10m,H=4.5m	1	钢筋混凝土
7	均质池	D=5m,H=3.0m	1	钢筋混凝土
8	污泥脱水机房	170 m²	1	砖混
9	变配电房	200 m²	1	砖混
10	综合楼	800 m²	1	砖混
11	车库等附房	400 m²	1	砖混
12	排放口		1	砖混

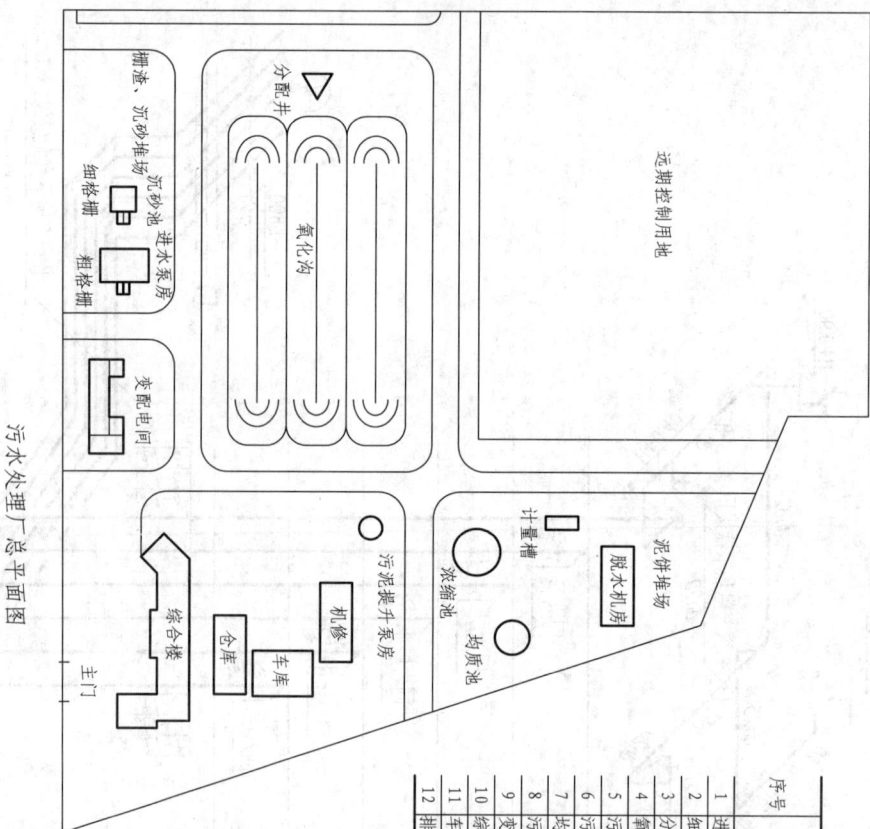

读图要求：
1. 掌握污水处理、污泥处理工艺中各种构筑物的数量、尺寸及布置。
2. 了解处理工艺中各种构筑物的数量、尺寸及布置。
3. 掌握各构筑物间的高程关系。
4. 了解处理后污水和污泥的出路。
5. 了解污水处理厂的总体布局。

污水处理厂总平面图

远期控制用地

氧化沟

分配井

栅渣　沉砂排场

细格栅

粗格栅

进水泵房

变配电间

计量槽

泥饼堆场

脱水机房

浓缩池

均质池

污泥提升泵房

机修

车库

仓库

综合楼

主门

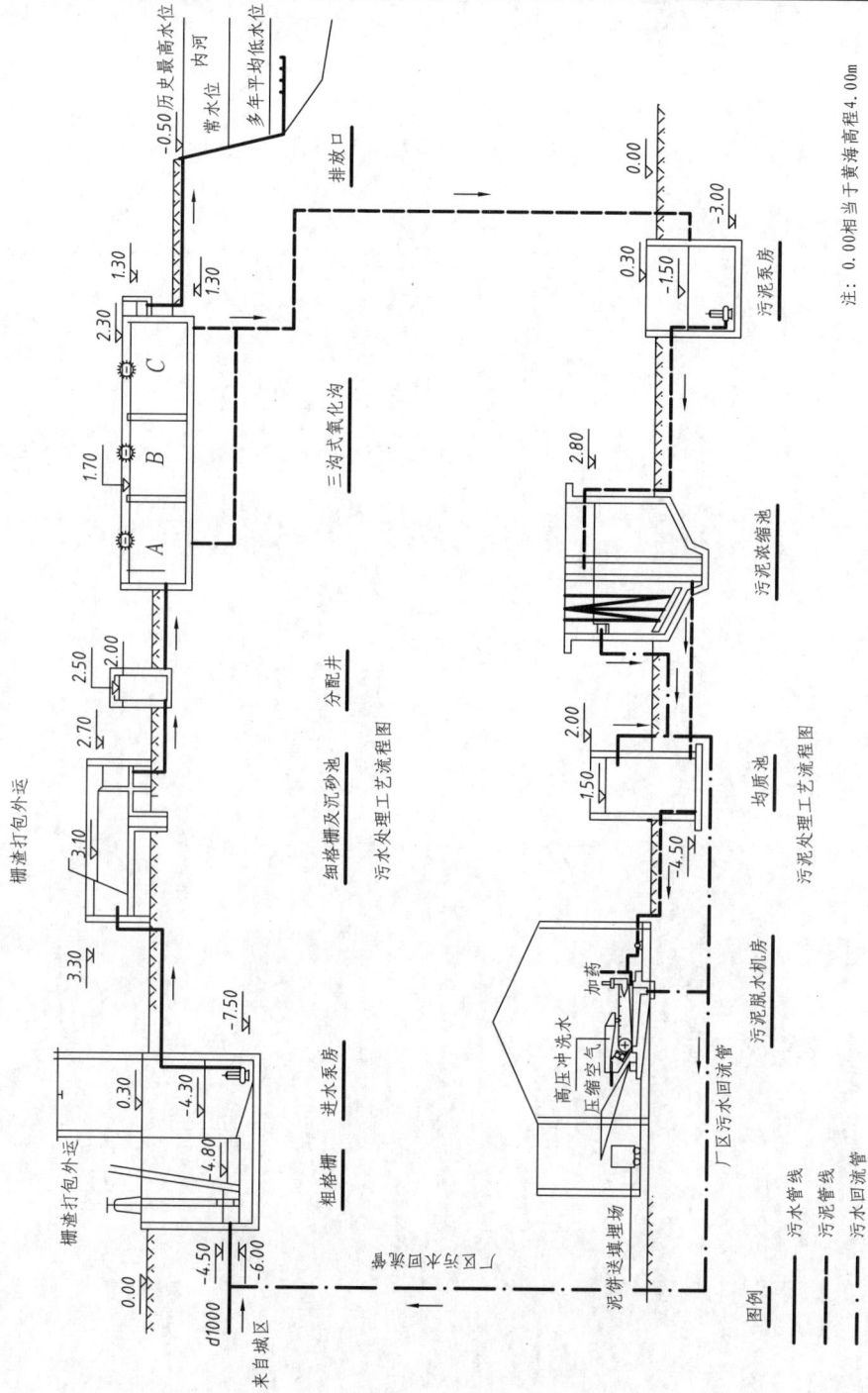

12-1 读某镇污水处理厂总平面图和污水、污泥处理高程图（续）